国家自然科学基金项目(52478250)资助
河南省科技攻关项目(252102320305)资助
河南理工大学安全与能源工程学部“双一流”学科创建工程项目(AQ20230731)资助

玄武岩纤维再生混凝土及其与钢管组合柱的力学性能

张向冈　著

中国矿业大学出版社
·徐州·

内 容 提 要

本书为解决社会建筑材料短缺与废旧建筑物拆除以及震后所产生的大量建筑垃圾无法高效处理的问题，采用再生混凝土技术将建筑垃圾转化为可使用的建筑材料。同时，为改善再生混凝土性能，拓宽再生混凝土的适用范围，将钢管、玄武岩纤维、再生混凝土三者结合，利用钢管和再生混凝土两种材料在受力过程中相互之间的组合作用以及玄武岩纤维对再生混凝土进行改性，提高其力学性能，加大循环利用程度。本书瞄准学科发展前沿，立足工程实际，通过在钢管内部浇筑玄武岩纤维 RAC，在材料、构件两大层面采用试验研究、有限元模拟和理论分析的研究手段，对玄武岩纤维再生混凝土力学性能及其在钢管约束下的受压性能进行了深入、系统的研究与分析。

本书可供土木工程领域的科技工作者及高等院校相关专业的研究生和高年级本科生参考使用。

图书在版编目(CIP)数据

玄武岩纤维再生混凝土及其与钢管组合柱的力学性能 / 张向冈著. — 徐州 ：中国矿业大学出版社，2025. 4.
ISBN 978 - 7 - 5646 - 6729 - 0

Ⅰ. TU528.59

中国国家版本馆 CIP 数据核字第 2025G8L914 号

书　　名　玄武岩纤维再生混凝土及其与钢管组合柱的力学性能
著　　者　张向冈
责任编辑　杨　洋
出版发行　中国矿业大学出版社有限责任公司
（江苏省徐州市解放南路　邮编 221008）
营销热线　(0516)83885370　83884103
出版服务　(0516)83995789　83884920
网　　址　http://www.cumtp.com　**E-mail**:cumtpvip@cumtp.com
印　　刷　江苏淮阴新华印务有限公司
开　　本　787 mm×1092 mm　1/16　**印张**　10　**字数**　256 千字
版次印次　2025 年 4 月第 1 版　2025 年 4 月第 1 次印刷
定　　价　60.00 元

前　言

当前我国建筑垃圾存量仍然十分巨大。由于建筑垃圾利用率低以及处理方式不合理，环境污染、土壤结构破坏等现象经常出现。同时，经历快速发展期后，建筑行业出现原材料短缺的问题。大规模砂石骨料需求仅依靠开采来满足必将造成环境污染、有限自然资源消耗和生态环境破坏。因此大量建筑垃圾如何处理以及建筑材料短缺等问题日益突出。

再生混凝土技术能够循环利用建筑垃圾，并配制新型混凝土，这从源头上解决了大量建筑垃圾无法妥善处理以及建筑材料短缺的难题，促进了土木工程建设的良性循环，符合节能环保和可持续发展的国家战略需求。钢管玄武岩纤维再生混凝土结构是将钢管、玄武岩纤维、再生混凝土三者结合形成的一种新材料结构。该结构既可以利用钢管和再生混凝土两种材料在受力过程中的组合作用，提高再生混凝土的强度和变形能力，防止钢管壁局部屈曲，又可以利用玄武岩纤维对再生混凝土进行改性，进一步提高其力学性能，以提高建筑垃圾循环利用程度，促进再生混凝土的工程应用和发展。本书从材料和构件层面采用试验研究、有限元模拟和理论分析等研究手段，对玄武岩纤维再生混凝土及其与钢管组合柱的力学性能进行深入系统的研究与分析。全书共8章内容，第1章阐述了钢管玄武岩纤维再生混凝土结构的研究背景及相关研究现状，第2章开展了玄武岩纤维再生混凝土的力学性能研究，第3、4章开展了高温后玄武岩纤维再生混凝土单轴、常规三轴受力性能试验与微观机理分析，第5、6、7、8章开展了不同长细比时钢管玄武岩纤维再生混凝土柱轴压、偏压性能研究。上述研究工作期望能为钢管玄武岩纤维再生混凝土结构的性能、计算与设计提供参考和借鉴。

本书由河南理工大学张向冈执笔撰写。研究生骆成易、牛吉祥、沈友传、王刘洋、李孟博、霍俊柯、朱亚男、王晨辉、李昱霖等做了许多工作。在撰写本书过程中，先后得到了河南理工大学丁亚红教授、徐平教授、王兴国教授、杨健辉教授、王树仁教授的指导和帮助。本书的研究工作得到了国家自然科学基金项目(52478250)、河南省科技攻关项目(252102320305)、河南理工大学安全与能源工程学部“双一流”学科创建工程项目(AQ20230731)的资助和支持。在本书即将出版之际,在此一并表示感谢和敬意。

由于笔者水平有限,书中难免存在不当甚至谬误之处,敬请广大读者批评指正。

著者

2025年3月

目　录

第1章 绪 论

1.1 研究背景和意义

近年来，我国建筑行业快速发展，与此同时产生了大量的建筑垃圾，尤其是废弃的混凝土，然而我国的建筑垃圾利用率远低于发达国家的。利用率低导致大量建筑垃圾处理困难。目前我国对建筑垃圾的处理方法仍处于相对粗放的填埋及堆放阶段，具有严重的弊端。(1) 按1万t的建筑垃圾占地2亩计(堆高5 m，1亩=666.67 m^2)，我国每年建筑垃圾对土地资源的占用超过40万亩；(2) 在清运、堆放过程中，粉尘、灰沙到处飞扬，污染环境；(3) 填埋方式会破坏土壤结构，造成地表沉降。与此同时，建筑行业的快速发展带来了原材料短缺问题。据统计，我国每年建设所需砂石骨料高达100亿t。如此巨大的砂石骨料需求，仅依靠开采来满足，必将造成环境污染、有限自然资源过度消耗和生态环境破坏。于是，社会建筑材料短缺与废旧建筑拆除和震后所产生的大量建筑垃圾处理的矛盾日益突出。

再生混凝土(recycled aggregate concrete，RAC)技术是指将建筑垃圾回收利用，经破碎、清洗与分级后，按一定的比例与级配混合形成再生骨料，部分或全部代替天然砂石后与水泥、水、外加剂、掺合料等混合搅拌，配制成新混凝土的整套技术。该技术将建筑垃圾循环利用制成新型混凝土，从源头上解决了建筑材料短缺以及大量建筑垃圾无法妥善处理的难题。但是，Wang(2018)，Wang(2016)和 Alexandridou 等(2018)有关 RAC 的研究结果表明：再生骨料品质比天然骨料的差，导致配制的再生混凝土的基本力学性能、动态力学性能和变形能力均低于普通混凝土的，从而严重限制了再生混凝土在工程结构中的推广和应用。因此，有效改善高取代率下再生混凝土的基本性能成为亟须解决的重要问题。

目前改善再生混凝土基本性能的最常见方法有两种。一种是在再生混凝土中掺入一定量的纤维，可以适当改善再生混凝土的性能。玄武岩纤维具有耐高温、耐烧蚀、性价比高、与混凝土界面黏结强度高的特点。玄武岩纤维的原料来源充足且价格低，被誉为21世纪可持续发展的新型绿色无机非金属材料。李素娟(2016)、陈爱玖(2015)、屠永清(2012)等有关玄武岩纤维再生混凝土的研究结果表明：在再生混凝土中加入玄武岩纤维能够起到增韧阻裂及改善再生混凝土的力学性能和变形性能的作用。另一种是将钢管与再生混凝土结合形成钢管再生混凝土结构。利用钢管对再生混凝土的约束作用，使再生混凝土处于三向受压状态，从而改善再生混凝土的性能。目前，针对纤维、钢管与再生混凝土形成的简单复合结构已有大量研究，但是几乎没有关于将钢管、玄武岩纤维、再生混凝土三者结合形成较复杂的结构的研究。该结构既可以利用钢管和再生混凝土两种材料在受力过程中相互之间的组合作用，提高混凝土的抗压强度和变形能力，防止钢管壁局部屈曲，又可以利用玄武岩纤维对再生混凝土进行改性，进一步提升其力学性能，以提高建筑垃圾循环利用程度，促进再生混凝土的工程应用和发展。

1.2 国内外研究现状

1.2.1 RAC 材料及结构

第二次世界大战之后，很多发达国家开始研究 RAC 材料及其结构。直至今日，对 RAC 结构的研究一直持续进行着。目前，RAC 技术因其具有明显的社会效益、经济效益和环保效益被各国广泛关注，引发了学者们针对 RAC 材料及其结构的研究热潮。

Etxeberria 等(2007)研究发现：减少 4%～10%的有效水胶比和提高 5%～10%的水泥用量，可配制再生粗骨料取代率为 50%或 100%的中等抗压强度混凝土，且抗拉强度高于普通混凝土的。

肖建庄(2007)发现了 RAC 的本构关系曲线的总体形态与天然混凝土的相似，但是应力-应变关系曲线的特征点的应力和应变有变化；RAC 的峰值应变较普通混凝土的大。

Kou 等(2012)研究发现，再生混凝土抗压强度随着 $m_{水}:m_{水泥+粉煤灰}$ 的降低而增大。尽管此种改性方法传统、可靠，但是增加水泥用量后混凝土收缩变形增大，易开裂，结构适用性和耐久性降低等，且增加了建筑成本。另一种观点认为黏结在再生骨料表面上的砂浆是影响再生混凝土强度的重要因素，可通过再生集料预浸或表面处理获得较高强度的再生混凝土。

Dimitriou 等(2018)将再生骨料和水放入搅拌机旋转，去除较小的颗粒、灰尘和较弱的黏结砂浆，再生骨料性质得到了极大改善，甚至超过天然集料，从而提高了再生混凝土的抗压强度。

Shi 等(2016)认为再生骨料的碳化处理是改善力学性能和耐久性能最可行且有效的方法。对再生骨料进行处理可以从本质上改善再生混凝土的缺陷，但是此种改善方式需要专门的设备，且个别设备构造复杂，甚至需要专门研制。

尹海鹏等(2016)进行了低周反复荷载作用下 1 根普通混凝土柱和 3 根不同再生骨料取代率时 RAC 柱的抗震性能试验研究，研究结果表明：随着再生骨料取代率的增大，试件的弹性模量明显减小，初始刚度明显下降，抗震能力和承载性能呈下降趋势。当轴压比较小时，RAC 柱可用于多层结构抗震设计。

孙跃东等在保持竖向荷载恒定的情况下，对 3 榀再生骨料掺量为 30%、50%、100%的再生混凝土框架和 1 榀天然混凝土框架进行了水平低周反复荷载试验，研究了再生混凝土框架的破坏机制、承载力、滞回特性、延性、强度退化、刚度退化和耗能等性能，并和普通混凝土框架进行对比分析。研究结果表明：再生混凝土框架最大水平承载能力比普通混凝土框架的低 2.3%～15.7%，位移延性系数在 3.91～4.54 之间，耗能能力没有明显降低。再生混凝土框架具有良好的抗震性能，应用于工程实际是完全可行的。

总体来看，国内外学者通过对 RAC 材料自身性能以及 RAC 构件和 RAC 结构的研究表明：利用建筑垃圾生产的 RAC 基本能够满足普通混凝土的性能要求，可运用于工程实际。

1.2.2 玄武岩纤维再生混凝土结构

纤维再生混凝土结构是在再生混凝土中掺入纤维形成的复合结构，利用纤维对再生混凝土的约束作用提高再生混凝土的性能。玄武岩纤维以其相对容易获取、与混凝土具有较好的相容性等优点而引起学者们的重视。目前已有大量文献证实了玄武岩纤维对普通混凝土性能有改善作用，例如，郭皓隆(2022)、李福海(2022)通过研究发现玄武岩纤维对普通混凝土具有复合增强增韧作用。张兰芳等(2016)研究了单掺玄武岩纤维与粉煤灰对混凝土力学性能的影响。研究结果表明：玄武岩纤维掺入混凝土能降低混凝土的脆性，提高其韧性和抗裂性，且掺入适量玄武岩纤维和粉煤灰，能进一步提高玄武岩纤维混凝土的力学性能。考虑到再生混凝土与普通混凝土的区别，许多学者开始对纤维再生混凝土进行研究。

Dong 等(2017)研究发现玄武岩纤维(basalt fiber，BF)可以提高 RAC 的力学性能，改善骨料界面过渡区的微观结构，从而进一步提高再生骨料的强度和延性。

Liu 等(2017)研究了粗骨料取代率为 100%时玄武岩纤维再生混凝土的基本力学性能，研究结果表明：玄武岩纤维再生混凝土的破坏形态与普通混凝土的相似，短切玄武岩纤维长度对再生混凝土力学性能的影响较小。

Shatarat 等(2022)研究了玄武岩纤维对再生混凝土黏结强度的影响，研究结果表明：随着取代率和玄武岩纤维掺量的增加，试件的黏结强度有所提高，其中，当再生粗骨料取代率为 80%和玄武岩纤维体积分数为 1.5%时，试件的黏结强度增幅最大。

Li 等(2017)研究了玄武岩纤维对再生混凝土梁抗弯性能的影响，研究结果表明：玄武岩纤维可以有效提高砂浆与再生粗骨料的黏结性能，抑制裂缝发展，提高开裂荷载，增强延性。

Zhang 等(2019)以玄武岩纤维掺量和再生粗骨料取代率为参数，研究了玄武岩纤维再生混凝土的强度指标与之换算关系。研究结果表明：掺入玄武岩纤维后，再生混凝土的强度指标得到提高，提出的强度指标换算关系式具有良好的普适性。

Zhang 等(2021)研究了玄武岩纤维再生混凝土的宏观力学性能和微观结构，基于复合效应，揭示了玄武岩纤维对再生混凝土的增强机理。

以上研究发现：玄武岩纤维能够通过改善再生混凝土界面过渡区，弥补再生混凝土性能上的缺陷，以此提高再生混凝土的力学性能。同时，一些学者发现玄武岩纤维可以优化再生混凝土的孔隙结构，玄武岩纤维和再生混凝土之间存在良好的协同效应。

1.2.3 钢管再生混凝土结构

在研究钢管再生混凝土(recycled aggregate concrete-filled steel tube，RACFST)的过程中发现，利用钢管和再生混凝土两种材料在受力过程中的组合作用，既可以提高混凝土的抗压强度和变形能力，又可以防止钢管壁的内部屈曲。相比于普通钢管混凝土，RACFST 不但可以促进建筑垃圾的回收利用，而且在承载力、抗震性能以及延性等力学性能方面也有优良表现。因此，RACFST 具有良好的推广价值。目前对 RACFST 结构的力学性能已有一定的研究。

马辉等(2018)进行了圆钢管型钢再生混凝土组合柱轴压性能试验研究，得到了再生骨料取代率对轴压承载力的影响规律，提出了该组合柱的轴压承载力公式。

陈梦成等(2019)对不同锈蚀水平下的圆 RACFST 短柱进行试验研究，并用有限元软件进行模拟分析，试验结果与模拟结果基本吻合。

柯晓军等(2021)通过对高温后方 RACFST 短柱在不同冷却方式下的轴压力学性能研究，得出喷水冷却与自然冷却相比试件剩余承载力和初始刚度降低更多的结论。

杨有福等对矩形 RACFST 短柱进行试验研究，得到了截面长宽比和再生粗骨料取代率对试件的影响规律，并建立了相应的有限元模型。

刘坚等提出了圆钢管 H 型钢再生混凝土短柱轴压承载力计算公式，计算值与文献试验数据吻合较好。

Li 等研究了不同高温条件下 RACFST 短柱的抗压性能，结果发现再生骨料取代率和温度越高，RACFST 柱的抗压强度和弹性模量越低。

综上所述，部分学者认为再生粗骨料取代率对承载力影响不大，但也有学者认为再生粗骨料取代率的增大引起了 RACFST 的强度下降。综合分析发现：观点不一致的主要原因与是否考虑再生骨料本身的吸水特性有关。在破坏形态方面，研究结论基本相同，学者们普遍认为 RACFST 的破坏过程和形态与钢管普通混凝土的大体相似。

1.2.4 钢管玄武岩纤维再生混凝土结构

现阶段的研究对象大多数与 RACFST 和玄武岩纤维再生混凝土(basalt fiber recycled aggregate concrete，BFRAC)有关，而对钢管、玄武岩纤维、再生混凝土三者结合的组合构件研究较少。通过钢管约束强化和玄武岩纤维改性增强等共同作用，再生混凝土的力学性能有望得到大幅度提高。因此，为了提高再生混凝土的应用范围和建筑垃圾的回收率，开展钢管玄武岩纤维再生混凝土试件力学性能及设计方法的研究显得尤为重要。

1.3 本书主要研究工作

在钢管内部浇筑 BFRAC，在材料、构件两大层面上采用试验研究、有限元模拟和理论分析等研究手段，对玄武岩纤维再生混凝土及其与钢管组合柱的力学性能进行了深入系统的研究与分析。

开展了玄武岩纤维再生混凝土强度与变形性能试验，分析了取代率和纤维掺量对其基本力学性能指标的影响规律，获取了玄武岩纤维再生混凝土应力-应变关系曲线的上升段，提出了玄武岩纤维再生混凝土基本力学性能指标与取代率及纤维掺量的耦合函数表达式。

开展了 BFRAC 高温试验以及高温后 BFRAC 单轴、三轴受压试验。探讨了变化参数对 BFRAC 基本力学性能的影响规律；基于试验结果，分别建立了质量损失率、各基本力学强度指标以及各强度指标间换算值与各变化参数间的函数关系式。通过引入取代率、玄武岩纤维掺量和温度等影响因子，建立了单轴、三轴受压状态下的应力-应变关系曲线方程。

开展了圆钢管、方钢管玄武岩纤维再生混凝土柱试件轴压、偏压性能试验，获取了试件的荷载-位移/应变关系曲线及峰值承载力，揭示了设计参数对试件的耗能、延性系数和刚度等基本力学性能指标的影响规律，并选取合适的本构模型和边界条件等，对钢管玄武岩纤维再生混凝土柱的受力全过程进行模拟分析，并提出了方钢管玄武岩纤维再生混凝土柱 N-M 关系方程。

第 2 章　玄武岩纤维再生混凝土受力性能研究

2.1　试验概况

2.1.1　试验原材料

本试验采用的水泥为河南焦作某水泥厂生产的 42.5 级 P・O 水泥，天然粗骨料采用天然碎石，再生粗骨料由河南理工大学试验后的钢筋混凝土梁经过人工破碎、筛选、清洗、晒干而得，原设计强度等级为 C25，粗骨料如图 2-1 所示。根据《建筑用卵石、碎石》(GB/T 14685—2022)，实测的基本物理性能指标见表 2-1。由于再生粗骨料表面多孔隙且粗糙，因此再生粗骨料的吸水率远大于天然骨料的吸水率。选用天然黄砂作为细骨料，其堆积密度为 1 750 kg/m^3，表观密度为 2 300 kg/m^3。采用城市自来水，并分为净用水和附加水两个部分，附加水为考虑再生粗骨料吸水率时需要额外增加的用水，净用水为不考虑再生粗骨料吸水率时的拌和用水。

(a) 天然粗骨料

(b) 再生粗骨料

图 2-1　粗骨料

表 2-1　粗骨料基本物理性能指标

粗骨料类型	粒径/mm	堆积密度/(kg/m^3)	表观密度/(kg/m^3)	含水率/%	吸水率/%
天然粗骨料	5～31.5	1 681	2 498	0	0.1
再生粗骨料	5～31.5	1 274	2 196	2	5.6

采用Ⅱ级粉煤灰，细度为 43 μm，密度为 2.34 g/cm³，含水率为 0.5%，烧失量为 2.34%，粉煤灰的用量(质量)为水泥用量的 20%。减水剂用量为胶凝材料用量的 0.5%，其减水率高达 20%。采用的短切玄武岩纤维性能指标见表 2-2。

表 2-2 玄武岩纤维性能指标

直径/μm	长度/mm	密度/(kg/m³)	拉伸强度/MPa	弹性模量/GPa	断裂伸长率/%
15	18	2 650	4 150～4 850	93～115	3.0～3.2

2.1.2 配合比

本试验设计了 5 种不同的取代率(0%、25%、50%、75%、100%)以及 3 种 BF 掺量(0 kg/m³、2 kg/m³、4 kg/m³)，取代率按照再生粗骨料占全部粗骨料的质量百分比进行取代。针对 0%的取代率和 0 kg/m³ 的纤维掺量，试配 BFRAC 的强度等级为 C35。本试验 1 m³ 再生混凝土的各组成部分质量见表 2-3，在此配合比的基础之上，根据 BF 掺量变化水平掺加 BF，从而配制 BFRAC。实测的玄武岩纤维再生混凝土坍落度在 150～180 mm 范围内，可满足泵送需要。

表 2-3 再生混凝土的配合比

δ	m_W/m_B	S_s	m_{nw}	m_{aw}	m_c	m_{FA}	m_r	m_n	m_s	m_{wra}
0%	0.40	31%	205	0.0	427.1	85.4	0.0	1 115.2	501	2.56
25%	0.40	31%	205	15.6	427.1	85.4	278.8	836.4	501	2.56
50%	0.40	31%	205	31.2	427.1	85.4	557.6	557.6	501	2.56
75%	0.40	31%	205	46.8	427.1	85.4	836.4	278.8	501	2.56
100%	0.40	31%	205	62.5	427.1	85.4	1 115.2	0.0	501	2.56

注：m_W/m_B 为水胶比，m_w、m_B 分别为用水量和胶凝材料的质量；δ 为再生粗骨料取代率；S_s 为砂率；m_{nw}、m_{aw} 分别为净用水质量和附加水质量；m_c、m_{FA} 分别为水泥和粉煤灰的质量；m_r、m_n 分别为再生粗骨料和天然粗骨料的质量；m_s、m_{wra} 分别为砂和减水剂的质量。

2.1.3 试件设计和制作

以取代率和 BF 掺量为参数，设计了 15 组 150 mm×150 mm×150 mm 标准立方体试件，每组 6 个试件，其中 3 个试件用于立方体抗压试验，另外 3 个用于劈裂抗拉试验。分别设计了 15 组 150 mm×150 mm×300 mm 和 150 mm×150 mm×550 mm 的标准棱柱体试件，每组 3 个试件，分别用于轴心抗压试验和抗折试验。

根据《普通混凝土拌合物性能试验方法标准》(GB/T 50080—2016)开展 BFRAC 试件的浇筑成型工作，在室温环境下养护 24 h 后进行拆模和标准养护。

2.1.4 试验方案

试验加载装置如图 2-2 所示，根据《混凝土物理力学性能试验方法标准》(GB/T 50081—2019)对试件进行立方体抗压强度、轴心抗压强度、劈裂抗拉强度以及抗折强度试验，由计算机自动采集相应的强度值。采用最大试验力为 1 000 kN 的微机控制电液伺服压力试验机（WAW-1000 型），该压力机符合《液压式万能试验机》（GB/T 3159—2008）及《试验机 通用技术要求》（GB/T 2611—2022）的相关要求。

(a) 抗压强度试验　　(b) 劈裂抗拉强度试验　　(c) 抗弯强度试验

图 2-2　试验加载装置

进行抗压强度试验时，将试件安置在压力机的下压板上，试件的承压面与成型时的顶面垂直，试件的中心与压力机下压板中心对准。进行劈裂抗拉强度试验时，在上、下压板与试件之间各放置一根垫条，两垫条与试件上、下面的中心线对准，并与成型时的顶面垂直。进行抗折强度试验时，压力机下压板下放置两个可移动支座，调整两个可动铰支座的中心距离为 450 mm，并旋紧两个支座，再将试件的侧面作为承压面放置在支座上，几何对中后，在试件上放置活动船形垫板。

对试件正式加载前预加载 1～3 次，以使试件与压力机接触均衡。均匀、连续地施加荷载，直至试件破坏，并采集、记录破坏荷载和强度。其中，立方体抗压强度和轴心抗压强度采用的加载速率为 0.5 MPa/s；劈裂抗拉强度和抗折强度采用的加载速率为 0.05 MPa/s。

2.2　试验结果及分析

根据标准试验方法实测的玄武岩纤维再生混凝土强度指标见表 2-4。其中，λ 为玄武岩纤维的掺量，f_{cu}、f_c、f_{ts}、f_b 分别为 BFRAC 立方体试件的抗压强度、轴心抗压强度、劈裂抗拉强度和抗折强度。

表 2-4　BFRAC 试件实测强度指标

BF 掺量/(kg/m^3)	δ/%	λ/(kg/m^3)	f_{cu}/MPa	f_c/MPa	f_{ts}/MPa	f_b/MPa
0	0	0	37.4	31.8	2.69	4.45
	25	0	36.5	28.5	2.54	4.28
	50	0	34.2	26.0	2.16	4.01
	75	0	32.9	23.8	2.04	3.38
	100	0	32.7	23.2	1.93	3.31
2	0	2	37.9	32.9	2.85	4.66
	25	2	37.0	29.0	2.71	4.36

表2-4(续)

BF 掺量/(kg/m^3)	δ/%	λ/(kg/m^3)	f_{cu}/MPa	f_c/MPa	f_{ts}/MPa	f_b/MPa
2	50	2	34.9	26.7	2.24	4.28
	75	2	33.8	24.6	2.08	3.53
	100	2	33.1	23.7	1.99	3.52
4	0	4	38.7	33.1	3.07	5.22
	25	4	37.6	29.4	2.93	4.75
	50	4	36.2	27.5	2.39	4.36
	75	4	35.1	25.8	2.17	3.84
	100	4	34.2	24.0	2.10	3.74

注：$f_{cu}=F/A$，$f_c=F/A$，$f_{st}=2F/(\pi A)$，$f_b=FL/(bh^2)$。其中，F 为极限荷载；A 为横截面面积；L 为支座间距离，mm；b 为试件截面宽度，mm；h 为试件截面高度，mm。

2.2.1 破坏过程与破坏形态

(1) 立方体抗压破坏

BFRAC 立方体试件受压破坏全过程可分为四个工作阶段。第一阶段为内部应力线性增大的弹性工作阶段，加载初期，试件处于弹性工作阶段，试件整体主要以弹性变形来抵抗外载的增加；第二阶段为内部应力非线性增大的裂缝产生阶段，试件内部的应力集中区开始出现裂纹，且再生骨料的原始微裂纹开始发展且增多；第三阶段为内部应力非线性程度较大的裂缝发展阶段，在试件内部裂缝不断扩展的条件下，侧面中部出现多条竖向裂缝沿 45°～60°方向发展，表面 BFRAC 开始外鼓、剥落；第四阶段是极限阶段，随着再生骨料取代率的增大，BFRAC 在此阶段的变形较迅速，且破坏较严重，而横跨于裂缝之间的 BF 增大了裂缝扩展的阻力。因此，BFRAC 试件出现外载不再增加、位移仍能持续增加的现象，随着变形的持续增加，试件最终压溃破坏。

BFRAC 立方体试件的破坏形态如图 2-3 所示。通过对比普通混凝土、再生混凝土和 BFRAC 的整体破坏形态可知：上述三种不同类型混凝土的破坏形态相似，均为正倒相连的四角锥破坏形态。对于普通混凝土试件，裂缝较小，破坏后的试件较完整。对于再生混凝土试件，破坏后呈酥脆碎裂状态，裂缝不仅数量多，尺寸还大。特别是再生粗骨料取代率为 100%的试件，虽然上下部分基本完好，但越靠近中部破坏越严重，试件破坏突然，为典型的脆性破坏。在再生骨料混凝土中掺入 BF 后，试件破坏后产生大量未贯通的细微裂缝，试件开裂无散落，混凝土剥落较少。

(2) 轴心抗压破坏

由图 2-4 可知：各组 BFRAC 棱柱体的破坏形态均表现为典型的斜截面剪切破坏，试件表面部分砂浆脱落严重，脱落后的 BFRAC 表面凹凸不平，尤其是中部，而贯穿裂缝的玄武岩纤维没有出现折断情况。加载初期，试件表面无裂缝；随着荷载的增大，试件横向膨胀，存在于再生骨料内部以及新、旧砂浆与再生粗骨料之间的微裂纹开始发展，而此时乱向分布于试件内部的玄武岩纤维可以起到缓和裂纹尖端应力集中的作用，一定程度上阻止了裂缝的扩展，使内部的受力处于平衡状态，从而使得裂缝的产生和发展趋于稳定状态。随着荷载的

(a) $\delta=0\sim100\%,\lambda=0\ \mathrm{kg/m^3}$　　(b) $\delta=0\sim100\%,\lambda=2\ \mathrm{kg/m^3}$

图 2-3　部分 BFRAC 立方体试件的抗压破坏形态

进一步增大，裂缝宽度和数量急剧增加，45°方向上的剪应力达到极限值，试件沿该斜面产生剪切滑移破坏，部分 BFRAC 脱落，内部骨料裸露，承载力下降，此时裂缝在不增加外载的条件下非稳定地持续发展。此后外力一旦再增加，主裂缝处的水泥浆体与骨料及玄武岩纤维之间的黏结丧失，滑移面上的摩擦咬合力基本耗尽，最后试件完全失去承载力。

(a) $\delta=0\sim100\%,\lambda=0\ \mathrm{kg/m^3}$　　(b) $\delta=0\sim100\%,\lambda=2\ \mathrm{kg/m^3}$

图 2-4　部分 BFRAC 棱柱体的抗压破坏形态

(3) 劈裂抗拉破坏

加载初期，试件表面无裂缝。随着荷载进一步增大，试件约 1/2 高度处出现微裂缝，随后裂缝往试件与上、下两垫条接触的方向延伸；在荷载逐渐增加直至极限劈拉荷载的过程中，试件中部的裂缝宽度和长度逐渐增大，直至贯穿整个剪切面，试件因被劈裂成两个部分而失去承载力。与再生混凝土试件的破坏形态相比，BFRAC 试件从出现裂缝到破坏的持续时间较长，破坏时表面出现明显的裂缝，且破坏时声音较低沉。BFRAC 立方体试件劈裂抗拉破坏形态如图 2-5 所示。可见，BFRAC 试件的破坏劈裂面较平整，被劈裂的成分以再生骨料和水泥砂浆居多，而玄武岩纤维和天然骨料占比较少。

(4) 抗折破坏

在抗折加载初期，与其他受力形式一样，试件表面无裂缝。随着荷载的增大，试件在拉压复杂应力作用下，试件位于两个集中力之间的受拉面出现初始裂缝。由于棱柱体中和轴

图 2-5 $\delta=50\%$,$\lambda=2$ kg/m^3 BFRAC 立方体试件劈裂抗拉破坏形态

以上的受压区 BFRAC 对抗折破坏形态影响较小,一旦中和轴以下的 BFRAC 达到极限拉应变,伴随着裂缝向上扩展,中和轴不断上移,与拉力方向垂直的裂缝宽度逐渐增大,试件被折断。在试验过程中,当玄武岩纤维掺量较大时,BFRAC 试件从出现微裂缝到裂缝增宽直至破坏的过程所持续时间较长,破坏断裂面的玄武岩纤维几乎没有出现"藕断丝连"的现象,且破坏后的折断面凹凸不平,如图 2-6 所示。可见,由于玄武岩纤维的增强作用,试件主裂缝通过寻求强度薄弱路径进行曲折扩展,这使得试件整体的受力性能得到增强。总体上,所有 BFRAC 棱柱体试件抗折宏观破坏形态可总结为拉断破坏。

图 2-6 $\delta=75\%$,$\lambda=4$ kg/m^3 BFRAC 棱柱体试件抗折破坏形态

2.2.2 影响因素分析

基于 2.2.1 节的破坏过程和破坏形态,分析讨论了 BF 掺量和再生粗骨料取代率对强度指标的影响。此外,通过拟合分析得到强度指标之间的转换方程。

(1) 立方体抗压强度影响因素分析

不同纤维掺量时立方体抗压强度随再生粗骨料取代率的变化趋势如图 2-7 所示。不同取代率时立方体抗压强度随纤维掺量变化的趋势如图 2-8 所示。

由图 2-7 可知:不同纤维掺量时 BFRAC 立方体试件抗压强度和再生粗骨料取代率的关系较密切。同一纤维掺量时,随着取代率的增大,立方体抗压强度逐渐降低。当 BF 掺量为 0 kg/m^3 时,BFRAC 立方体试件抗压强度随取代率的增大而降低的幅度分别为 2.41%、6.30%、3.80%、0.61%;当 BF 掺量为 2 kg/m^3 时,BFRAC 立方体试件抗压强度随取代率的增大而降低的幅度分别为 2.37%、5.68%、3.15%、2.07%;当 BF 掺量为 4 kg/m^3 时,BFRAC 立方体试件抗压强度随取代率的增大而降低的幅度分别为 2.84%、3.72%、

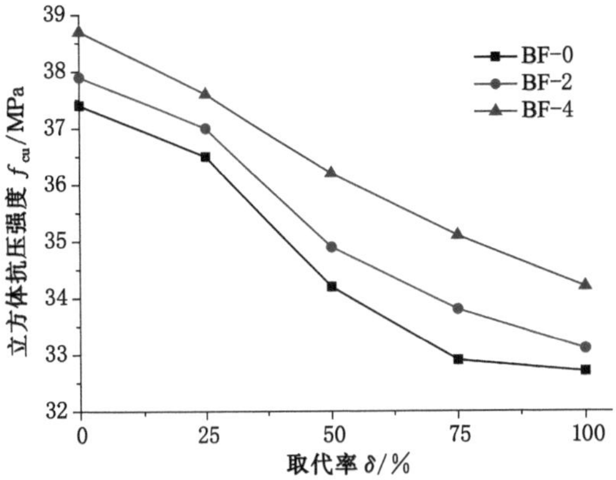

图 2-7　不同取代率时的立方体抗压强度

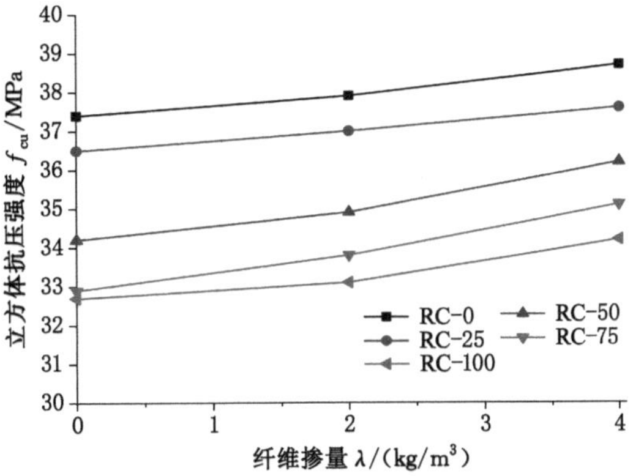

图 2-8　不同玄武岩纤维掺量时的立方体抗压强度

3.04%、2.56%。这是因为作为再生粗骨料来源的钢筋混凝土梁在使用过程中出现的原生损伤、经破碎带来的加工损伤使得再生粗骨料内部积累了大量的裂纹和微裂缝，同时，再生粗骨料表面附着大量粗糙的水泥砂浆、孔隙率大、密实度低，这使得随着再生粗骨料取代率的增大，BFRAC 的立方体抗压强度逐渐降低。

由图 2-8 可知：BFRAC 立方体试件抗压强度同样随着纤维掺量的增加而增大，但是增大的幅度并不大。当纤维掺量由 0 kg/m^3 增至 2 kg/m^3 时，RC-0、RC-25、RC-50、RC-75、RC-100 BFRAC 试件的抗压强度提高幅度分别为 1.34%、1.37%、2.74%、1.22%；当纤维掺量由 2 kg/m^3 增至 4 kg/m^3 时，RC-0、RC-25、RC-50、RC-75、RC-100 BFRAC 试件的抗压强度提高幅度分别为 2.11%、1.62%、3.72%、3.85%、3.32%。可见，随着纤维掺量的增加，同一取代率时 BFRAC 的立方体抗压强度小幅度提高。基于材料力学知识，混凝土试件不是被压坏，而是平行于荷载方向的裂缝导致试件被拉坏，这是因为 BF 在试件内部起到了桥接作用，在一定程度上抑制了再生混凝土裂纹和微裂缝的发展，故 BF 能够提高再生混凝土的抗压强度。

由图 2-7 可知：同一 BF 掺量时，BFRAC 的立方体强度随取代率的变化呈现线性变化趋势。运用最小二乘法原理，可拟合得到三种纤维掺量时无量纲化的 BFRAC 抗压强度与再生粗骨料取代率的线性关系曲线。考虑到拟合关系式简单实用的要求，引入关于纤维掺量 λ 的修正方程，对三种纤维掺量时的数学表达式进行二次拟合，得到了 BFRAC 立方体抗压强度与取代率及纤维掺量的关系式，如式(2-1)所示。

$$f_{\mathrm{cu},\delta\text{-}\lambda}/f_{\mathrm{cu},0\text{-}\lambda}=(0.0015\lambda^2-0.001\lambda-0.139)\delta+(-0.0025\lambda^2+0.01\lambda+0.99)\quad (R^2=1.000) \tag{2-1}$$

式中，$f_{\mathrm{cu},\delta\text{-}\lambda}$ 为不同取代率和纤维掺量时的 BFRAC 立方体抗压强度；$f_{\mathrm{cu},0\text{-}\lambda}$ 为不同纤维掺量、取代率为 0%时的 BFRAC 立方体抗压强度。

(2) 轴心抗压强度影响因素分析

不同纤维掺量时，BFRAC 试件的轴心抗压强度随再生粗骨料取代率变化的趋势如图 2-9 所示。不同取代率时，轴心抗压强度随纤维掺量变化的趋势如图 2-10 所示。

由图 2-9 可知：当 BF 掺量为 0 kg/m^3 时，BFRAC 试件的轴心抗压强度随取代率的增大而降低的幅度分别为 10.25%、8.97%、8.28%、2.56%；当 BF 掺量为 2 kg/m^3 时，

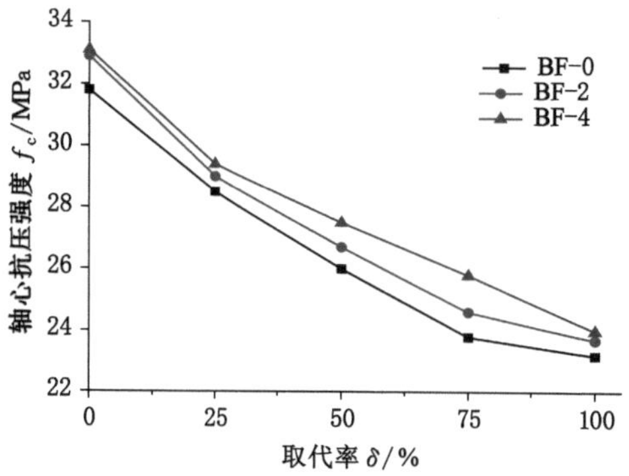

图 2-9　不同取代率时的轴心抗压强度

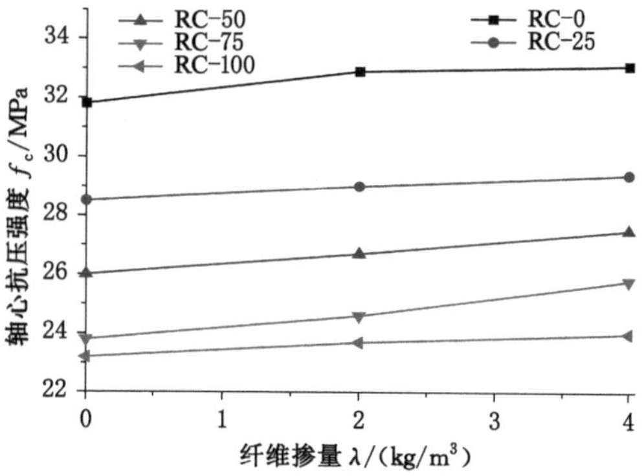

图 2-10　不同纤维掺量时的轴心抗压强度

BFRAC 试件的轴心抗压强度随取代率的增大而降低的幅度分别为 12.00%、8.01%、7.88%、3.38%；当 BF 掺量为 4 kg/m³ 时，BFRAC 试件的轴心抗压强度随取代率的增大而降低的幅度分别为 11.30%、6.37%、9.86%、3.15%。针对同一纤维掺量，轴心抗压强度均随着取代率的增大而降低的原因同立方体抗压强度试验。

由图 2-10 可知：不同取代率时，BFRAC 试件的轴心抗压强度和纤维掺量呈一致的变化趋势。对于同一取代率，随着纤维掺量的增加，BFRAC 试件的轴心抗压强度均小幅度提高。当纤维掺量由 0 kg/m³ 增至 2 kg/m³ 时，RC-0、RC-25、RC-50、RC-75、RC-100 BFRAC 试件的轴心抗压强度提高的幅度分别为 3.46%、1.75%、2.69%、3.36%、2.16%；当纤维掺量由 2 kg/m³ 增至 4 kg/m³ 时，RC-0、RC-25、RC-50、RC-75、RC-100 BFRAC 轴心抗压强度提高的幅度分别为 0.61%、1.38%、3.00%、4.88%、1.27%。BFRAC 试件的轴心抗压强度之所以小幅度提高，与玄武岩纤维的增强阻裂作用有关。

如图 2-9 所示，不同 BF 掺量时，BFRAC 试件的轴心抗压强度与取代率基本上呈线性关系。在此基础上引入关于纤维掺量的二次函数修正方程，运用最小二乘法原理得到 BFRAC 试件的轴心抗压强度与取代率及纤维掺量的关系式，如式(2-2)所示。

$$f_{c,\delta\text{-}\lambda}/f_{c,0\text{-}\lambda} = (0.001\,9\lambda^2 - 0.005\lambda - 0.275)\delta + (0.001\,3\lambda^2 - 0.005\lambda + 0.976) \quad (R^2 = 1.000) \tag{2-2}$$

式中，$f_{c,\delta\text{-}\lambda}$ 为不同取代率和纤维掺量时 BFRAC 试件的轴心抗压强度；$f_{c,0\text{-}\lambda}$ 为不同纤维掺量、取代率为 0%时的 BFRAC 试件的轴心抗压强度。

(3) 劈裂抗拉强度影响因素分析

不同纤维掺量时 BFRAC 试件的劈裂抗拉强度与再生粗骨料取代率的关系曲线如图 2-11 所示，不同取代率时 BFRAC 试件的劈裂抗拉强度与纤维掺量的关系曲线如图 2-12 所示。

由图 2-11 可知：不同纤维掺量时 BFRAC 试件的劈裂抗拉强度随再生粗骨料取代率的变化趋势基本一致。当 BF 掺量为 0 kg/m³ 时，BFRAC 试件的劈裂抗拉强度随取代率的增大而降低的幅度分别为 5.58%、14.96%、5.56%、5.39%；当 BF 掺量为 2 kg/m³ 时，BFRAC 试件的劈裂抗拉强度随取代率的增大而降低的幅度分别为 4.91%、17.34%、7.14%、4.33%；当 BF 掺量为 4 kg/m³ 时，BFRAC 试件的劈裂抗拉强度随取代率的增大而

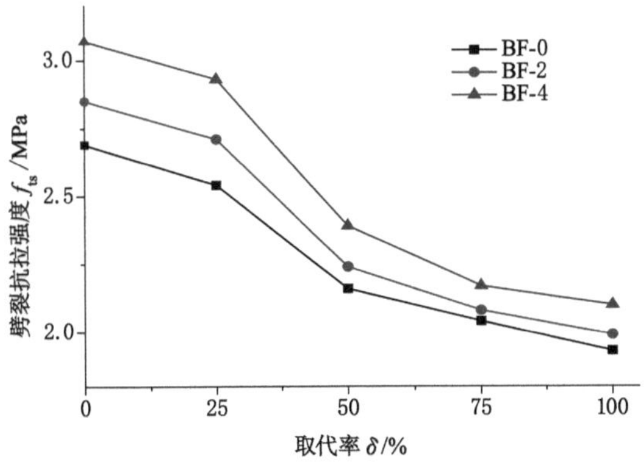

图 2-11　不同取代率时的劈裂抗拉强度

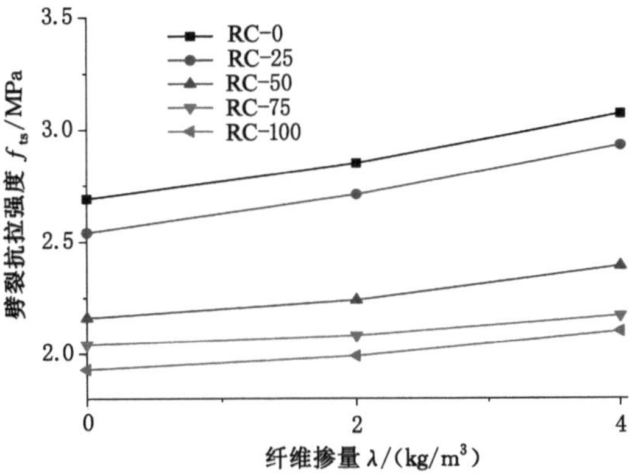

图 2-12　不同纤维掺量时的劈裂抗拉强度

降低的幅度分别为 4.56%、18.43%、9.21%、3.23%。同一纤维掺量时，再生粗骨料降低了 BFRAC 试件的劈裂抗拉强度。

由图 2-12 可知：同一取代率时，BFRAC 试件的劈裂抗拉强度随着纤维掺量的增加而逐渐提高。当纤维掺量由 0 kg/m³ 增至 2 kg/m³ 时，RC-0、RC-25、RC-50、RC-75、RC-100 BFRAC 试件的劈裂抗拉强度提高的幅度分别为 5.95%、6.69%、3.70%、1.96%、3.11%；当纤维掺量由 2 kg/m³ 增至 4 kg/m³ 时，RC-0、RC-25、RC-50、RC-75、RC-100 BFRAC 试件的劈裂抗拉强度提高的幅度分别为 7.72%、8.12%、6.70%、4.33%、5.53%。在外部劈裂荷载作用下，玄武岩纤维在试件内部充分起到了增韧阻裂的作用，较好地抑制了 BFRAC 试件裂缝的出现和发展，故 BF 能够明显提高 RAC 的劈裂抗拉强度。

如图 2-11 所示，在不同 BF 掺量下，BFRAC 劈裂抗拉强度与取代率基本呈线性关系。运用最小二乘法原理，引入关于纤维掺量的二次函数修正方程后所得到的 BFRAC 试件的轴心抗压强度与取代率及纤维掺量的关系式如式(2-3)所示。

$$f_{ts,\delta\text{-}\lambda}/f_{ts,0\text{-}\lambda}=(-0.012\,8\lambda-0.302)\delta+(0.001\,25\lambda+0.995)\quad (R^2=0.980\,6) \tag{2-3}$$

式中，$f_{ts,\delta\text{-}\lambda}$ 为不同取代率和纤维掺量时 BFRAC 试件的劈裂抗拉强度；$f_{ts,0\text{-}\lambda}$ 为不同纤维掺量、取代率为 0%时的 BFRAC 试件的劈裂抗拉强度。

(4) 抗折强度影响因素分析

不同纤维掺量时 BFRAC 试件的抗折强度与再生粗骨料取代率的关系如图 2-13 所示，不同取代率时 BFRAC 试件的抗折强度随纤维掺量变化的情况如图 2-14 所示。

由图 2-13 可知：同一纤维掺量时，BFRAC 试件的抗折强度随再生粗骨料取代率的增大而逐渐降低。当 BF 掺量为 0 kg/m³ 时，BFRAC 试件的抗折强度随取代率的增大而降低的幅度分别为 3.82%、6.31%、15.71%、2.07%；当 BF 掺量为 2 kg/m³ 时，BFRAC 试件的抗折强度随取代率的增大而降低的幅度分别为 6.44%、1.83%、17.52%、0.28%；当 BF 掺量为 4 kg/m³ 时，BFRAC 试件的抗折强度随取代率的增大而降低的幅度分别为 9.00%、8.21%、11.93%、2.60%。再生粗骨料的品质降低了 BFRAC 试件的整体抗折强度。

由图 2-14 可知：不同取代率时，BFRAC 试件的抗折强度和纤维掺量均呈现较为一致的变化趋势。随着纤维掺量的增加，BFRAC 试件的抗折强度呈现不同程度的提高，当纤维掺

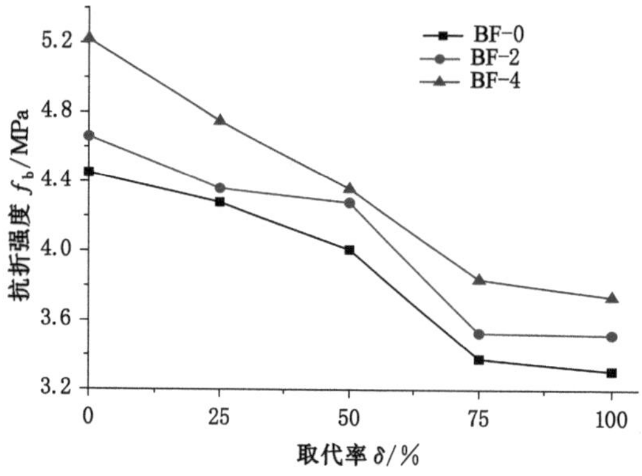

图 2-13　不同取代率时的抗折强度

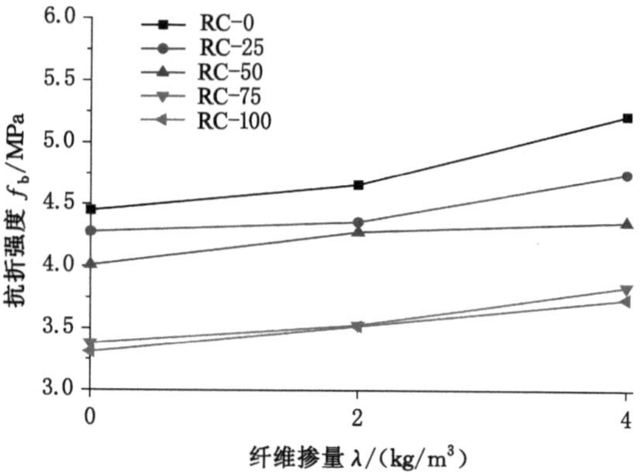

图 2-14　不同纤维掺量时的抗折强度

量由 0 kg/m³ 增至 2 kg/m³ 时，RC-0、RC-25、RC-50、RC-75、RC-100 BFRAC 试件的抗折强度提高的幅度分别为 4.72%、1.87%、6.73%、4.44%、6.34%；当纤维掺量由 2 kg/m³ 增至 4 kg/m³ 时，RC-0、RC-25、RC-50、RC-75、RC-100 BFRAC 试件的抗折强度提高的幅度分别为 12.02%、8.94%、1.87%、8.78%、6.25%。BF 对 BFRAC 试件的抗折强度同样起到了提高作用。

如图 2-13 所示，不同 BF 掺量时，BFRAC 试件的抗折强度与取代率基本呈线性关系。引入关于纤维掺量的修正方程后，所得到的抗折强度与取代率及纤维掺量的关系式如式(2-4)所示。

$$f_{b,\lambda\text{-}\delta}/f_{b,0\text{-}\lambda}=(-0.006\lambda^2+0.022\lambda-0.286)\delta+(-0.008\lambda+1.02)\quad (R^2=0.988\,4) \tag{2-4}$$

式中，$f_{b,\lambda\text{-}\delta}$ 为不同取代率和纤维掺量时 BFRAC 试件的抗折强度；$f_{b,0\text{-}\lambda}$ 为不同纤维掺量、取代率为 0%时的 BFRAC 试件的抗折强度。

2.2.3　BFRAC 强度指标换算

(1) 轴心抗压强度与立方体抗压强度

对于 BFRAC，由于再生粗骨料和普通粗骨料的力学性能存在相当大的差异，且考虑到 BF 的增强作用，普通混凝土抗压强度的换算关系已不适用于 BFRAC。通过实测 BFRAC 的抗压强度，运用最小二乘法原理拟合得到的 BF-0 组、BF-2 组、BF-4 组 f_c/f_{cu} 与 δ 关系曲线如图 2-15 所示。

由图 2-15 可知：不同纤维掺量时，BFRAC 的 f_c/f_{cu} 与再生粗骨料取代率线性关系显著。总体而言，随着取代率的增大，f_c/f_{cu} 呈现减小趋势。当取代率在 0%～100%范围内变化时，f_c/f_{cu} 在 0.70～0.87 范围内随之变化。在上述线性关系式基础上，通过引入关于纤维掺量的二次函数修正方程，建立 f_c/f_{cu} 与取代率及纤维掺量的关系式，如式(2-5)所示。

$$f_c/f_{cu}=(-0.003\,5\lambda-0.131)\delta+(-0.002\lambda^2+0.01\lambda+0.832)\quad (R^2=0.942\,3) \tag{2-5}$$

(2) 拉压比

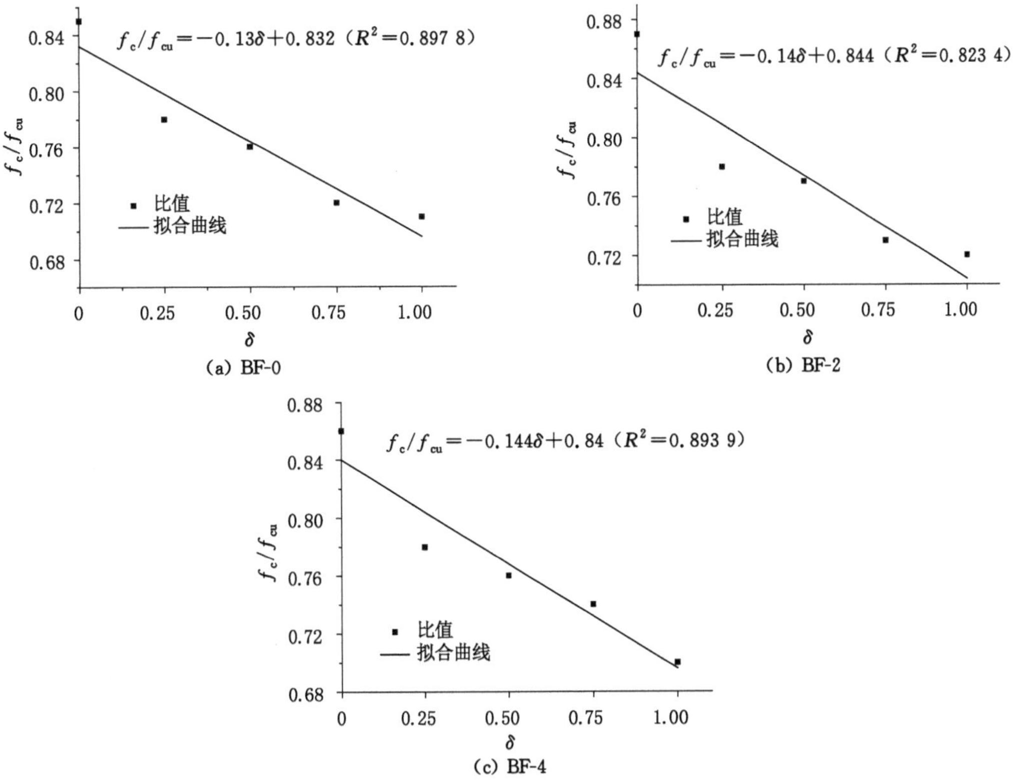

图 2-15　f_c/f_{cu} 与 δ 的关系曲线

劈裂抗拉强度与立方体抗压强度的比值简称拉压比，其和混凝土的韧性、脆性有直接关系。相关文献研究结果表明：普通混凝土的拉压比与泊松比有直接关系，如式(2-6)所示。

$$f_{st}/f_{cu}=\frac{2\nu^2}{1+2\nu^2} \tag{2-6}$$

式中，ν 为泊松比。

式(2-6)是在普通混凝土的基础上推导得到的，不一定适用于 BFRAC。为此，针对不同的纤维掺量，在式(2-6)的基础上引入一个与取代率相关的修正系数 φ，如式(2-7)所示。

$$f_{st}/f_{cu}=\frac{2\nu^2}{1+2\nu^2}\varphi \tag{2-7}$$

通过实测 BFRAC 的拉压比和泊松比，计算得到的 φ 值见表 2-5。

表 2-5　修正系数 φ

δ/%	0	25	50	75	100
φ_{BF-0}	0.971	0.727	0.568	0.521	0.464
φ_{BF-2}	1.544	1.340	0.953	0.831	0.681
φ_{BF-4}	2.103	1.600	1.085	0.918	0.758

由表 2-5 可知：针对同一纤维掺量，φ 值随着取代率的增大均呈现减小趋势。通过回归

分析，建立 φ_{BF-0}、φ_{BF-0}、φ_{BF-0} 与取代率的线性关系式。在上述关系式的基础上通过引入纤维掺量，建立的修正系数 φ 的表达式为：

$$\varphi = (-0.215\lambda - 0.48)\delta + (0.268\lambda + 0.923) \quad (R^2 = 0.990\,5) \tag{2-8}$$

即 BFRAC 拉压比的表达式为：

$$f_{st}/f_{cu} = \frac{2\nu^2}{1+2\nu^2}[(-0.215\lambda - 0.48)\delta + (0.268\lambda + 0.923)] \tag{2-9}$$

(3) 折压比

抗折强度与立方体抗压强度的比值简称折压比，其是间接反映混凝土抗拉性能的指标之一。通过实测 BFRAC 的抗折强度与抗压强度，运用最小二乘原理拟合得到的 BF-0 组、BF-2 组、BF-4 组 f_b/f_{cu} 与 δ 的关系曲线如图 2-16 所示。

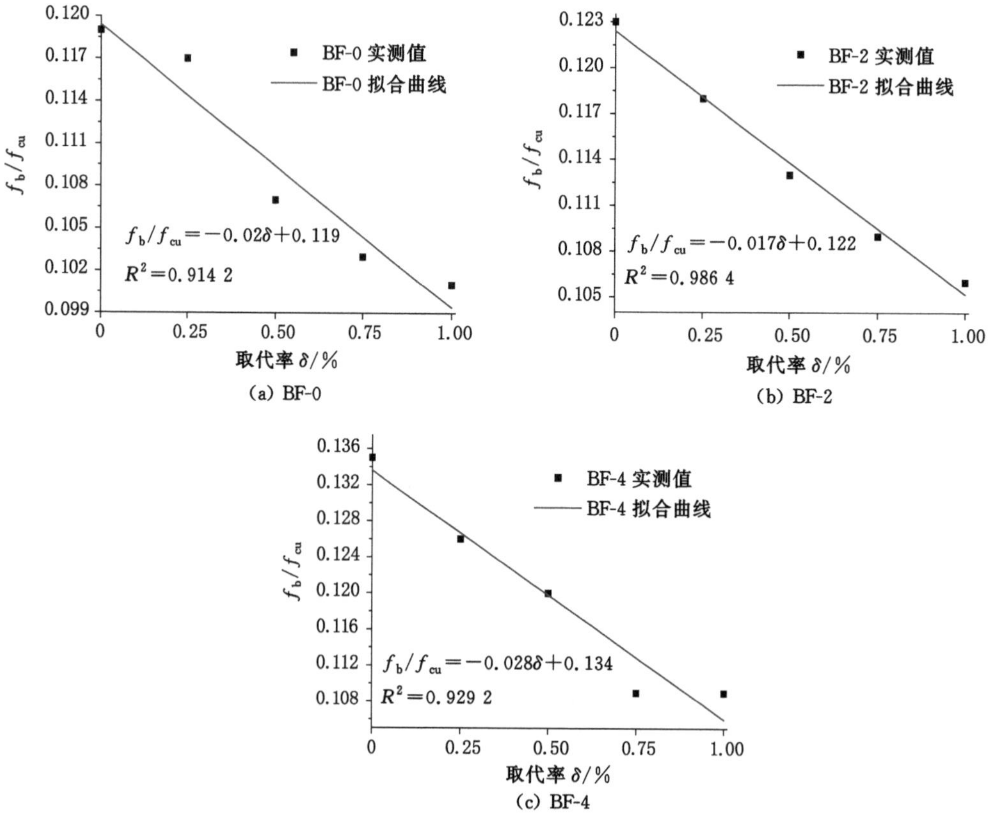

图 2-16 f_b/f_{cu} 与 δ 的关系曲线

由图 2-16 可知：不同 BF 掺量时，BFRAC 试件的 f_b/f_{cu} 与再生粗骨料取代率具有较强的线性相关性。总体而言，随着取代率的增大，f_b/f_{cu} 逐渐减小。BFRAC 试件的 f_b/f_{cu} 不仅与再生粗骨料取代率相关，还与 BF 掺量相关。通过引入关于纤维掺量的修正方程，在图 2-16 基础上建立了 BFRAC 试件的折压比与取代率及纤维掺量的关系式，如式(2-10)所示。

$$f_b/f_{cu} = (-0.001\,8\lambda^2 - 0.005\lambda - 0.02)\delta + (0.003\,8\lambda + 0.118) \quad (R^2 = 0.892\,9) \tag{2-10}$$

各式计算结果与试验数据对比如图 2-17 所示。其中，散点代表文献（Dong，2017；Dong，2022）中在 BF 掺量一致时，再生粗骨料取代率分别为 0%、50%、100%时对应的试验值。曲线描述了由我们所提出转换关系计算的结果随 BF 掺量和再生粗骨料取代率的变化趋势。如图 2-17(a)和图 2-17(b)所示，式(2-1)和式(2-2)的计算结果略低于文献（Dong，2017；Dong，2022）的试验结果，而式(2-10)的计算结果略高于文献（Dong，2017；Dong，2022）的试验结果，如图 2-17(g)所示。这可能是在文献（Dong，2017；Dong，2022）中随着再生粗骨料取代率的增大，二者的抗压强度均逐渐增大的原因，与本书的研究结果相反。但是，式(2-3)、式(2-4)、式(2-5)和式(2-9)的计算结果与文献（Dong，2017；Dong，2022）的试验结果吻合较好，如图 2-17(c)、图 2-17(d)、图 2-17(e)和图 2-17(f)所示。综上所述，所提出的转换关系对计算强度指标具有较好的广泛适用性。

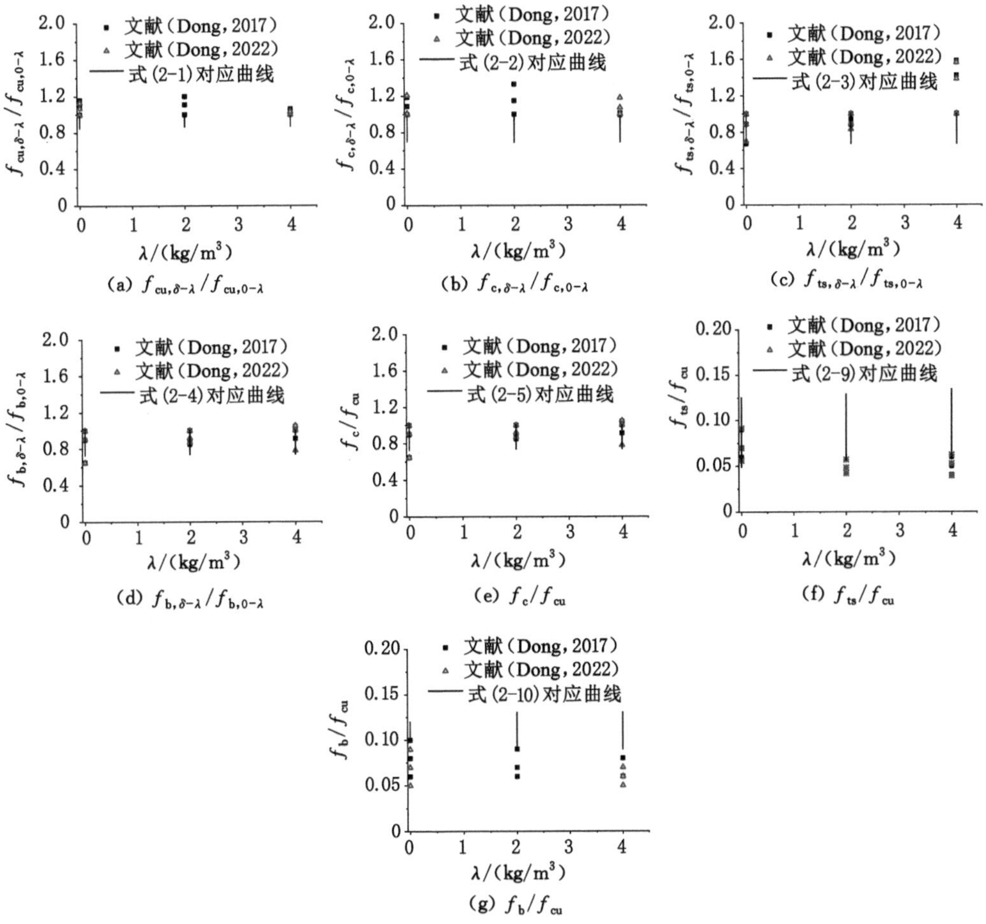

(a) $f_{cu,\delta-\lambda}/f_{cu,0-\lambda}$　(b) $f_{c,\delta-\lambda}/f_{c,0-\lambda}$　(c) $f_{ts,\delta-\lambda}/f_{ts,0-\lambda}$

(d) $f_{b,\delta-\lambda}/f_{b,0-\lambda}$　(e) f_c/f_{cu}　(f) f_{ts}/f_{cu}

(g) f_b/f_{cu}

图 2-17　数据对比

2.3　本章结论

通过对 90 个立方体试件和 90 个棱柱体试件进行抗压强度试验、抗折强度试验和劈裂抗拉强度试验和分析，主要得到以下结论：

(1) BFRAC 立方体受压试件裂而不散，受压脆性明显改善，劈裂试件的破坏面较平整，被劈裂的成分以再生骨料和水泥砂浆居多；棱柱体受压试件表现为典型的斜截面剪切破坏，贯穿裂缝的玄武岩纤维没有折断，抗折试件宏观破坏形态均为拉断破坏。

(2) 同一 BF 纤维掺量时，随着再生粗骨料取代率的增大，BFRAC 试件的抗压强度、劈裂抗拉强度和抗折强度逐渐降低；同一再生粗骨料取代率时，BFRAC 试件的强度指标随 BF 纤维掺量的增大而增大，但抗压强度增大幅度并不大。

(3) 基于实测数据，提出了 BFRAC 试件的 f_c/f_{cu} 与 δ 及 λ、f_b/f_{cu} 与 δ 及 λ、f_{ts}/f_{cu} 与 δ 及 λ 的关系式，该式简单实用、精度良好。

总之，本章在宏观层面上分析了受力破坏过程和破坏形态，建立了强度指标之间切实可行的换算关系式。在后期研究中，建议借助电镜扫描、X 射线等技术，对玄武岩纤维再生混凝土的受力破坏进行监控和分析，以在微观层面上探讨玄武岩纤维再生混凝土的内部物质结构组成及其破坏机理。另外，本章选取的基准配合比强度等级为 C35，所建立的强度指标换算关系式与此强度等级相关，其他强度等级的玄武岩纤维再生混凝土是否适用于此公式，有待进一步试验验证和理论分析。

第 3 章　高温后玄武岩纤维再生混凝土基本力学性能及微观机理分析

3.1　试验概况

3.1.1　试验原材料

天然粗骨料采用级配良好的天然碎石；再生粗骨料由某废弃路面的混凝土通过机械破碎而得，清洗、晾晒 72 h 后将粒径为 5～20 mm 和 10～30 mm 的再生粗骨料按照质量比 3∶2 进行混掺以确保级配连续。实测的粗骨料基本物理性能指标见表 3-1。采用短切玄武岩纤维，其外径、长度和密度分别为 15 μm、18 mm 和 2 650 kg/m^3，抗拉强度、弹性模量和断裂伸长率分别为 4 500 MPa、104 GPa 和 3.1%。粗骨料和玄武岩纤维外观如图 3-1 所示。细骨料为晒干后的天然黄砂，其实测的表观密度、堆积密度、孔隙率和细度模数分别为 2 600 kg/m^3、1 300 kg/m^3、50.29%和 2.16。试验采用由某水泥厂供应的 P·O 42.5R 级水泥，实测水泥的细度、烧失量、抗压强度、抗折强度以及初/终凝时间分别为 1.3%、2.4%、50 MPa、8 MPa 和 185/270 min；采用由某电厂生产的等级为Ⅱ级粉煤灰，其细度、密度、含水率和烧失量分别为 45 μm、2.4 g/cm^3、0.25%、2.4%，其掺量为水泥用量的 20%；采用棕黄色固体聚羧酸系减水剂，减水率为 15%～25%，其掺量为胶凝材料（水泥和粉煤灰）的 0.5%；试验用水为自来水。

(a) 天然粗骨料　　(b) 再生粗骨料　　(c) 玄武岩纤维

图 3-1　粗骨料和纤维

表 3-1　粗骨料基本物理性能参数

粗骨料类型	粒径/mm	堆积密度/(kg/m^3)	表观密度/(kg/m^3)	含水率/%	吸水率/%	压碎指标
天然粗骨料	5～30	1 681	2 798	0.7	0.1	10.4
再生粗骨料	5～30	1 274	2 433	1.8	3.5	12.7

3.1.2　配合比

根据《普通混凝土配合比设计规程》(JGJ 55—2011)，试配强度等级为 C40 的 BFRAC。首先确定合适的水胶比和各材料用量，再根据再生粗骨料占全部粗骨料质量的百分比，分别设计取代率为 0%、50%、100%三种工况下的配合比，并根据再生粗骨料用量以及其含水率和吸水率，考虑附加水的用量。本试验设计 RAC 配合比见表 3-2。

表 3-2　再生混凝土的配合比

δ	m_W/m_B	S_s	m_w/(kg/m^3)		m_B/(kg/m^3)		m_A/(kg/m^3)		m_s	m_{wra}
			m_{nw}	m_{aw}	m_c	m_{FA}	m_r	m_n	/(kg/m^3)	/(kg/m^3)
0%	0.47	32%	191	0.00	346	60.9	0.00	1 224.90	577	2.035
50%	0.47	32%	191	10.23	346	60.9	612.45	612.45	577	2.035
100%	0.47	32%	191	20.45	346	60.9	1 224.90	0.00	577	2.035

注：m_W/m_B 为水胶比；δ 为再生粗骨料取代率；S_s 为砂率；m_w 为用水量；m_{nw}、m_{aw} 分别为净水质量和附加水质量；m_B、m_A 分别为胶凝材料和粗骨料的质量；m_c、m_{FA} 分别为水泥和粉煤灰的质量；m_r、m_n 分别为再生粗骨料和天然粗骨料的质量；m_s、m_{wra} 分别为砂和减水剂的质量。

3.1.3　试件设计和制作

为研究再生粗骨料取代率(δ)、玄武岩纤维掺量(λ)和温度(T)等参数对 BFRAC 基本力学性能的影响规律，共设计了 27 组试件。其中，再生粗骨料取代率有 0%、50%、100% 3 种工况，玄武岩纤维掺量有 0 kg/m^3、2 kg/m^3、4 kg/m^3 3 种工况，温度有 25 ℃、300 ℃、600 ℃ 3 种工况。本试验制作 81 个 150 mm×150 mm× 150 mm 的标准立方体试件进行抗压强度试验；81 个 150 mm×150 mm×300 mm 的标准棱柱体试件进行轴心抗压强度试验以及应力-应变全过程曲线试验；81 个 150 mm×150 mm×150 mm 的标准立方体试件进行劈裂抗拉强度试验；81 个 150 mm×150 mm×550 mm 的标准试件进行抗折强度试验。

根据《混凝土物理力学性能试验方法标准》(GB/T 50081—2019)，试件采用标准模具进行成型，经浇筑、振捣密实、抹平后静置一夜，试件拆模后统一放入标准养护室(20±2 ℃，相对湿度>95%)，以满足试件的成型质量。试件养护 28 d 后尽快完成上述试验，以保证数据的准确性。

3.1.4　试验方法

根据试验设计要求，对部分 BFRAC 试件进行不同目标温度下的批量加热。加热装置采用如图 3-2 所示箱式高温炉，最高设定温度为 1 000 ℃。每个试件之间用垫片隔开，以确保试件的每个表面在高温炉中被均匀加热。

图 3-2　升温装置

将不同高温后的标准试件进行 BFRAC 基本力学和变形性能试验，加载装置如图 3-3 所示。其中，弹性模量和泊松比试验需要在标准棱柱体试件三个侧面的竖向中线处粘贴应变片，并保证应变片间相互对中；由于应变片在加载后期容易开裂，无法测得应力-应变关系曲线下降段的有效试验数据，因此制作了相应的位移计夹具，用于测定试件中间部分的变形，以确保应力-应变关系曲线的稳定和完整，如图 3-3(c)所示。图 3-3(c)显示测定变形部分的标距为 100 mm。加载装置选用同品牌量程不同的微机控制电液伺服压力试验机，其量程分别为 2 000 kN 和 60 kN。选择不同量程的压力试验机是为了使 BFRAC 试件破坏荷载位于压力机总量程的 20%～80%内，从而确保试验结果的准确性。

(a) 压力试验机　(b) 立方体抗压试验　(c) 轴心抗压试验

(d) 弹性模量和泊松比试验　(e) 劈裂抗拉试验　(f) 抗折试验

图 3-3　加载装置

为了保证试验准确性，减小试件表面不平整、加载面间空隙以及压力试验机加载初期刚度不足等影响，加载前需要对试件进行预加载。根据《混凝土物理力学性能试验方法标准》(GB/T 50081—2019)，立方体试件抗压强度采用 0.6 MPa/s 的加载速率；轴心抗压强度和应力-应变关系曲线试验采用位移控制，其加载速率为 0.005 mm/s；劈裂抗拉强度和抗折强度试验均采用 0.06 MPa/s 的加载速率；弹性模量和泊松比试验的加载速率为 0.5 MPa/s。基准荷载值 F_0 为 0.5 MPa，最大预加载值 F_a 为试件轴心抗压强度的 1/3。预加载对中以后在 F_0 和 F_a 两值之间进行二次反复预压，加载至 F_0 和 F_a 时恒载 60 s，并记录每一测点的变形值，随后进行弹性模量和泊松比计算。弹性模量和泊松比试验加载方法如图 3-4 所示。

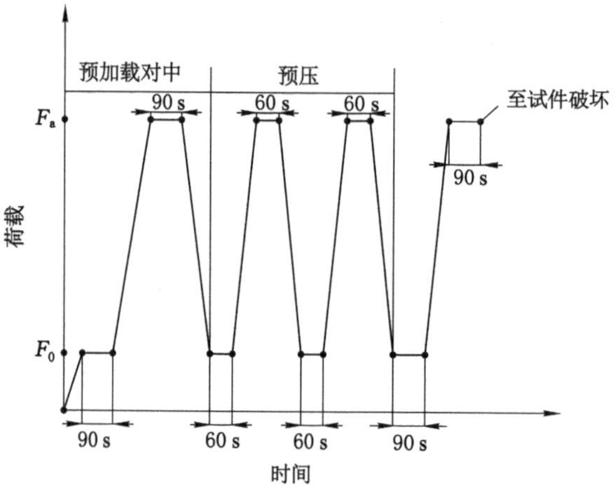

图 3-4　弹性模量和泊松比试验加载方法示意图

3.2　试验结果及分析

3.2.1　破坏过程与破坏形态

(1) 立方体受压破坏

常温下的试件表面在加载初期均无明显变化，随着荷载的进一步增大，出现了胶体开裂的噼啪声音；在达到 90％极限荷载时，试件的横向变形增大，表面出现少量竖向裂缝，并逐渐向角部开展，随后裂缝贯通形成主裂缝，试件破坏。相比之下，经历 300 ℃高温后的试件在即将到达极限荷载时，表面中部出现的竖向裂缝更多，试件横向变形更大，最终形成正倒相连的四角锥形破坏。经历 600 ℃高温后的试件在加载初期表面温度裂缝逐渐加宽；随着加载的持续，试件表面的温度裂缝与产生的应力裂缝相互交织并贯穿，在试件达到极限荷载时，有大量碎渣脱落并被迅速压坏呈四角锥形。通过对比观察，发现取代率对试件的破坏形态并无明显的影响。随着 BF 掺量的增加，试件的破坏程度逐渐降低，BF 的桥接作用阻止了裂缝的开展，在 RAC 表面形成了密密麻麻的竖向裂缝，使得试件裂而不碎，相对完整。部分试件的立方体受压破坏形态如图 3-5 所示，其中，0、2、4 分别代表纤维掺量为 0 kg/m^3、2 kg/m^3、4 kg/m^3。

(2) 轴心受压破坏

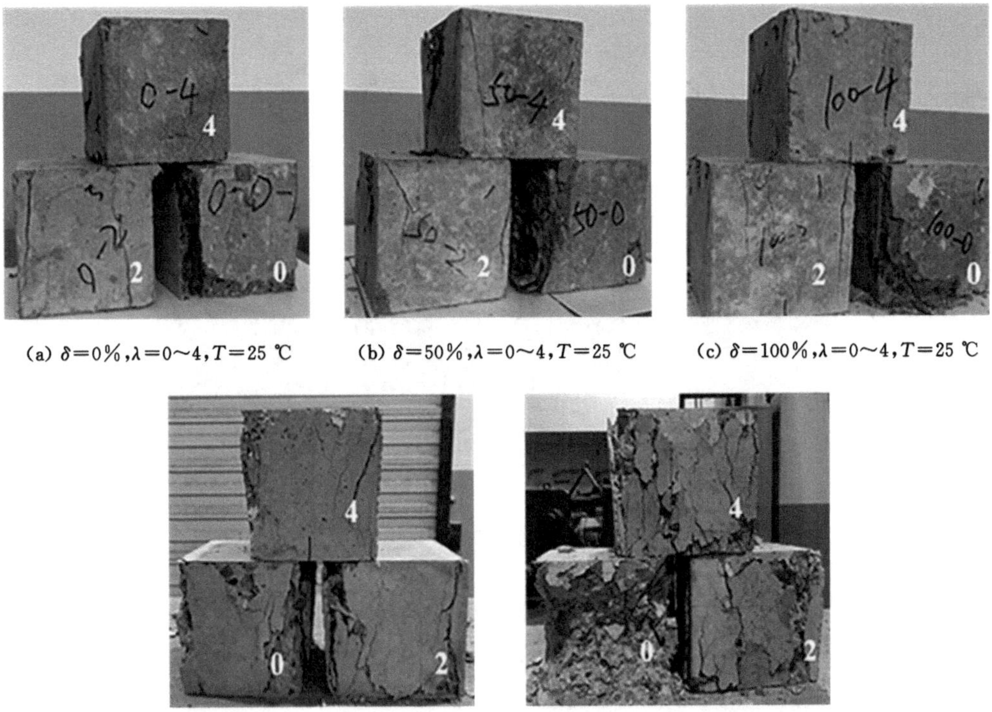

(a) $\delta=0\%,\lambda=0\sim4,T=25$ ℃　(b) $\delta=50\%,\lambda=0\sim4,T=25$ ℃　(c) $\delta=100\%,\lambda=0\sim4,T=25$ ℃

(d) $\delta=0\%,\lambda=0\sim4,T=300$ ℃　(e) $\delta=0\%,\lambda=0\sim4,T=600$ ℃

图 3-5　部分试件的立方体受压破坏形态

随着温度的升高，试件内部结构逐渐疏松并发生了一系列变化，这将直接影响试件受力后的破坏过程和形态。加载过程中，常温下试件先是在表面的中部出现了少量细而短小的竖向裂缝；随后裂缝逐渐斜向延伸至角部，最后贯穿试件整个截面；在正应力和剪应力的挤压下形成一个或多个主裂缝或裂缝带后发生斜向剪切破坏。经历 300 ℃高温后的试件与常温下的破坏过程相似，不过破坏形态相对更加严重，个别试件直接被斜向剪断。经历 600 ℃高温后的试件十分酥脆，加载后表面中部出现大量竖向裂缝的同时伴有碎渣掉落。随后形成的斜向主裂缝或裂缝带较宽，最终破坏时被压碎得十分严重。不同取代率时试件的破坏形态大致相同，取代率为 100%时试件破坏形态相对更严重。掺加一定量 BF 的试件破坏形态更加完整，表面出现密密麻麻的竖向裂纹。部分试件的轴心受压破坏形态如图 3-6 所示。

（3）劈裂受拉破坏

在劈裂荷载达到极限荷载之前，所有试件的表面均没有明显变化。加荷至极限荷载后，常温下试件表面中线部位沿着加载方向迅速形成一条裂缝后剪成两半，破坏过程突然，破坏断面主要特征是骨料与砂浆的脱落及部分骨料被切断；300 ℃高温作用后的试件破坏断面不平整，砂浆相对疏松；600 ℃高温作用后的试件在达到极限荷载后破坏过程相对缓慢，裂缝生成过程中伴有大量碎渣掉落，破坏断面不平整，骨料没有被剪断，主要表现为砂浆和骨料的脱落。常温下掺入一定量的 BF 对试件破坏过程及形态的影响不大；但是经历 300 ℃高温后，掺入 BF 的试件的破坏过程变化明显，在极限荷载之后，试件表面中部出现了多条竖向裂缝；这种现象在经历 600 ℃高温后的试件中更明显。这是因为高温后试件内部砂浆

(a) $\delta=0\%,\lambda=0\sim4,T=25$ ℃　(b) $\delta=50\%,\lambda=0\sim4,T=25$ ℃　(c) $\delta=100\%,\lambda=0\sim4,T=25$ ℃

(d) $\delta=0\%,\lambda=0\sim4,T=300$ ℃　(e) $\delta=0\%,\lambda=0\sim4,T=600$ ℃

图 3-6　部分试件的轴压破坏形态

疏松，骨料和砂浆之间的胶结力下降，在劈裂荷载作用下更容易产生裂纹。此时 BF 的拉结作用能有效阻止裂缝的开展，因为裂纹发展方向改变。不同取代率时试件的破坏形态没有明显区分。部分试件最终破坏形态如图 3-7 所示。

(a) $\delta=0\%,\lambda=0,T=25$ ℃　(b) $\delta=100\%,\lambda=4,T=25$ ℃　(c) $\delta=100\%,\lambda=0,T=300$ ℃

(d) $\delta=100\%,\lambda=2,T=300$ ℃　(e) $\delta=100\%,\lambda=0,T=600$ ℃　(f) $\delta=100\%,\lambda=4,T=600$ ℃

图 3-7　部分试件破坏形态

(4) 抗折破坏

常温和 300 ℃高温后试件的破坏过程和形态相似。试件在加载初期表面没有明显变化；当加载至极限荷载后，试件在两个集中荷载之间形成一条裂缝后被迅速折成两半，断面相对平整，主要表现为骨料与砂浆的脱落以及部分骨料被剪断。600 ℃高温作用后，试件在达到极限荷载后破坏过程相对缓慢，裂缝生成的过程中伴有大量碎渣掉落，破坏断面不够平整，骨料没有被剪断，主要表现为砂浆和骨料的脱落。极限荷载之后，BF 改性后的部分试件在两个集中荷载之间出现多条裂缝，但是最终破坏形态并无太大差异。不同取代率时，试件的破坏形态没有明显区分。部分试件的破坏形态如图 3-8 所示。

(a) $\delta=50\%, \lambda=2, T=300$ ℃　(b) $\delta=100\%, \lambda=4, T=25\sim600$ ℃　(c) $\delta=100\%, \lambda=0, T=600$ ℃

图 3-8　部分试件的破坏形态

3.2.2　影响因素分析

(1) 立方体抗压强度

高温后试件立方体抗压强度实测值见表 3-3。试件命名方法：以 R-0-2-300 为例，R 代表 RAC，0 代表取代率为 0%，2 代表玄武岩纤维掺量为 2 kg/m^3，300 代表温度为 300 ℃，其他试件以此类推。

表 3-3　高温后试件立方体抗压强度

试件编号	f_{cu}/MPa	试件编号	f_{cu}/MPa	试件编号	f_{cu}/MPa
R-0-0-25	43.6	R-0-0-300	38.4	R-0-0-600	24.4
R-0-2-25	47.4	R-0-2-300	42.6	R-0-2-600	25.6
R-0-4-25	49.6	R-0-4-300	44.8	R-0-4-600	26.7
R-50-0-25	42.0	R-50-0-300	37.0	R-50-0-600	20.2
R-50-2-25	44.2	R-50-2-300	40.0	R-50-2-600	22.8
R-50-4-25	45.3	R-50-4-300	41.2	R-50-4-600	23.0
R-100-0-25	39.6	R-100-0-300	34.6	R-100-0-600	18.0
R-100-2-25	42.6	R-100-2-300	36.4	R-100-2-600	19.2
R-100-4-25	43.7	R-100-4-300	38.6	R-100-4-600	20.0

注：f_{cu} 为立方体抗压强度，$f_{cu}=F/A$，F 为极限荷载，A 为横截面面积。

为了便于分析，图 3-9 描绘了不同变化参数时试件立方体抗压强度的变化幅度。由图 3-9 可知：

① 对于取代率单参数变化试件，随着取代率的增大，试件立方体抗压强度呈现降低的趋势。当取代率由 0%升至 50%时，同一温度和纤维掺量时，立方体抗压强度降低的幅度均在 3.6%～17.2%之间；当取代率由 50%升至 100%、同一温度和纤维掺量时，立方体抗压强度降低的幅度均在 3.5%～15.7%之间。这是由于机械破碎后的再生粗骨料存在大量的

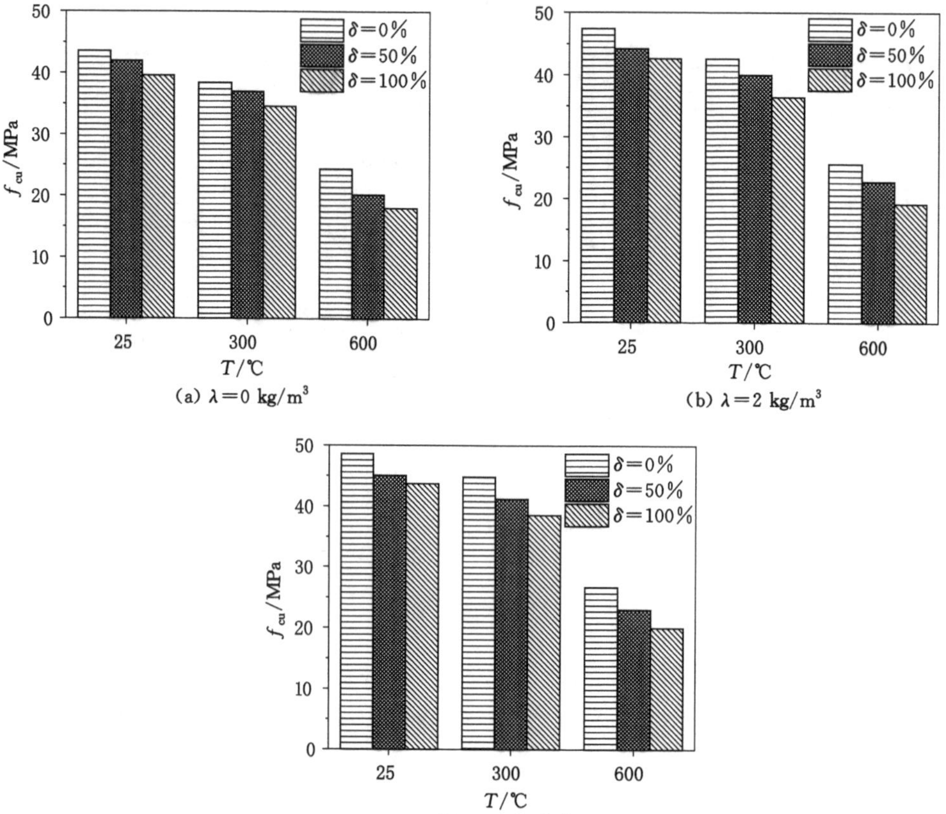

(a) λ=0 kg/m³　(b) λ=2 kg/m³　(c) λ=4 kg/m³

图 3-9　试件立方体抗压强度随取代率、纤维掺量、温度的变化幅度

微裂缝，且表面附着大量老砂浆，随着再生骨料的增加，这种固有缺陷不断积累，最终导致试件立方体抗压强度降低。

② 对于纤维掺量单参数变化试件，随着 BF 掺量的增加，试件立方体抗压强度逐渐增大。BF 掺量由 0 kg/m³ 增至 2 kg/m³、同一温度和取代率时，立方体抗压强度的增长幅度均在 4.9%～12.8%之间；BF 掺量由 2 kg/m³ 增至 4 kg/m³、同一温度和取代率时，立方体抗压强度的增长幅度均在 6%～8.7%之间。这是由于在轴向荷载作用下，试件的横向变形逐渐增大。此时，试件中纤维的桥接作用能够有效阻止竖向裂缝的开展，从而提高了试件的立方体抗压强度。

③ 对于温度单参数变化试件，随着温度的升高，试件立方体抗压强度呈现降低趋势。当温度由 25 ℃升至 300 ℃、同一纤维掺量和取代率时，立方体抗压强度降低的幅度均在 9.0%～14.5%之间；当温度由 300 ℃升至 600 ℃、同一纤维掺量和取代率时，立方体抗压强度降低的幅度均在 36.4%～48.1%之间。由此可知：300～600 ℃之间，立方体抗压强度的降低最明显；600 ℃作用后，立方体抗压强度相比常温下降低了将近一半，主要原因是温度升至 300 ℃前试件内部的自由水、物理吸附水等几乎全部蒸发掉；600 ℃作用后主要发生的是 C-S-H 凝胶干缩分解等化学反应，直接表现为砂浆与骨料的胶结力下降，内部结构疏松，温度越高这种现象越明显。因此，立方体抗压强度的下降主要集中在 300～600 ℃。

(2) 轴心抗压强度

高温后试件轴心抗压强度实测值见表 3-4，为了便于分析，图 3-10 描绘了不同变化参数时试件立方体抗压强度的变化幅度。

表 3-4　高温后试件的轴心抗压强度

试件编号	f_c/MPa	f_c/f_{cu}	试件编号	f_c/MPa	f_c/f_{cu}
R-0-0-25	36.00	0.83	R-50-4-300	29.00	0.70
R-0-2-25	38.00	0.80	R-100-0-300	21.10	0.61
R-0-4-25	39.80	0.80	R-100-2-300	24.90	0.68
R-50-0-25	33.70	0.80	R-100-4-300	26.50	0.69
R-50-2-25	34.30	0.78	R-0-0-600	12.09	0.50
R-50-4-25	36.00	0.79	R-0-2-600	12.50	0.49
R-100-0-25	30.90	0.78	R-0-4-600	13.50	0.51
R-100-2-25	32.00	0.75	R-50-0-600	11.20	0.55
R-100-4-25	35.00	0.80	R-50-2-600	11.55	0.51
R-0-0-300	29.20	0.76	R-50-4-600	11.57	0.50
R-0-2-300	30.00	0.70	R-100-0-600	8.40	0.47
R-0-4-300	30.80	0.69	R-100-2-600	9.30	0.48
R-50-0-300	26.40	0.71	R-100-4-600	10.00	0.50
R-50-2-300	27.80	0.70	—	—	—

注：f_c 为轴心抗压强度，$f_c=F/A$，其中，F 为极限荷载，A 为横截面面积。

由图 3-10 可见：对于取代率单参数变化试件，随着取代率的增大，试件轴心抗压强度呈现降低趋势。当取代率由 0%升至 50%、同一温度和纤维掺量时，轴心抗压强度降低的幅度均在 5.8%～14.8%之间；当取代率由 50%升至 100%、同一温度和纤维掺量时，轴心抗压强度降低的幅度均在 2.7%～25%之间；当取代率为 100%时，试件的轴心抗压强度下降最明显。这是由于再生粗骨料自身具有强度低、性质脆等固有缺陷，随着取代率的增大，这些固有缺陷的积累，使得试件的轴心抗压强度下降。

对于纤维掺量单参数变化试件，随着 BF 掺量的增加，试件轴心抗压强度逐渐提高。BF 掺量由 0 kg/m^3 增至 2 kg/m^3、同一温度和取代率时，轴心抗压强度的增长幅度均在 1.7%～5.5%之间；BF 掺量由 2 kg/m^3 增至 4 kg/m^3、同一温度和取代率时，轴心抗压强度的增长幅度均在 1.7%～2.6%之间。相比立方体抗压强度的提升幅度，纤维对棱柱体轴心抗压强度的提升相对较低。这是因为棱柱体试件在受压时避免了承压面应力不均匀的情况，使得中部应力分布均匀，横向变形相对较小，但是 BF 的桥接作用仍能阻止应力裂缝的开展，使试件轴心抗压强度得到一定程度的提高。

对于温度单参数变化试件，随着温度的升高，试件轴心抗压强度呈现降低的趋势。当温度由 25 ℃升至 300 ℃、同一纤维掺量和取代率时，轴心抗压强度降低的幅度均在 18.8%～

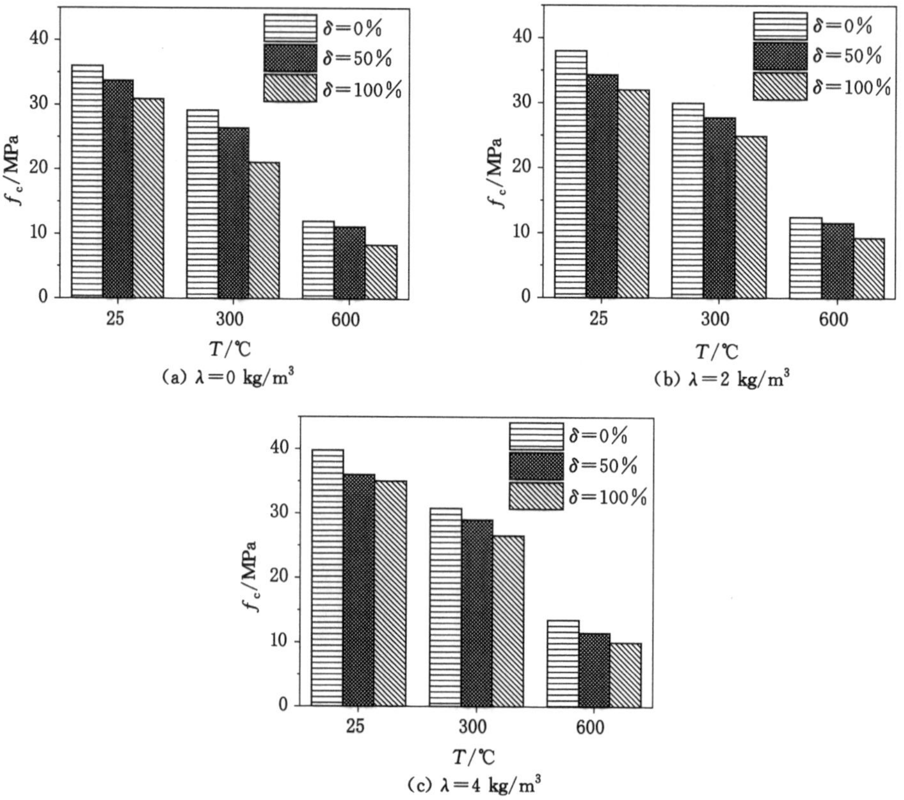

图 3-10　试件轴心抗压强度随取代率、纤维掺量、温度变化的幅度

31.7%之间；当温度由 300 ℃升至 600 ℃、同一纤维掺量和取代率时，轴心抗压强度降低的幅度均在 51.1%～62.6%之间。同立方体抗压强度一样，轴心抗压强度在 300～600 ℃区间降低最多。相比常温，经历 600 ℃高温作用后试件轴心抗压强度最高降低了 70%。这再次表明：相比 300 ℃高温后试件内部物理变化的影响，600 ℃高温后试件内部的化学变化影响更大。高温作用后，试件损伤严重，内部结构疏松，骨料和砂浆的胶结力逐渐被削弱，必然导致轴心抗压强度明显降低。

（3）劈裂抗拉强度

高温后试件劈裂抗拉强度实测值见表 3-5，为了便于分析，图 3-11 描绘了不同变化参数时试件劈裂抗拉强度的变化幅度。

表 3-5　高温后试件劈裂抗拉强度

试件编号	f_{st}/MPa	试件编号	f_{st}/MPa	试件编号	f_{st}/MPa
R-0-0-25	2.83	R-0-0-300	1.55	R-0-0-600	0.66
R-0-2-25	3.19	R-0-2-300	1.78	R-0-2-600	0.75
R-0-4-25	3.44	R-0-4-300	1.96	R-0-4-600	0.79
R-50-0-25	2.61	R-50-0-300	1.45	R-50-0-600	0.58

表3-5(续)

试件编号	f_{st}/MPa	试件编号	f_{st}/MPa	试件编号	f_{st}/MPa
R-50-2-25	2.83	R-50-2-300	1.62	R-50-2-600	0.61
R-50-4-25	3.05	R-50-4-300	1.8	R-50-4-600	0.72
R-100-0-25	2.31	R-100-0-300	1.42	R-100-0-600	0.54
R-100-2-25	2.55	R-100-2-300	1.55	R-100-2-600	0.59
R-100-4-25	2.78	R-100-4-300	1.68	R-100-4-600	0.65

注：f_{st} 为劈裂抗拉强度，$f_{st}=2F/(\pi A)$，其中，F 为极限荷载，A 为横截面面积。

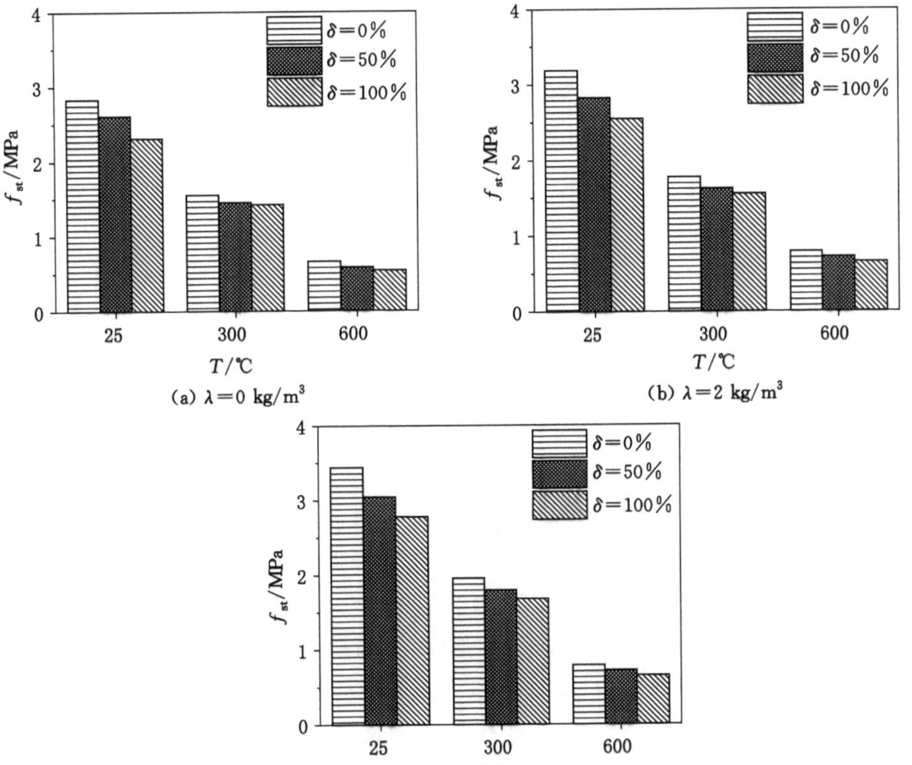

(a) λ=0 kg/m³　(b) λ=2 kg/m³　(c) λ=4 kg/m³

图 3-11　试件劈裂抗拉强度随取代率、纤维掺量、温度的变化幅度

由图 3-11 可知：

① 对于温度单参数变化试件，经历高温作用后，试件劈裂抗拉强度显著降低。当温度由 25 ℃升至 300 ℃、同一纤维掺量和取代率时，劈裂抗拉强度降低的幅度均在 38.5%～45.2%之间；当温度由 300 ℃升至 600 ℃、同一纤维掺量和取代率时，劈裂抗拉强度降低的幅度均在 57.4%～62.3%之间。相比抗压强度，高温后试件劈裂抗拉强度在各个温度区间的下降幅度更大。这是因为高温作用后，试件内部砂浆疏松变脆，与骨料间的胶结力下降，且内部存在大量的微裂缝，这对试件劈裂抗拉强度的影响是巨大的。

② 对于取代率单参数变化试件，随着取代率的增大，试件劈裂抗拉强度呈现降低的趋

势。当取代率由 0%升至 50%、同一温度和纤维掺量时，劈裂抗拉强度降低的幅度均在 6.4%～18.6%之间；当取代率由 50%升至 100%、同一温度和纤维掺量时，劈裂抗拉强度降低的幅度均在 2.06%～11.4%之间。这再次表明再生骨料固有缺陷的积累，对试件劈裂抗拉强度的影响同样存在。此外，随着温度的升高，不同取代率对试件劈裂抗拉强度的影响越来越小；试件经历 600 ℃高温后，随着取代率的增大，劈裂抗拉强度的降低幅度在 4%上下。这表明相对取代率的影响，温度对试件劈裂抗拉强度的影响更加显著。

对于纤维掺量单参数变化试件，随着 BF 掺量的增加，试件劈裂抗拉强度逐渐上升。BF 掺量由 0 kg/m^3 增加至 2 kg/m^3、同一温度和取代率时，劈裂抗拉强度的增长幅度均在 5.1%～14.8%之间；BF 掺量由 2 kg/m^3 增至 4 kg/m^3、同一温度和取代率时，劈裂抗拉强度的增长幅度均在 5.3%～18%之间。这是因为 BF 有增韧阻裂的作用，在试件被拉坏的过程中，BF 能有效阻止裂缝的开展，其被拉断和拔出的过程中也消耗了一定的能量，因此试件劈裂抗拉强度得到了提高。然而，试件经历 600 ℃高温后，随着 BF 掺量的增加，劈裂抗拉强度最低提升幅度仅为 5%。这可能是因为高温后砂浆疏松多孔，BF 和砂浆的胶结力下降，弱化了 BF 的拉结作用。

(4) 抗折强度

高温后试件抗折强度实测值见表 3-6。为了便于分析，图 3-12 描绘了不同变化参数时试件抗折强度的变化幅度。由图 3-12 可知：

① 对于温度单参数变化试件，经历高温作用后，试件抗折强度显著降低。当温度由 25 ℃升至 300 ℃、同一纤维掺量和取代率时，抗折强度降低的幅度均在 53.8%～58.6%之间；当温度由 300 ℃升至 600 ℃、同一纤维掺量和取代率时，抗折强度降低的幅度均在 52.1%～65.0%之间。试件抗折强度的降低幅度在各温度区间几乎相同，均在 50%以上。原因在于，随着温度的升高，试件内部微裂缝逐渐增加且损伤不断积累，砂浆逐渐变得疏松多孔，与骨料的胶结力严重降低，进而降低了试件的抗折强度。

② 对于取代率单参数变化试件，随着取代率的增大，试件抗折强度呈现降低的趋势。当取代率由 0%升至 50%、同一温度和纤维掺量时，抗折强度降低的幅度均在 3.6%～18%之间；当取代率由 50%升至 100%、同一温度和纤维掺量时，抗折强度降低的幅度均在 7%～21.2%之间。这是由于再生粗骨料含有大量微裂缝等原始损伤，随着取代率的增大，这种损伤逐渐积累，直接影响试件的抗折强度。

③ 对于纤维掺量单参数变化试件，随着 BF 掺量的增加，试件抗折强度逐渐提高。BF 掺量由 0 kg/m^3 增至 2 kg/m^3、同一温度和取代率时，试件抗折强度的增长幅度均在 4.5%～26.9%之间；BF 掺量由 2 kg/m^3 增至 4 kg/m^3、同一温度和取代率时，试件抗折强度的增长幅度均在 1.8%～16.25%之间。这表明 BF 的桥接作用能有效提高试件的抗折强度。

表 3-6　高温后试件的抗折强度

试件编号	f_b/MPa	试件编号	f_b/MPa	试件编号	f_b/MPa
R-0-0-25	5.2	R-0-0-300	2.2	R-0-0-600	0.9
R-0-2-25	5.5	R-0-2-300	2.3	R-0-2-600	1.1
R-0-4-25	5.7	R-0-4-300	2.6	R-0-4-600	1.23

表3-6(续)

试件编号	f_b/MPa	试件编号	f_b/MPa	试件编号	f_b/MPa
R-50-0-25	4.8	R-50-0-300	2.1	R-50-0-600	0.8
R-50-2-25	5.3	R-50-2-300	2.2	R-50-2-600	0.9
R-50-4-25	5.4	R-50-4-300	2.4	R-50-4-600	1
R-100-0-25	3.9	R-100-0-300	1.8	R-100-0-600	0.63
R-100-2-25	4.6	R-100-2-300	1.9	R-100-2-600	0.8
R-100-4-25	5	R-100-4-300	2.1	R-100-4-600	0.93

注：f_b 为抗折强度，$f_b=FL/(bh^2)$，其中，F 为极限荷载；L 为支座间距离，mm；b 为试件截面宽度，mm；h 为试件截面高度，mm。

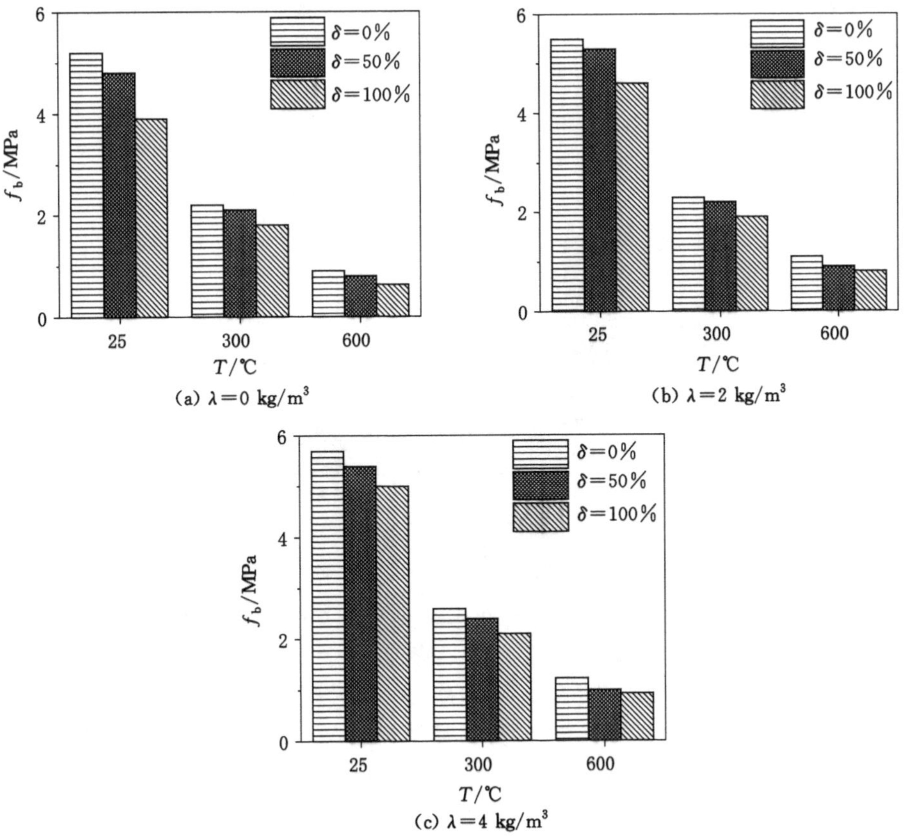

图 3-12　试件抗折强度随取代率、纤维掺量、温度的变化幅度

(5) 弹性模量

① 影响因素分析

为了便于分析，图 3-13 绘制了试件弹性模量实测值随温度、纤维掺量、取代率的变化幅度柱状图。对于温度单参数变化试件，经历高温作用后，试件弹性模量显著降低。当温度由

25 ℃升至 300 ℃、同一纤维掺量和取代率时，弹性模量降低的幅度均在 37.8%～52.9%之间；当温度由 300 ℃升至 600 ℃、同一纤维掺量和取代率时，弹性模量降低的幅度均在 62.7%～66.1%之间。这是高温作用后，试件内部变得疏松多孔，并且存在大量的微裂缝，在加载过程中试件变形过大造成的。

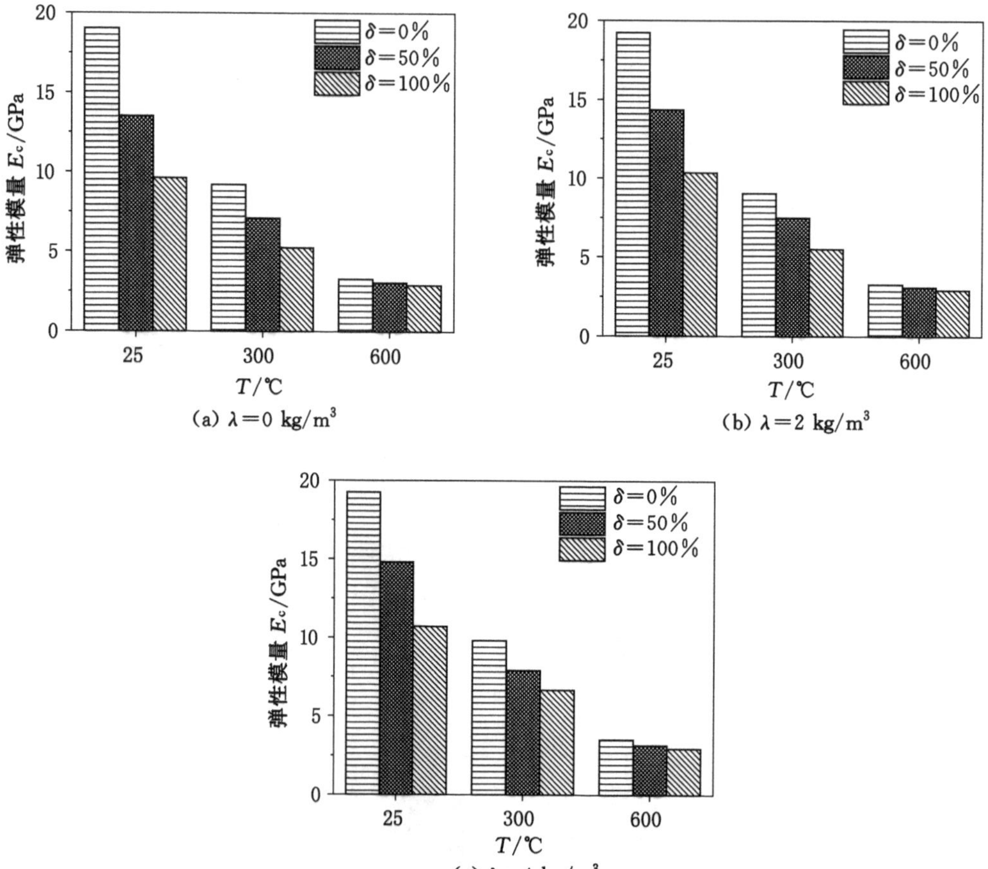

(a) $\lambda=0\ \mathrm{kg/m^3}$

(b) $\lambda=2\ \mathrm{kg/m^3}$

(c) $\lambda=4\ \mathrm{kg/m^3}$

图 3-13　试件弹性模量随取代率、纤维掺量、温度的变化幅度

对于取代率单参数变化试件，随着取代率的增大，试件弹性模量呈现降低的趋势。当取代率由 0%升至 50%、同一温度和纤维掺量时，弹性模量降低的幅度均在 13.3%～29%之间；当取代率由 50%升至 100%、同一温度和纤维掺量时，弹性模量降低的幅度均在 15%～28.7%之间。这是由于再生骨料孔隙率大、刚度低，同时其表面附着的老砂浆也降低试件的密实度，因此，弹性模量随着取代率的增大而降低。

对于纤维掺量单参数变化试件，随着 BF 掺量的增加，试件弹性模量逐渐增大。BF 掺量由 0 $\mathrm{kg/m^3}$ 增至 2 $\mathrm{kg/m^3}$、同一温度和取代率时，试件弹性模量的升高幅度均在 2%～8%之间；BF 掺量由 2 $\mathrm{kg/m^3}$ 增至 4 $\mathrm{kg/m^3}$、同一温度和取代率时，试件弹性模量的升高幅度均在 1.1%～7.4%之间。这是因为 BF 能与 RAC 较好地相容，掺入一定量的 BF 可以提高试件的密实度，从而提高试件的弹性模量。之所以提高幅度不大，是因为试件在弹性阶段变形较小，BF 在 RAC 中的桥接作用在这个过程中发挥的作用不大。

② 弹性模量与不同变化参数之间的函数关系式

基于图 3-13 所示实测值，参考相关文献（Chang，2006；Liu，2016），以常温下弹性模量 $E_{c,R}^{25}$ 为基准，对试件弹性模量 $E_{c,R}^{T}$ 进行量纲归一化和拟合处理，如图 3-14 所示。

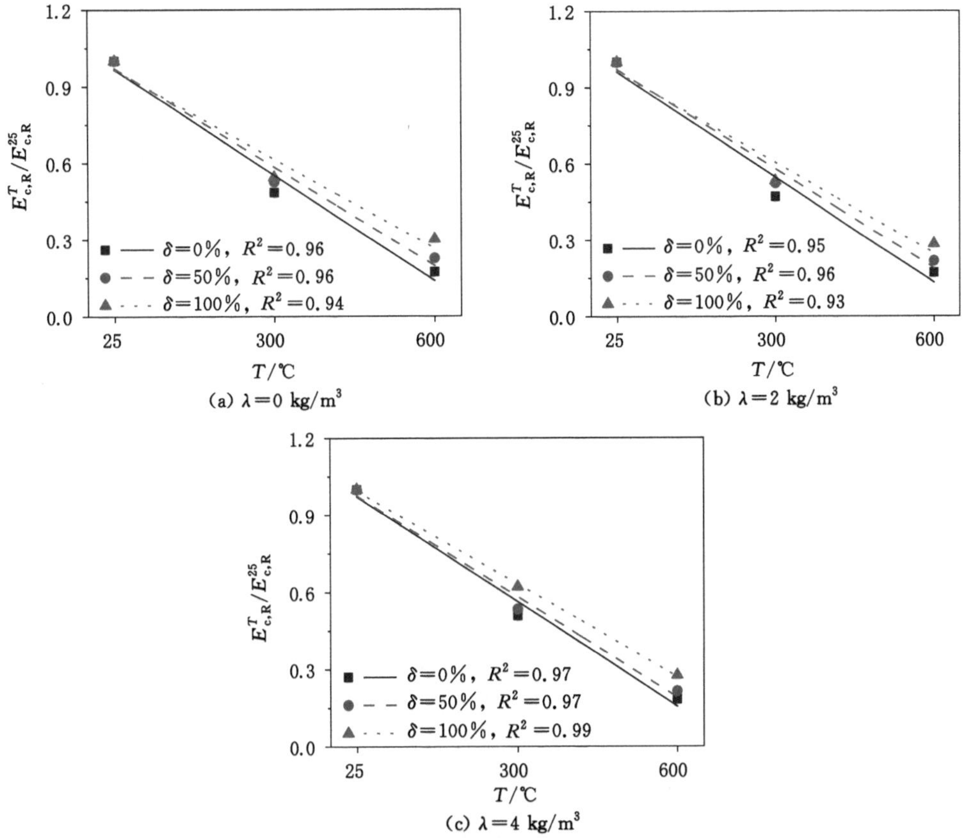

图 3-14　试件弹性模量在不同变化参数下的拟合曲线

如图 3-14 所示，相比 RAC，普通混凝土弹性模量随着温度升高而下降的幅度更大。这是由于与 RAC 相比，常温下普通混凝土的弹性模量相对较高，因此，当温度变化对 RAC 和普通混凝土弹性模量造成损伤时，普通混凝土的下降幅度更大。通过数据分析发现弹性模量随温度的升高呈线性变化，引入取代率和纤维掺量影响因子后，建立了弹性模量与不同变化参数之间的函数关系式，如式(3-1)所示。其中，基于实测数据发现纤维掺量对试件弹性模量的影响几乎没有，故忽略纤维对试件弹性模量的影响。

$$E_{c,R}^{T}/E_{c,R}^{25}=0.98-(2\delta-14)T\times10^{-4}\quad(R^2=0.98) \tag{3-1}$$

基于弹性模量实测值，以 BF 掺量为 0 kg/m³ 时试件的弹性模量 $E_{c,R}^{0}$ 为基准，对试件弹性模量 $E_{c,R}^{\lambda}$ 进行无量纲化和拟合处理，如图 3-14 所示。通过数据对比分析，建立了弹性模量与温度、取代率、纤维掺量、围压的函数关系式，如式(3-2)和式(3-3)所示。

$$E_{c,R}^{\lambda}/E_{c,R}^{0}=(1+\lambda)^{a} \tag{3-2}$$

$$a = 0.01 \times (21.056 - 3.681\delta - 1.391\sigma_w - 0.015T) \tag{3-3}$$

(6) 泊松比

基于泊松比实测值，图 3-15 描绘了试件泊松比随温度、纤维掺量、取代率的变化幅度。如图 3-15 所示，对于温度单参数变化试件，试件的泊松比随着温度的升高逐渐增大。当温度由 25 ℃升至 300 ℃、同一纤维掺量和取代率时，泊松比增大的幅度均在 0.9%～10%之间；当温度由 300 ℃升至 600 ℃、同一纤维掺量和取代率时，泊松比增大的幅度均在 9%～23.1%之间。泊松比的增大主要集中在 300～600 ℃之间。这是经历 300 ℃高温后的试件损伤较小，600 ℃高温后试件的砂浆疏松多孔和骨料的胶结力下降，在荷载作用下横向变形变大造成的。

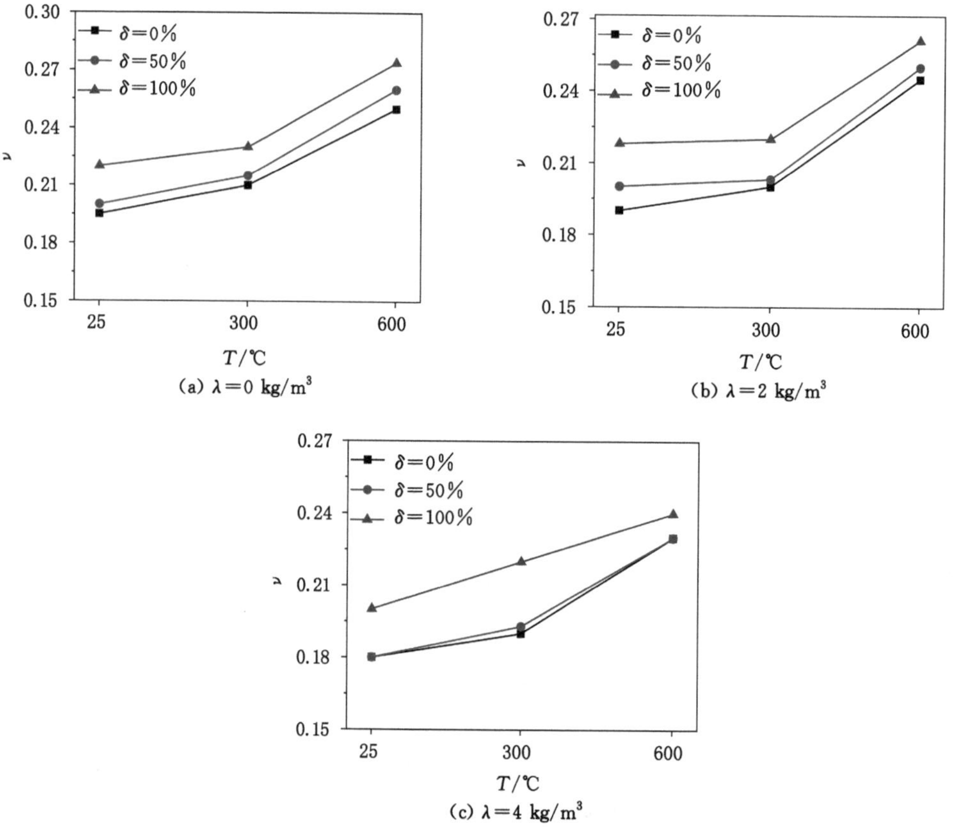

图 3-15 试件泊松比随取代率、纤维掺量、温度的变化幅度

对于取代率单参数变化试件，随着取代率的增大，试件的泊松比整体呈现增长趋势。当取代率由 0%升至 50%、同一温度和纤维掺量时，泊松比增大的幅度均在 1.2%～5.2%之间；当取代率由 50%升至 100%、同一温度和纤维掺量时，泊松比增大的幅度均在 4%～13.9%之间。相比取代率为 50%时，100%再生骨料取代率对试件的泊松比影响最大，这是因为再生粗骨料内部含有大量微裂缝，外部有老砂浆附着，整体刚度小，这种原始缺陷的逐渐累积，使得试件横向变形增大，进而泊松比逐渐增大。

对于纤维掺量单参数变化试件，随着 BF 掺量的升高，试件的泊松比小幅度降低。BF

掺量由 0 kg/m^3 增至 2 kg/m^3、同一温度和取代率时，试件泊松比的降低幅度均在 0%～5.5%之间；BF 掺量由 2 kg/m^3 增至 4 kg/m^3、同一温度和取代率时，试件泊松比的降低幅度均在 8%～10%之间。这表明 BF 在 RAC 内部的拉结作用一定程度上降低了试件的横向变形。其中，个别试件掺入纤维后，试件泊松比没有变化。一方面可能是 RAC 材料本身具有一定的离散性；另一方面可能是高温作用降低了纤维和砂浆之间的黏结力。

3.2.3 BFRAC 强度指标换算关系

(1) 轴心抗压强度与立方体抗压强度

相关研究（过镇海，2013）表明：普通混凝土轴心抗压强度与立方体抗压强度的比值 f_c/f_{cu} 在 0.70～0.92 之间。相比普通混凝土，RAC 强度偏低，受骨料影响程度很大，不同类型的再生粗骨料都会严重影响 RAC 的强度。针对本书再生粗骨料的性质，建立新的 f_c 和 f_{cu} 的换算关系十分有必要。因此，基于表 3-4 中的数据，通过多元线性回归分析拟合得到 f_c/f_{cu} 与取代率、纤维掺量、温度的函数关系式，如式(3-4)所示。

$$f_c/f_{cu} = -0.034\delta - 6.704\times10^{-4}\lambda - 5.104\times10^{-4}T + 0.838 \quad (R^2=0.93) \tag{3-4}$$

(2) 劈裂抗拉强度与立方体抗压强度

RAC 同普通混凝土一样抗拉强度较低，其劈裂抗拉强度与骨料强度和分布、砂浆密度、气孔含量等有关，受材料性能影响很大。因此，考虑到温度等变化参数对材料性能的影响，基于表 3-3 和表 3-5 中的数据，通过多元线性回归分析拟合得到劈裂抗拉强度与立方体抗压强度的换算关系，如式(3-5)所示。

$$f_{st}/f_{cu} = (93.3\lambda - 307.26\delta - 4.994T)\times10^{-4} + 0.427 \quad (R^2=0.97) \tag{3-5}$$

(3) 抗折强度与立方体抗压强度

考虑到温度、取代率、纤维掺量的影响，基于表 3-3 和表 3-6 中的数据，通过多元线性回归分析拟合得到了试件抗折强度与立方体抗压强度的换算关系式，如式(3-6)所示。

$$f_b/f_{cu} = (12.7\lambda - 47.56\delta - 1.25T)\times10^{-4} + 0.109 \quad (R^2=0.89) \tag{3-6}$$

3.2.4 应力-应变关系曲线

将试验实测得到的荷载-位移数据代入式(3-7)和式(3-8)中，得到了各组试件在轴向受压过程中的平均应力-应变关系曲线，如图 3-16 所示。

$$\sigma = \frac{N}{A} \tag{3-7}$$

$$\varepsilon = \frac{\Delta l}{l} \tag{3-8}$$

式中 N——竖向荷载；

A——试件横截面面积；

Δl——试件的轴向压缩位移；

l——试件高度。

由图 3-16 可知：不同变化参数时，BFRAC 应力-应变关系曲线的形状大致相同。随着温度的升高，曲线在弹性阶段的斜率以及峰值应力均逐渐降低，峰值应变明显增大，下降段相对平缓，整体趋于扁平。这是因为高温后试件逐渐变脆，其刚度和强度逐渐降低。

随着纤维掺量的增加，曲线弹性阶段斜率和峰值应力逐渐增大，但增大的幅度均不大，曲线下降段越发平缓，下包面逐渐增大，整体趋于饱满。这是因为纤维的桥接作用能有效阻止裂缝的产生和开展，其增韧阻裂作用提高了试件的延性，使得曲线下降段相对平缓。随着取代率的增大，曲线弹性阶段斜率以及峰值应力逐渐减小，峰值应变逐渐增大，这是因为再生粗骨料原始损伤的积累，使得试件强度和刚度相对较低。此外，曲线下降段无明显变化规律。

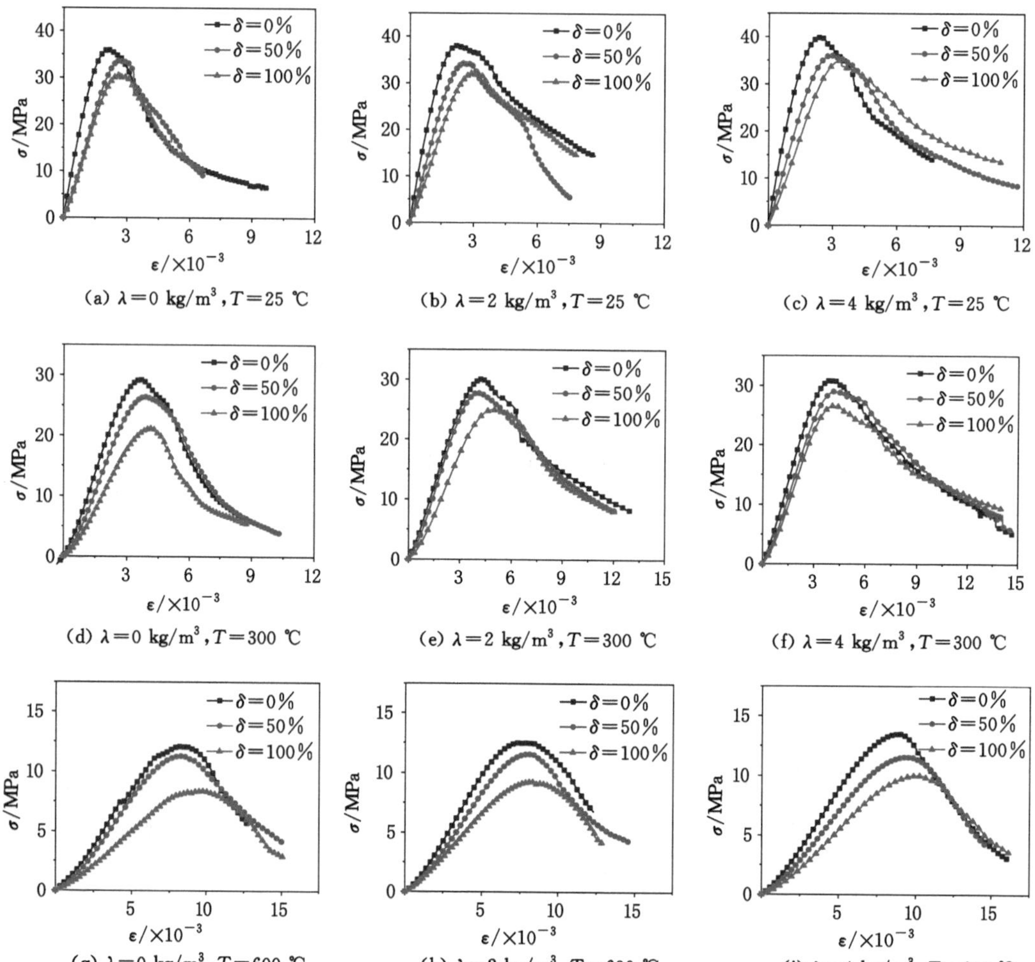

(a) λ=0 kg/m^3，T=25 ℃　(b) λ=2 kg/m^3，T=25 ℃　(c) λ=4 kg/m^3，T=25 ℃

(d) λ=0 kg/m^3，T=300 ℃　(e) λ=2 kg/m^3，T=300 ℃　(f) λ=4 kg/m^3，T=300 ℃

(g) λ=0 kg/m^3，T=600 ℃　(h) λ=2 kg/m^3，T=600 ℃　(i) λ=4 kg/m^3，T=600 ℃

图 3-16　BFRAC 应力-应变关系曲线

将实测的 BFRAC 应力-应变关系曲线归一化处理，如图 3-17(a)至图 3-17(c)所示。其中，ε_c、σ_c 分别为峰值应变、峰值应力。对比图 3-16(a)至图 3-16(i)发现：参数变化时，BFRAC 的应力-应变关系曲线的几何特征与普通混凝土应力-应变关系曲线基本相同。因此，本书参考相关数学模型(Chen，2020；Dong，2022)，建立了试件应力-应变关系曲线方程，如式(3-9)所示。

$$\begin{cases}\sigma=\left[\alpha\dfrac{\varepsilon}{\varepsilon_c}+(3-2\alpha)\left(\dfrac{\varepsilon}{\varepsilon_c}\right)^2+(\alpha-2)\left(\dfrac{\varepsilon}{\varepsilon_c}\right)^3\right]\sigma_c & \left(0\leqslant\dfrac{\varepsilon}{\varepsilon_c}\leqslant 1\right)\\ \sigma=\sigma_c\dfrac{\varepsilon}{\varepsilon_c}\Big/\left[\beta\left(\dfrac{\varepsilon}{\varepsilon_c}-1\right)^2+\dfrac{\varepsilon}{\varepsilon_c}\right] & \left(\dfrac{\varepsilon}{\varepsilon_c}>1\right)\end{cases} \tag{3-9}$$

式中，α，β 分别为曲线上升段和下降段参数。

上升段参数 α 和下降段参数 β 具有明确的物理意义和几何意义，其大小将直接影响曲线的几何形状。由图 3-17 可见参数 α 受取代率、纤维掺量的影响不大，其大小主要受温度的影响。因此，忽略取代率、纤维掺量的影响，本书给出了参数 α 与温度的函数关系式，如式(3-10)所示。此外，考虑到取代率、纤维掺量、温度对曲线下降段均有不同程度的影响，建立了参数 β 与取代率、纤维掺量、温度的函数关系式，如式(3-11)所示。

$$\alpha=-0.001T+1.173 \tag{3-10}$$

$$\beta=0.926\delta-0.191\lambda+0.007T+0.943 \tag{3-11}$$

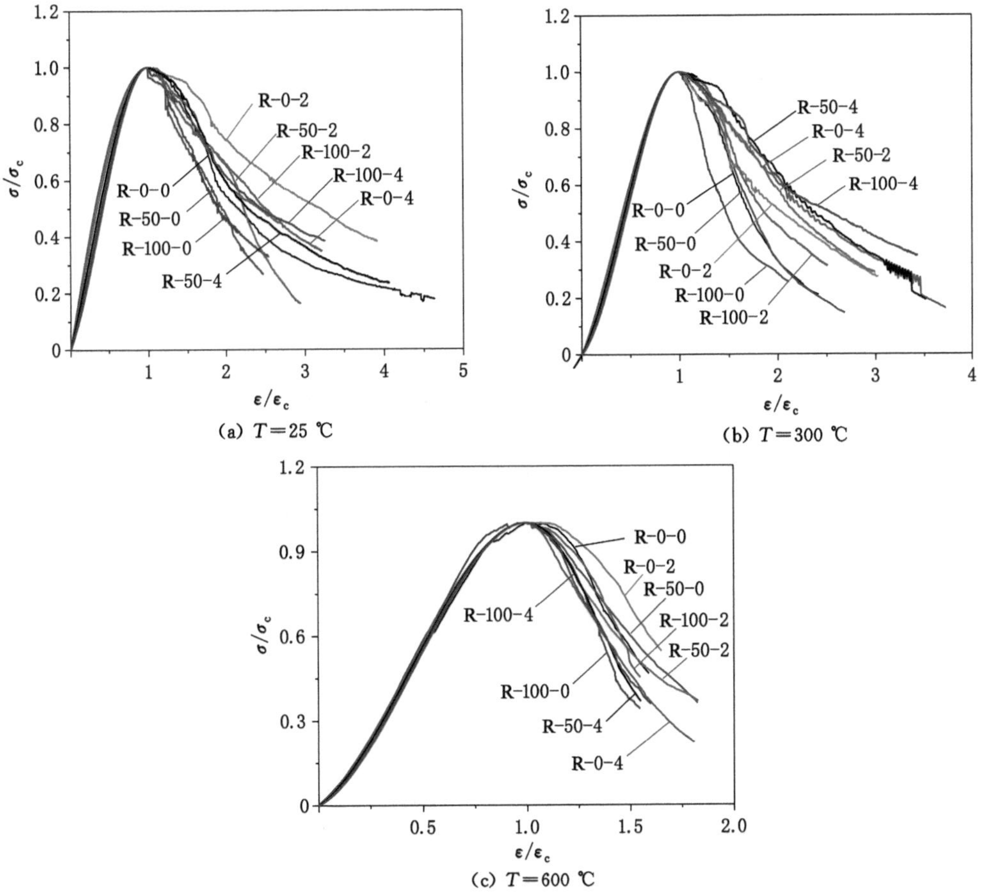

图 3-17　BFRAC 无量纲化应力-应变关系曲线

图 3-18(a)至图 3-18(d)给出了参数变化时部分 BFRAC 试件的应力-应变关系曲线试验与理论计算结果。可见，计算得到的应力-应变关系曲线与试验实测结果吻合良好，表明

本书建立的式(3-9)至式(3-11)可以用于计算不同取代率、纤维掺量、温度时 BFRAC 的应力-应变关系。

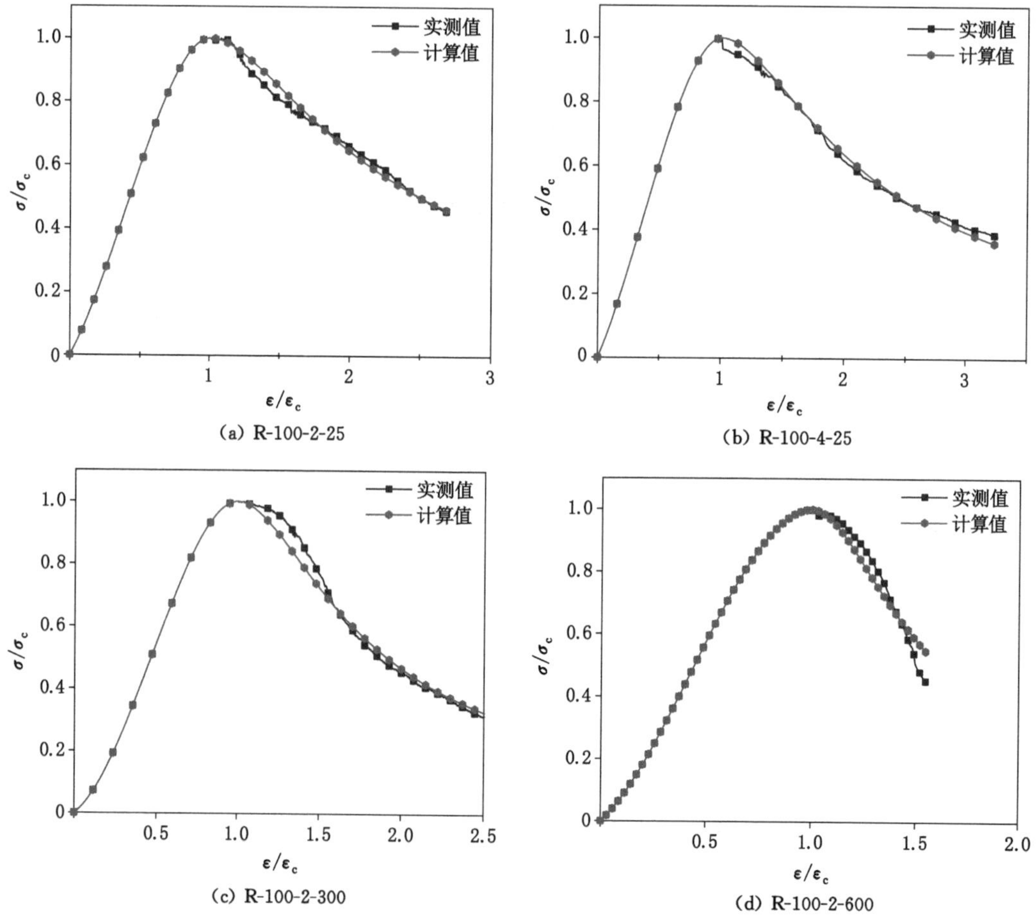

图 3-18　不同变化参数时部分试件实测曲线与计算曲线对比

3.3　高温后 BFRAC 微观机理分析

3.3.1　界面过渡区微观分析

(1) 骨料与砂浆间的界面过渡区

① 常温下骨料和砂浆间的界面过渡区

图 3-19(a)和图 3-19(b)描绘了常温下天然、再生粗骨料与砂浆基体的 ITZ(界面过渡区)微观形貌。其中,magnification 简称 Mag,代表图片放大倍数;白色线条代表比例尺长度。可见,常温下砂浆基体平整致密,天然粗骨料与砂浆间基体黏结牢固,再生粗骨料与砂浆基体间出现少量微裂纹,但不明显。天然粗骨料、再生粗骨料与砂浆间存在明显的 ITZ,再生粗骨料与砂浆基体间的 ITZ 强度弱于天然粗骨料与砂浆基体间的 ITZ 强度,有微裂纹出现。因此,宏观上 RAC 的力学性能差于天然混凝土(natural aggregate concrete,NAC)

的。没有发现新老砂浆间 ITZ 的开裂，原因在于，老砂浆表面粗糙多孔，同新砂浆结合后，新的水化产物会填满这些孔隙，进而提高了新老砂浆间 ITZ 的强度，使得新老砂浆 ITZ 的强度同新砂浆的强度相当。Xiao 等(2013)和 Liu 等(2016)对 RAC 新老砂浆界面性能的研究也有相似结论。

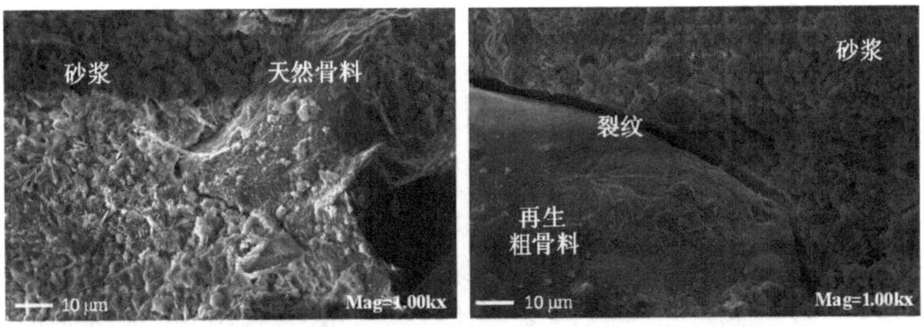

(a) NAC　　(b) RAC

图 3-19　常温下骨料与砂浆基体间的 ITZ

② 高温后骨料和砂浆间的界面过渡区

图 3-20(a)至图 3-20(d)分别描绘了不同高温后天然、再生粗骨料与砂浆基体间的 ITZ 微观形貌。由图 3-20(a)和图 3-20(b)可知：300 ℃高温后砂浆基体相对干缩，并伴有裂纹产生；天然、再生粗骨料与砂浆基体间的 ITZ 均出现了开裂现象；二者相比较，再生粗骨料与砂浆基体间的 ITZ 开裂稍微严重。其中，再生粗骨料出现被应力剪断的情况，这是由其自身强度低等固有缺陷以及高温损伤造成的。由图 3-20(c)和图 3-20(d)可知：600 ℃高温后砂浆基体整体结构疏松且不够平整，天然、再生粗骨料与砂浆基体间的 ITZ 均出现了严重开裂，且再生粗骨料与砂浆基体间的 ITZ 开裂更严重。高温作用后，骨料均出现了一定损伤，再生粗骨料变得更酥脆，表面凹凸不平，发生破坏。

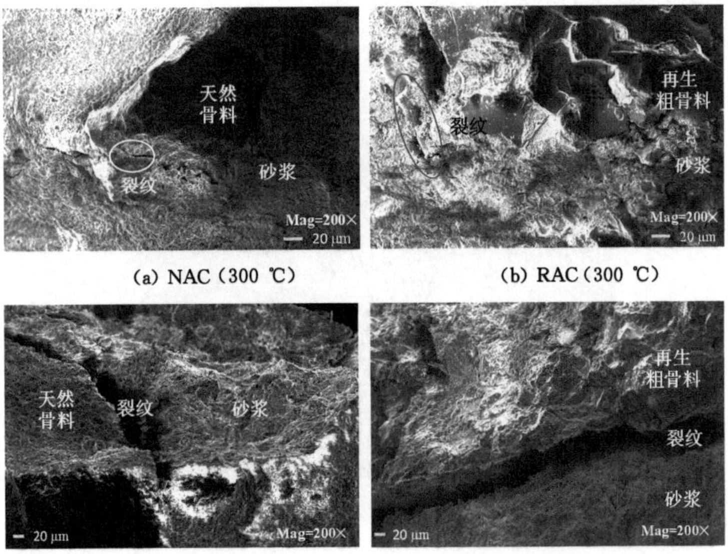

(a) NAC (300 ℃)　　(b) RAC (300 ℃)

(c) NAC (600 ℃)　　(d) RAC (600 ℃)

图 3-20　高温后粗骨料与砂浆基体间的 ITZ

上述情况也进一步表明粗骨料与砂浆基体间的ITZ是RAC内部结构中最薄弱且易发生破坏的界面。高温作用后，粗骨料与砂浆基体间的ITZ更加脆弱，温度越高破坏越严重。相比于天然粗骨料，再生粗骨料与砂浆基体间的ITZ更加脆弱，这与再生粗骨料自身以及与其表面附着的老砂浆中存在的大量微裂纹有关。

③ BF与砂浆间的界面过渡区

图3-21(a)至图3-21(c)分别描绘了不同温度后BF与砂浆基体间的ITZ微观形貌。黑、白色线条代表比例尺长度。对比图3-21(a)至图3-21(c)可知：不同温度时，BF与砂浆基体间存在明显的ITZ。常温下，砂浆基体比较密实，BF被砂浆基体紧密包裹，裸露部分还黏结少量的C-S-H凝胶，BF与砂浆基体间的ITZ无明显裂纹，这也表明BF和RAC具有良好的相容性。300 ℃高温后，BF与砂浆基体依然能够良好地胶结在一起，BF裸露部分附着有大量C-S-H凝胶。此时，砂浆基体存在大量的微裂纹，且整体稍显干缩，促使BF与砂浆基体界面间微裂纹的产生。600 ℃高温后，砂浆基体疏松多孔，其与BF间胶结能力显著下降，进而使得BF与砂浆基体之间的ITZ存在明显裂纹。以上情况表明BF与砂浆基体之间的ITZ受温度影响较明显，高温作用后ITZ会有裂纹产生，温度越高，开裂程度越高。

(a) T=25 ℃

(b) T=300 ℃

(c) T=600 ℃

图3-21 不同温度时BF与砂浆基体间的ITZ

3.3.2　高温后 BF 对 RAC 强化机理的微观分析

(1) 常温下 BF 在 RAC 内部的分布状态和作用机理

图 3-22(a)至图 3-22(d)分别描绘了常温下 BF 分布在 RAC 内部的微观形貌。由图 3-22(a)可知:BF 乱向均匀分布在 RAC 内部,这样随机的分布体系使得定向应力被有效分散,阻止了应力裂缝的产生与扩展,使得应力在砂浆基体中分布更均匀。图 3-22(a)和图 3-22(d)显示了 BF 被拉断拔出以及端头破坏的形态。这表明 BF 阻止微裂缝和裂缝开展的同时,还承担了部分应力,这也是试件宏观力学性能得到提高的原因;纤维被拔出和拉断的过程势必会消耗一部分能量,这也验证了前文 BF 提高试件耗能能力的结论。

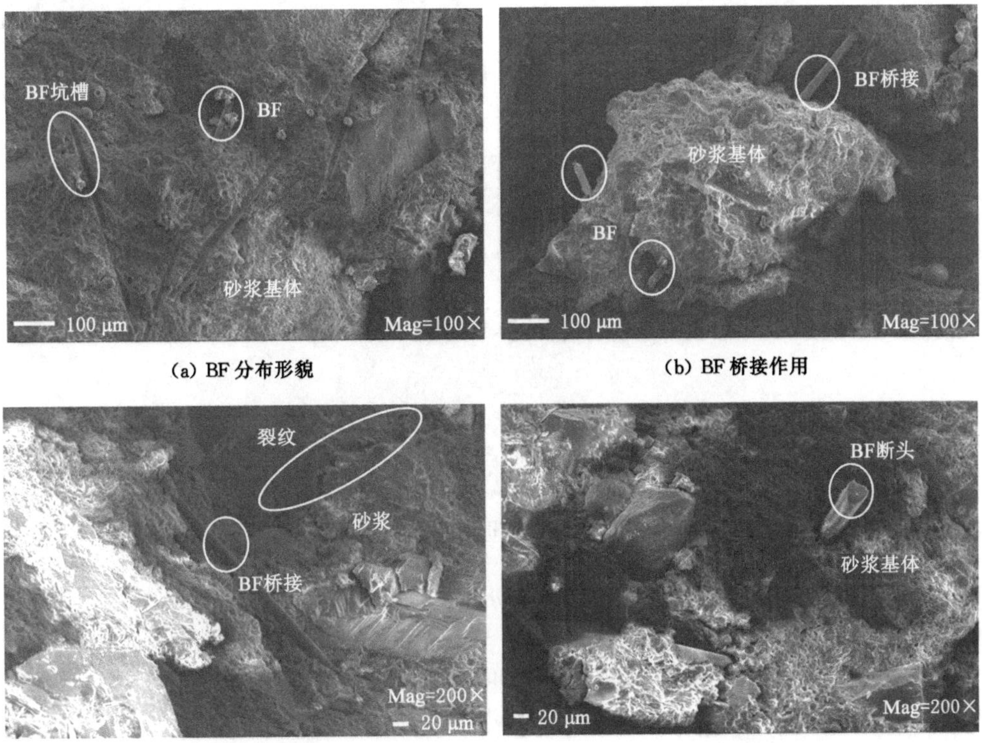

(a) BF 分布形貌　(b) BF 桥接作用　(c) BF 阻裂作用　(d) BF 破坏形态

图 3-22　常温下 BF 分布在 RAC 内部的微观形貌

(2) 300 ℃高温后 BF 在 RAC 内部的分布状态和作用机理

图 3-23(a)至图 3-23(c)分别描绘了 300 ℃高温后 BF 分布在 RAC 内部的微观形貌。由图 3-23(a)至图 3-23(c)可知:300 ℃高温后 BF 同样乱向分布在 RAC 内部,与砂浆基体间具有良好的胶结能力。在荷载作用下,BF 同样也出现被拉裂、拉断、拔出以及裂纹在纤维处停止扩展的现象。这表明 BF 在砂浆基体中起到很好的桥接作用,同时承担了部分应力,宏观上优化了试件的力学性能以及耗能和延性等性能。裂纹在纤维处停止了扩展,但是出现 BF 被拔出的情况。这是由于砂浆基体高温后性能下降,在荷载作用下极易

开裂破坏，使其与 BF 间出现了黏结滑移。综合以上情况知，经历 300 ℃高温后，BF 在 RAC 内部仍能很好地发挥增韧阻裂的作用，砂浆基体性能的下降一定程度上削弱了其与 BF 间的胶结力，弱化了二者间的黏结性能。

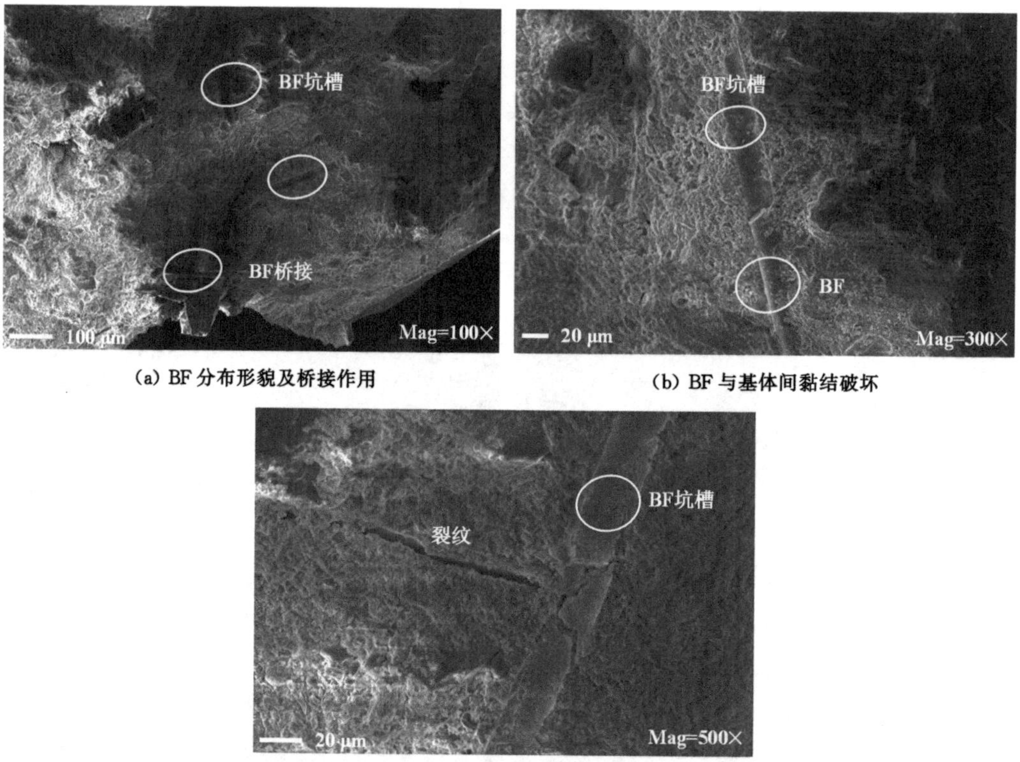

(a) BF 分布形貌及桥接作用

(b) BF 与基体间黏结破坏

(c) BF 阻裂作用

图 3-23　300 ℃高温后 BF 分布在 RAC 内部的微观形貌

(3) 600 ℃高温后 BF 在 RAC 内部的分布状态和作用机理

图 3-24(a)至图 3-24(c)分别描绘了 600 ℃高温后 BF 分布在 RAC 内部的微观形貌。由图 3-24(a)至图 3-24(c)可知：BF 具有耐高温的特性，在 600 ℃高温后仍能保持良好的形貌。由图 3-24(a)可见 BF 坑槽的微观形貌，并且发现 BF 和砂浆的交界面处出现了大量明显的裂纹，这是由于高温后砂浆基体损伤严重，整体结构疏松多孔。由于砂浆整体结构破坏严重，BF 与砂浆基体间的胶结力被削弱，导致大量 BF 被拔出，这严重削弱了 BF 的桥接作用。如图 3-24(b)和图 3-24(c)所示，尽管 BF 与砂浆基体间的胶结能力下降，但依然出现了 BF 被拉断和拔出的现象，这在一定程度上表明经历 600 ℃高温后 BF 在 RAC 内部仍能发挥作用。总之，尽管 600 ℃高温后 BF 在 RAC 内部仍能发挥作用，但相比常温以及 300 ℃高温后，BF 的作用弱化严重，这也与前文力学性能试验结果相对应。

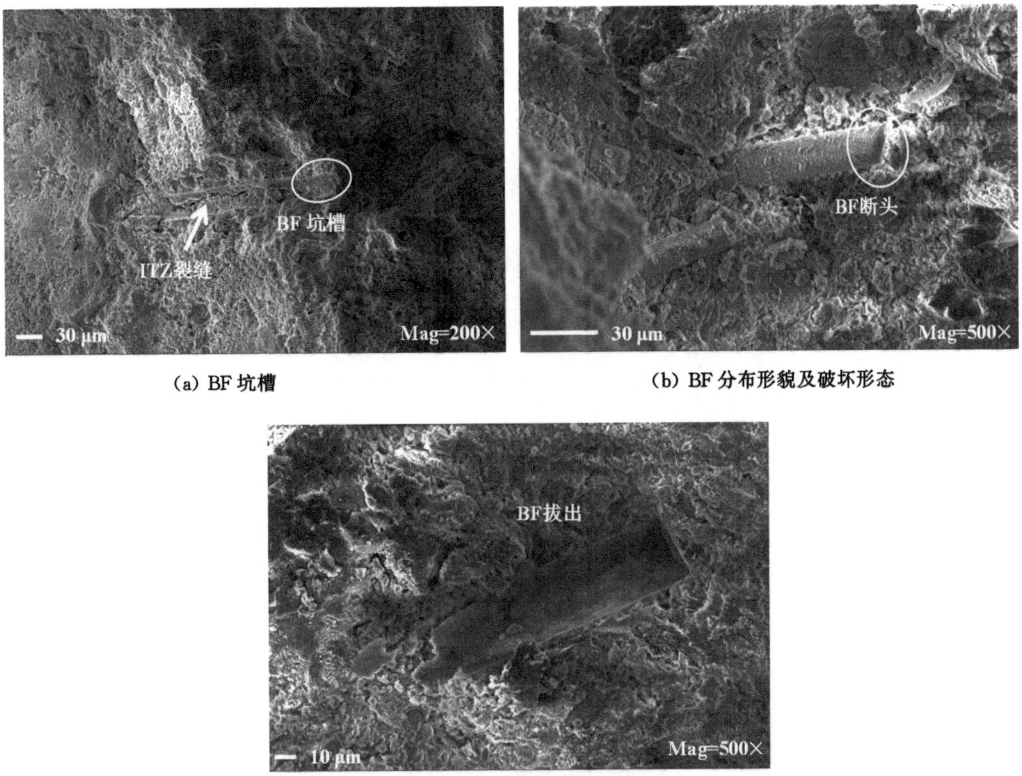

(a) BF 坑槽　　(b) BF 分布形貌及破坏形态

(c) BF 与基体间黏结破坏

图 3-24　600 ℃高温后 BF 分布在 RAC 内部的微观形貌

3.4　本章结论

本章对高温后的 BFRAC 试件进行了基本力学性能和变形性能试验，并通过电子显微镜对高温后的 BFRAC 进行了微观试验。研究分析了其破坏形态、强度影响因素、强度指标换算、应力-应变关系曲线及微观机理，主要结论如下：

(1) BFRAC 试件的破坏形态随着温度的升高破坏程度越严重，掺入一定量的纤维可以降低试件的破坏程度，受取代率的影响不大。

(2) 随着取代率的增大和温度的升高，BFRAC 试件的基本力学性能逐渐弱化，BF 则能有效改善其力学性能，温度对 BFRAC 试件基本力学性能降低影响更大。

(3) 基于变化参数下各强度的变化规律，建立了各强度指标间的换算值（f_c/f_{cu}、f_{st}/f_{cu} 和 f_b/f_{cu} 等）与变化参数间的函数关系式。

(4) 基于实测的应力-应变关系曲线，考虑各变化参数的影响后建立了单轴受压的应力-应变关系曲线方程，且计算曲线与实测曲线吻合较好。

(5) 通过微观电镜试验发现 ITZ 的微观形态和 BF 的改性机理直接影响 RAC 的宏观

力学性能。随着温度的升高，骨料、BF 与砂浆基体间的胶结力下降，ITZ 开裂严重，与天然骨料相比，再生骨料开裂更严重。BF 在 RAC 中通过桥接、阻裂等作用机制，提高了 RAC 的力学性能，不过温度越高，提高的幅度越小。

第 4 章　高温后玄武岩纤维再生混凝土常规三轴受压性能研究

4.1　试验概况

4.1.1　原材料

试验采用 P・O 42.5R 级水泥，其细度、烧失量、抗压强度、抗折强度、初凝时间和终凝时间分别为 1.3%、2.4%、50 MPa、8 MPa、185 min 和 270 min；粉煤灰等级为Ⅱ级，掺量为水泥用量的 20%，其细度、密度、含水率和烧失量分别为 45 μm、2.4 g/cm^3、0.25%、2.4%；减水剂采用棕黄色固体减水剂，其减水率为 15%～25%，掺量为胶凝材料的 0.5%。天然粗骨料为级配良好的碎石；再生粗骨料为某废弃混凝土路面经破碎、筛分和清洗后所得，粒径为 5～30 mm，连续级配。粗骨料基本物理性能指标见表 3-1。细骨料采用天然黄砂，其表观密度、堆积密度、孔隙率和细度模数分别为 2 600 kg/m^3、1 300 kg/m^3、50.29%、2.16。试验采用短切玄武岩纤维，其外径、长度和密度分别为 15 μm、18 mm、2 650 kg/m^3，抗拉强度、弹性模量和断裂伸长率分别为 4 500 MPa、104 GPa、3.1%。试验用水为自来水。

4.1.2　配合比设计

再生混凝土配制强度等级为 C40，设计配合比见表 3-2。

4.1.3　试件设计和制作

为研究再生粗骨料取代率(δ)、玄武岩纤维掺量(λ)、温度(T)和侧向围压(σ_w)等参数对 BFRAC 三轴受压力学性能的影响规律，共设计了 324 个 ϕ 50 mm × 100 mm 圆柱体试件。其中，再生粗骨料取代率有 0%、50%、100%共 3 种工况，玄武岩纤维掺量有 0 kg/m^3、2 kg/m^3、4 kg/m^3 共 3 种工况，温度有 25 ℃、300 ℃、600 ℃共 3 种工况，侧向围压有 0 MPa、3 MPa、6 MPa、9 MPa 共 4 种工况。为尽可能降低试件材料的离散性，减少试验误差，本试验采用的圆柱体试件由尺寸为 150 mm × 150 mm × 550 mm 的标准养护 28 d 后的棱柱体试件通过取芯、切割和打磨制作而成。

4.1.4　试验方法

将加工好的圆柱体试件置于高温炉内，然后升温。参考相关文献(Hertz，2005；Garcia，2021)，为避免升温过程中试件发生爆炸，将升温速率设置为 2.5 ℃/min。当炉内温度升至

100 ℃时，恒温 4 h 用以烘干试件；当炉内温度升至目标温度后，恒温 6 h；高温结束后打开炉门，确保试件在自然条件下冷却至室温。试件的升温曲线如图 4-1 所示。

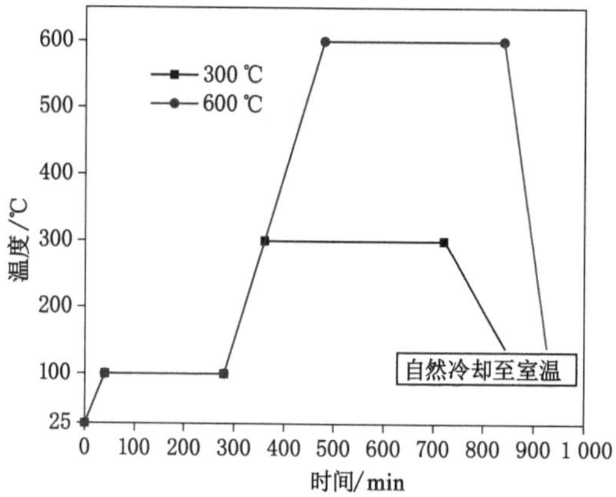

图 4-1　试件升温曲线

高温处理 24 h 后开始进行常规三轴受压试验，采用 RMT-150 型电液伺服试验机进行加载。试验装置和加载原理示意图如图 4-2(a)和图 4-2(b)所示。参考相关试验的加载方法，本试验采取力和位移联合控制的加载方式。首先采用荷载控制，将侧向荷载和竖向荷载按照 1∶1 同时进行加载，当达到预先设定侧向围压值后保持不变，竖向荷载改为位移加载控制，位移加载速率为 0.01 mm/s，加载至试件破坏后结束试验(Meng et al.，2020)。试件加载及受力示意图如图 4-2(c)所示。

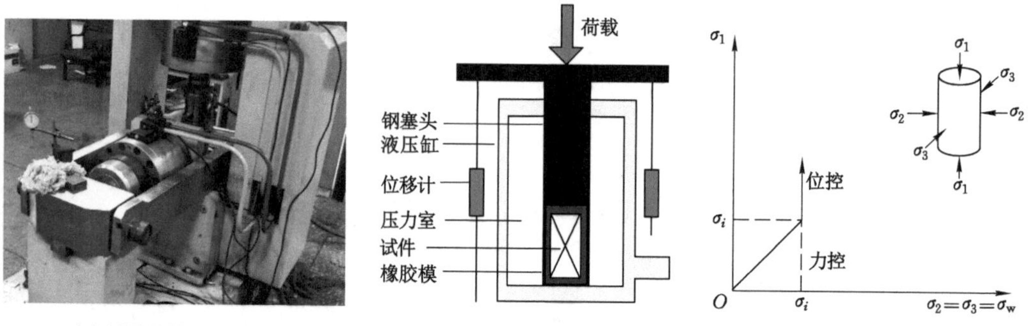

(a) 试验装置　　(b) 加载原理示意图　　(c) 试件加载及受力示意图

图 4-2　试验加载装置及受力模型

4.2　试验结果分析

4.2.1　破坏形态

不同变化参数影响下，试件最终的破坏形态如图 4-3(a)至图 4-3(c)所示。可见，不同取代率时，试件的破坏形态没有明显差异。然而，纤维掺量、温度以及围压对试件破坏形态有显著影响。当围压为 0(即单轴受压)时，试件主要发生纵向劈裂破坏，随着温度的升高，纵向裂缝逐渐变密加宽。当围压为 3 MPa 时，试件主要发生斜向剪切破坏，随着温度的升高，斜向裂缝倾角逐渐减小。当围压为 6 MPa 和 9 MPa 时，常温以及 300 ℃高温后的试件主要发生了斜向剪切破坏；相比常温，经历 300 ℃高温后，部分试件的主斜裂缝倾角几乎为 0°，等同于层状劈裂破坏；经历 600 ℃高温后，试件主要发生了层状劈裂破坏，且断裂部位被严重压碎。这是由于高温作用后，损伤不断积累，试件的力学性能逐渐变差，围压较大时，试件产生较大纵向拉应变，并逐渐形成与侧向压应力平行的裂缝面，当裂缝贯穿整个截面后，试件便发生层状劈裂破坏。不论试件发生纵向劈裂还是斜向剪切破坏，BF 在试件内部增韧阻裂的作用都一定程度减少裂缝的产生以及扩展，直接表现为试件破坏程度降低，表面裂缝数量变多，宽度变窄。

4.2.2　BFRAC 轴向应力-应变关系曲线

将试验采集到的荷载-位移实测值代入式(4-1)和式(4-2)中，得到了不同取代率、纤维掺量、温度和围压下的 BFRAC 试件轴向应力-应变关系曲线，如图 4-4 所示。试件命名方法：以 R-0-2-300 为例，R 代表 RAC，0 代表再生粗骨料取代率为 0%，2 代表玄武岩纤维掺量为 2 kg/m³，300 代表温度为 300 ℃，其他以此类推。

$$\sigma = N/A \tag{4-1}$$

$$\varepsilon = \Delta l/l \tag{4-2}$$

式中　N——竖向荷载；

A——试件横截面面积；

Δl——试件的轴向压缩位移；

l——试件高度。

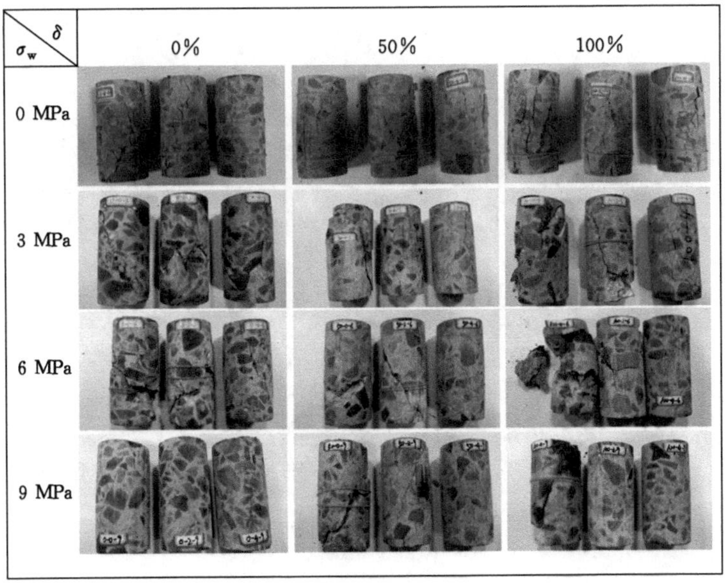

(a) T=25 ℃

图 4-3　试件破坏形态(λ=0～4 kg/m³)

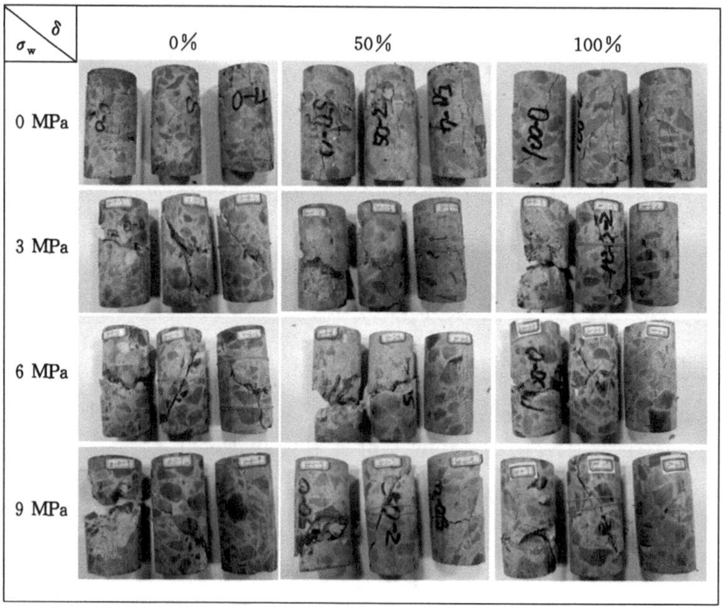

(b) T=300 ℃

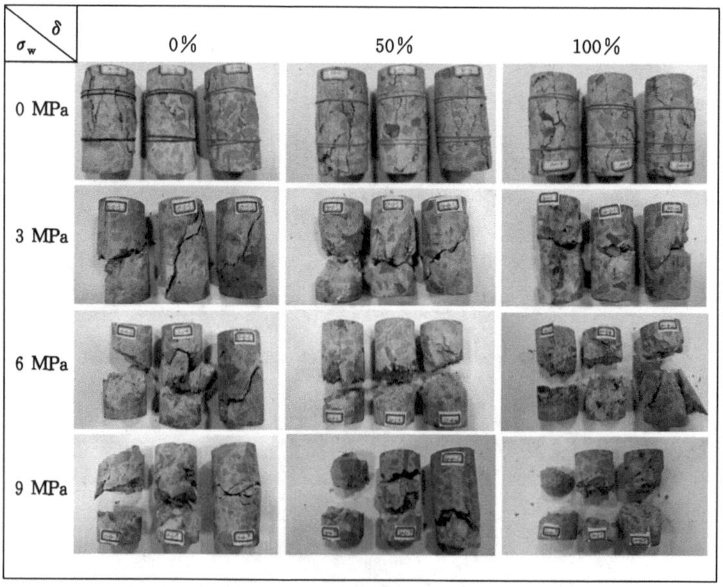

(c) T=600 ℃

图 4-3 （续）

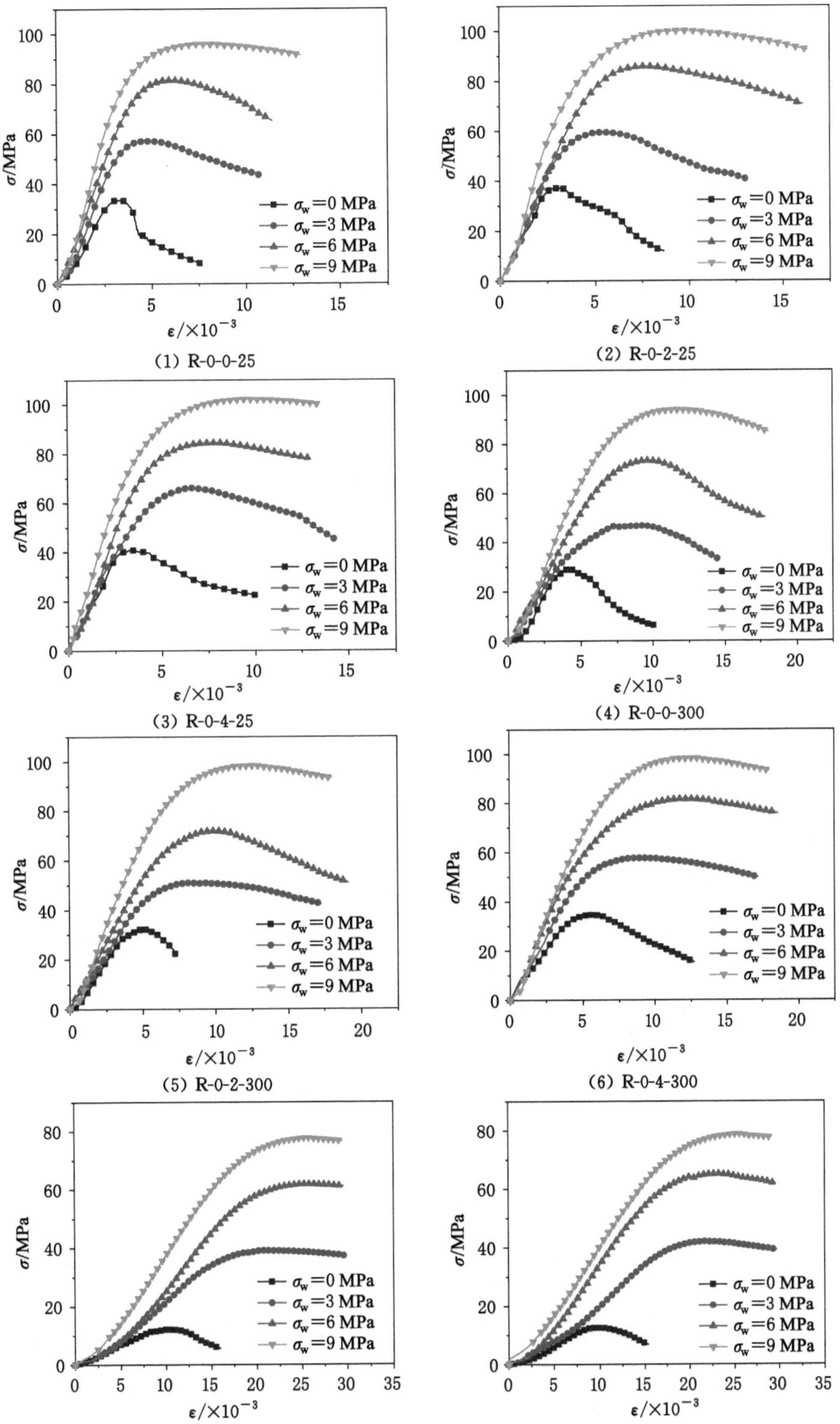

(1) R-0-0-25　(2) R-0-2-25

(3) R-0-4-25　(4) R-0-0-300

(5) R-0-2-300　(6) R-0-4-300

(7) R-0-0-600　(8) R-0-2-600

图 4-4　不同变化参数时试件轴向应力-应变关系曲线

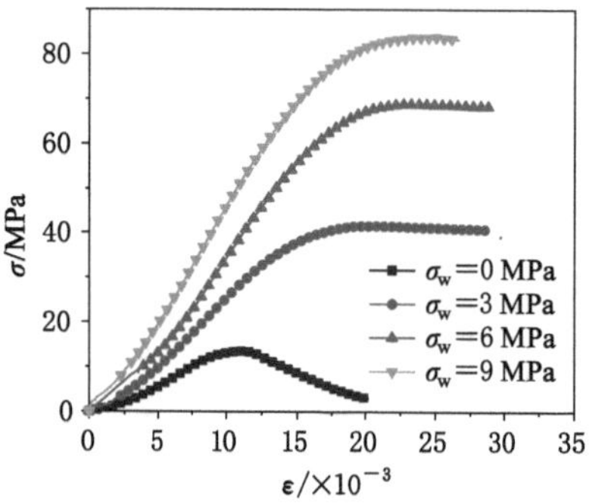

(9) R-0-4-600

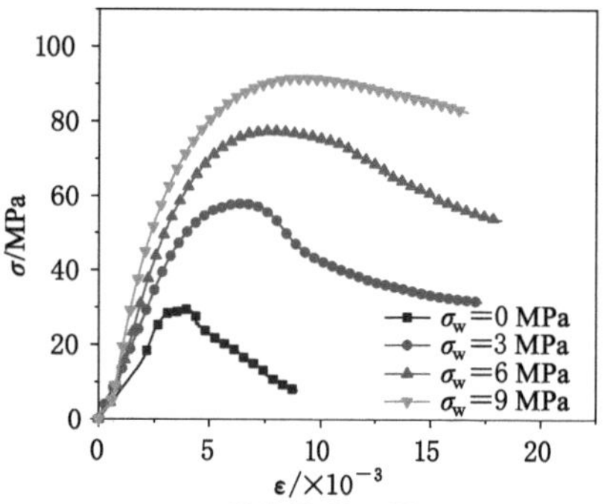

(10) R-50-0-25

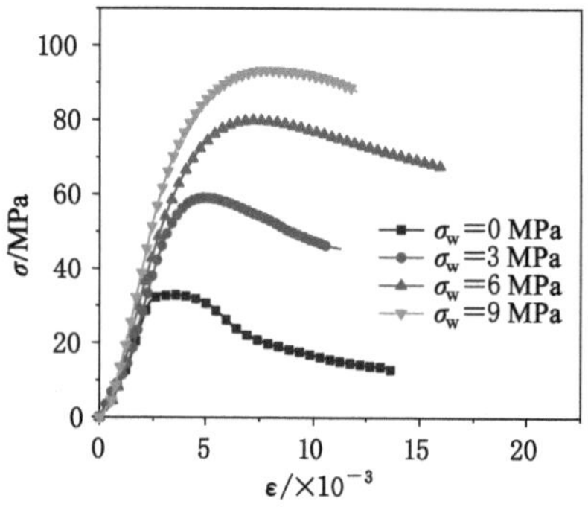

(11) R-50-2-25

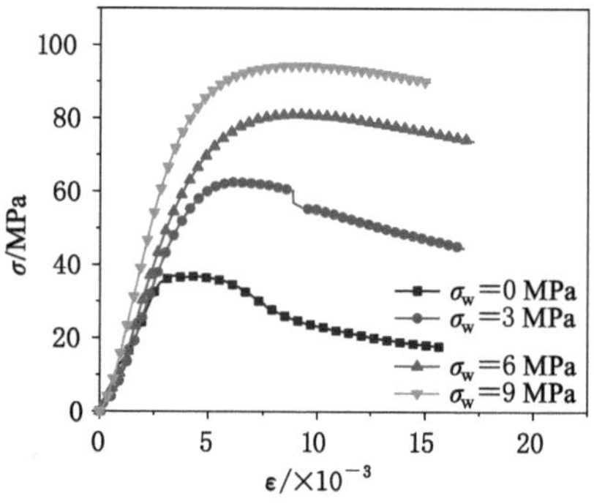

(12) R-50-4-25

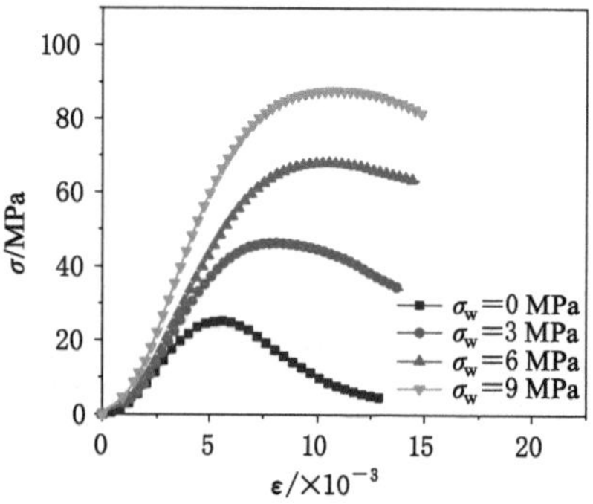

(13) R-50-0-300

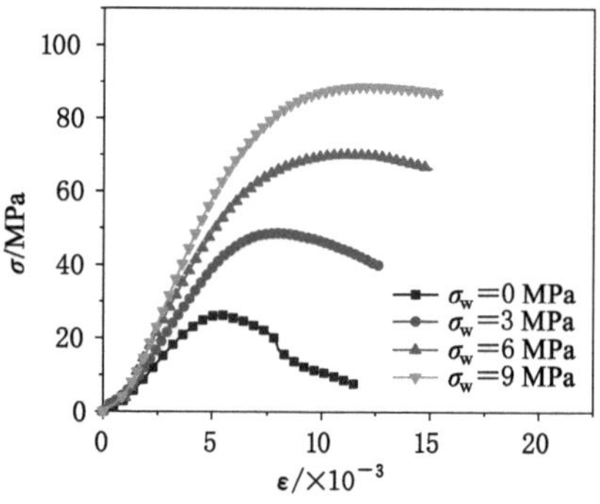

(14) R-50-2-300

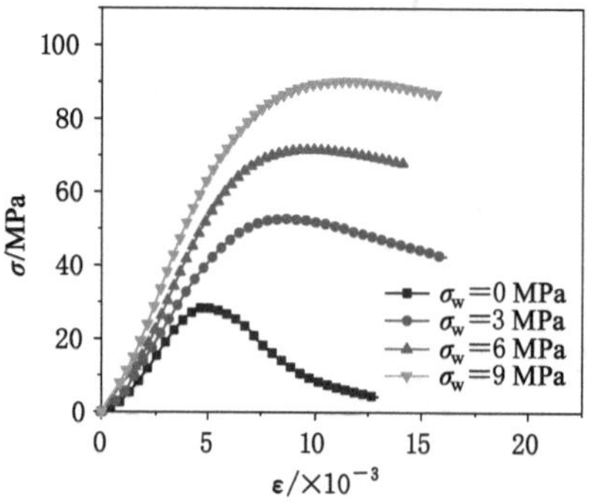

(15) R-50-4-300

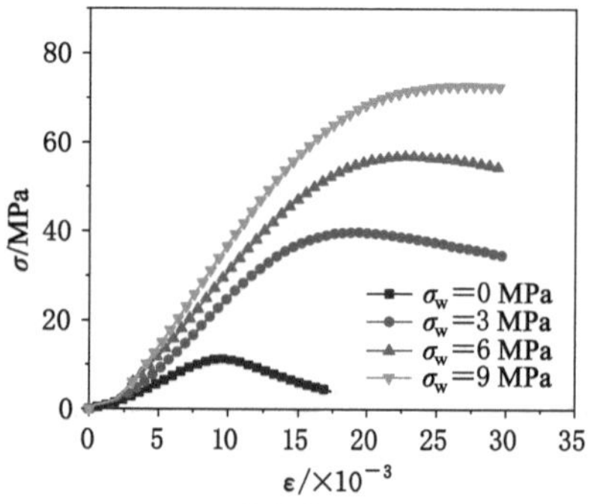

(16) R-50-0-600

图 4-4 (续)

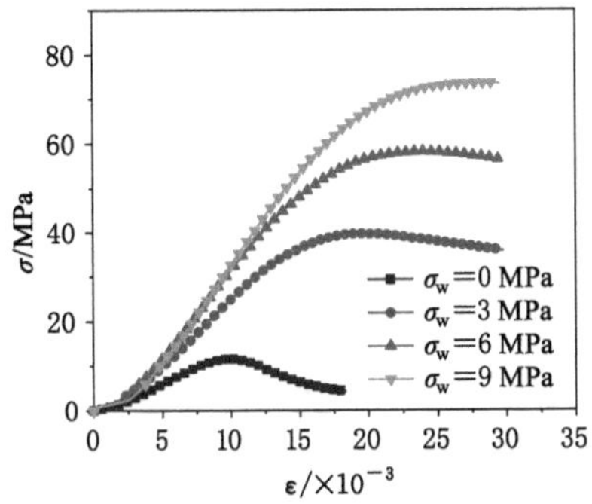

(17) R-50-2-600

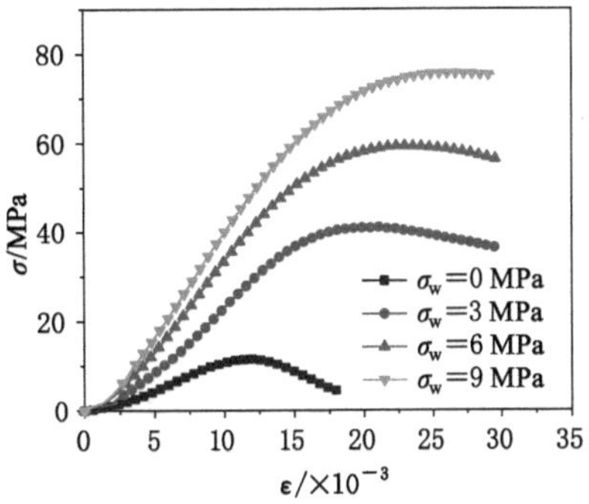

(18) R-50-4-600

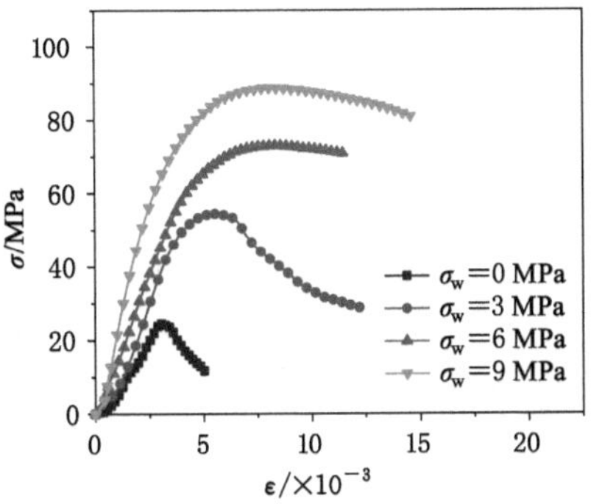

(19) R-100-0-25

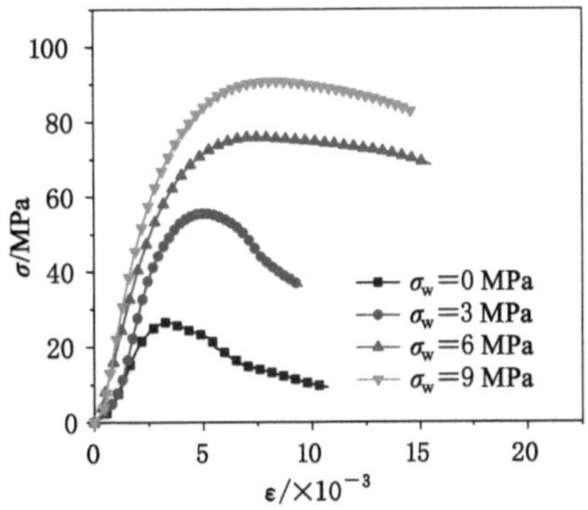

(20) R-100-2-25

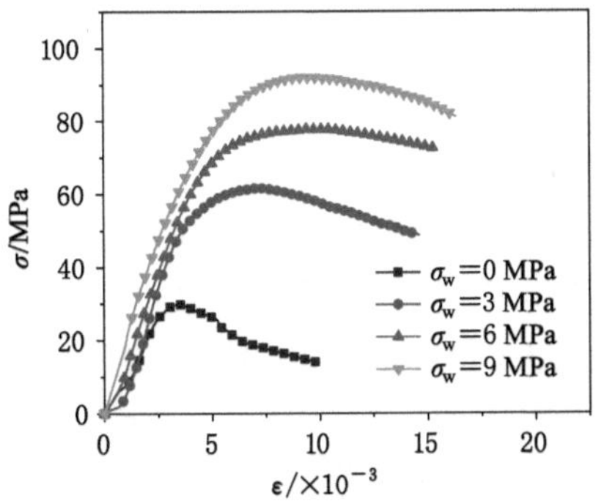

(21) R-100-4-25

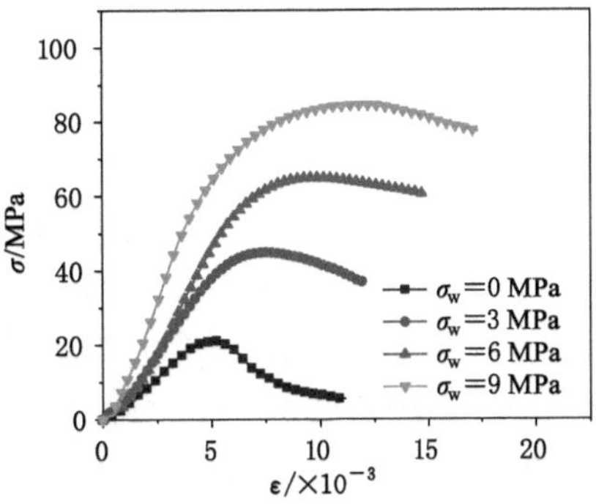

(22) R-100-0-300

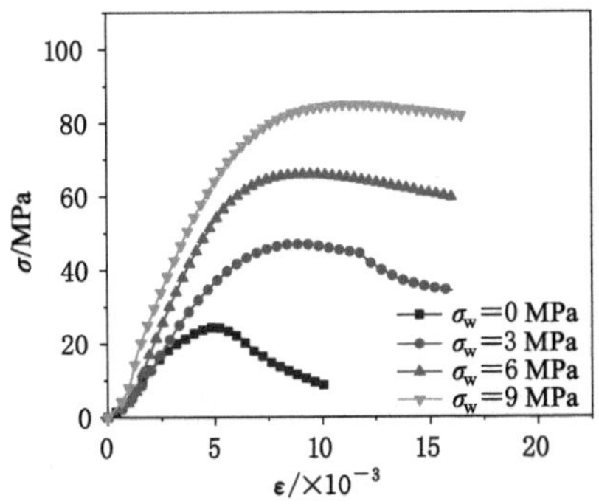

(23) R-100-2-300

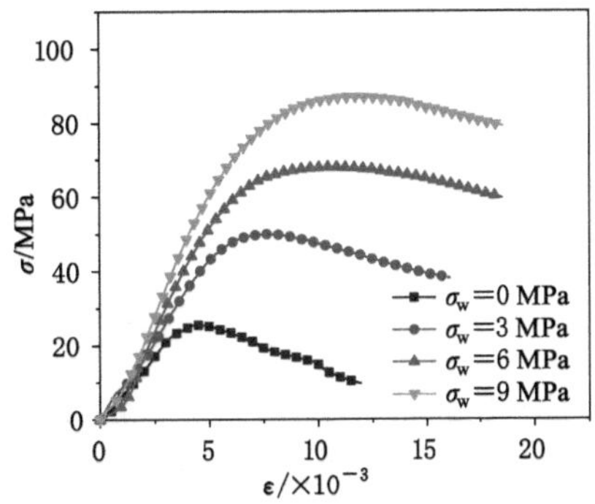

(24) R-100-4-300

图 4-4　(续)

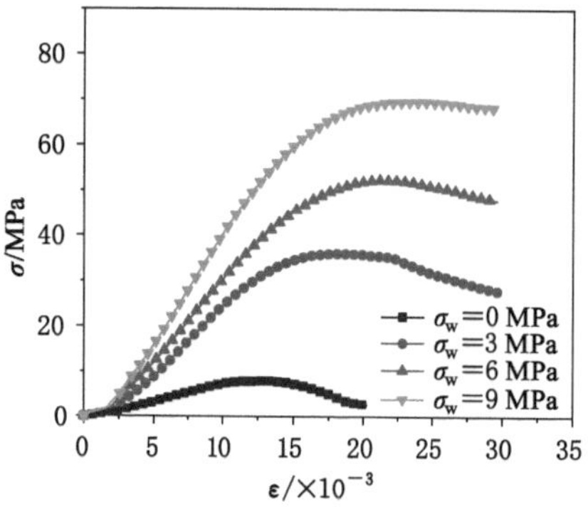

(25) R-100-0-600

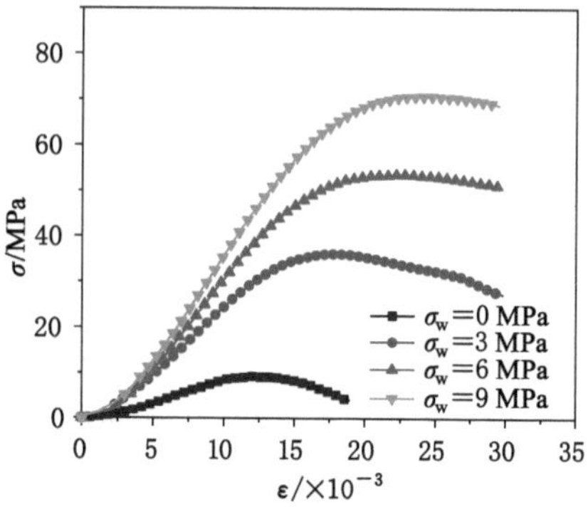

(26) R-100-2-600

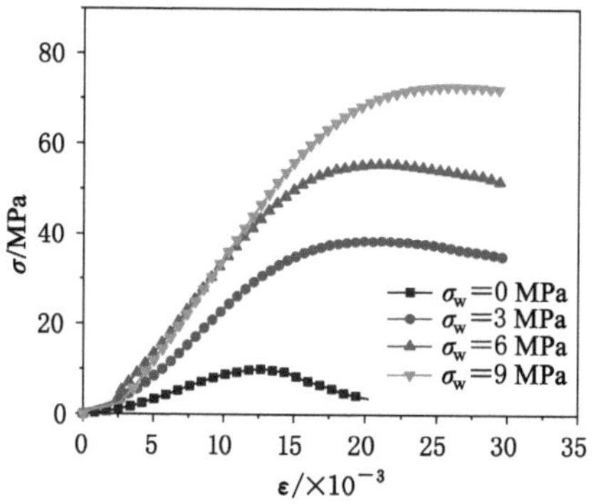

(27) R-100-4-600

图 4-4 (续)

由图 4-4(1)至图 4-4(27)可知：不同变化参数对 BFRAC 应力-应变关系曲线上升段和下降段均有显著的影响。由围压单参数变化曲线可知：随着围压的增大，BFRAC 轴向应力-应变关系曲线的弹性模量和峰值应力以及峰值应变均明显增大，整体形状趋于饱满；当围压为 0 MPa 时，曲线下降段相对陡峭，围压从 0 MPa 到 6 MPa 过程中，曲线下降段逐渐平缓；当围压为 9 MPa 时，曲线几乎不再下降。温度损伤以及再生粗骨料固有缺陷的积累，在应力-应变关系曲线上直接体现为初始弹性模量和峰值应力明显降低，峰值应变增大；高温后 BFRAC 应力-应变关系曲线整体趋于扁平。掺入一定量的纤维可以提高曲线的峰值应力以及初始弹性模量，但增大幅度不大；围压在 6 MPa 以下时，BF 在试件内部的桥接作用使得曲线下降段更平缓；围压达到 9 MPa 时，不同 BF 掺量时 BFRAC 应力-应变关系曲线下降段十分平缓，没有明显差异。这是由于高围压作用下，试件初始刚度大，变形较小，BF 增韧阻裂的作用没有得到充分发挥。

4.2.3 BFRAC 轴向应力-应变关系曲线量纲归一化分析

对实测的 BFRAC 应力-应变关系曲线进行归一化处理，限于篇幅，部分曲线如图 4-5 所示。其中，σ_c、ε_c 分别为峰值应力、峰值应变。由图 4-4 所示的几何特征可知：高温后 BFRAC 常规三轴受压的轴向应力-应变关系曲线与普通混凝土应力-应变关系曲线具有一定相似性。本书参考相关数学模型(Chen，2020；Dong，2022)，建立了试件轴向应力-应变关系曲线方程，如式(4-3)所示。

$$\sigma=\begin{cases}\sigma_c[\alpha(\varepsilon/\varepsilon_c)+(3-2\alpha)(\varepsilon/\varepsilon_c)^2+(\alpha-2)(\varepsilon/\varepsilon_c)^3] & (0\leqslant\varepsilon/\varepsilon_c\leqslant 1)\\ \sigma_c(\varepsilon/\varepsilon_c)/[\beta(\varepsilon/\varepsilon_c-1)^2+(\varepsilon/\varepsilon_c)] & (\varepsilon/\varepsilon_c>1)\end{cases}\tag{4-3}$$

式中，α，β 分别为曲线上升段和下降段参数。

上升段参数 α 和下降段参数 β 具有明确的物理意义和几何意义，其大小将直接影响曲线的几何形状。由图 4-5(a)至图 4-5(f)可知：纤维掺量和取代率对曲线的上升段参数 α 和下降段参数 β 的大小具有一定规律的影响，但随着温度和围压的升高，纤维掺量和取代率对曲线的影响逐渐弱化，温度和围压逐渐成为影响曲线形状的主要因素。因此，考虑到取代率、纤维掺量、温度、围压对试件的峰值应力和峰值应变等力学性能指标的影响，建立参数 α 和 β 与不同变化参数间的函数关系式，分别如式(4-4)和式(4-5)所示。

$$\alpha=-0.063\delta+0.054\lambda+0.135\sigma_w-0.002T+1.282\tag{4-4}$$

$$\beta=0.002\delta-0.145\lambda-0.303\sigma_w+0.002T+2.276\tag{4-5}$$

式中，δ、λ、T、σ_w 分别为取代率、纤维掺量、温度和围压，其中，$0\%\leqslant\delta\leqslant 100\%$，$0\ \mathrm{kg/m^3}\leqslant\lambda\leqslant 4\ \mathrm{kg/m^3}$，$25\ ℃\leqslant T\leqslant 600\ ℃$，$0\ \mathrm{MPa}\leqslant\sigma_w\leqslant 9\ \mathrm{MPa}$。

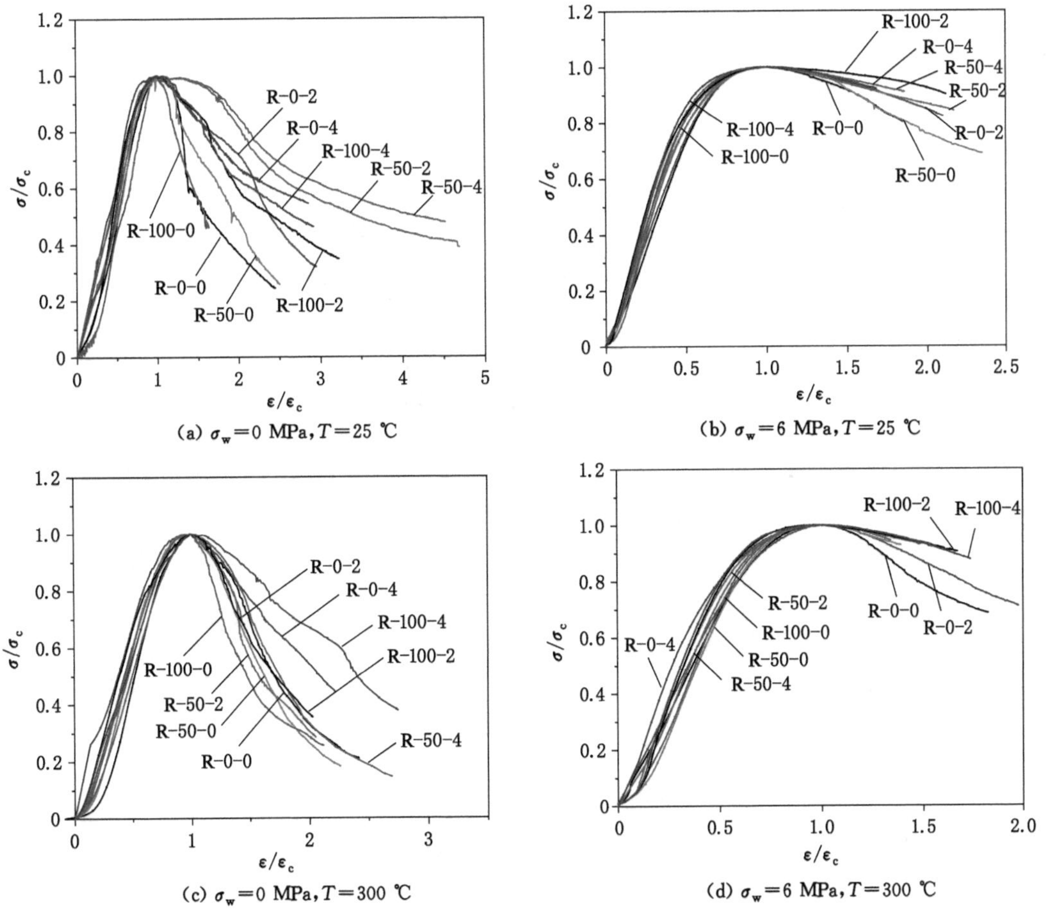

(a) $\sigma_w=0$ MPa，$T=25$ ℃　(b) $\sigma_w=6$ MPa，$T=25$ ℃

(c) $\sigma_w=0$ MPa，$T=300$ ℃　(d) $\sigma_w=6$ MPa，$T=300$ ℃

图 4-5　不同变化参数时部分试件无量纲化轴向应力-应变关系曲线

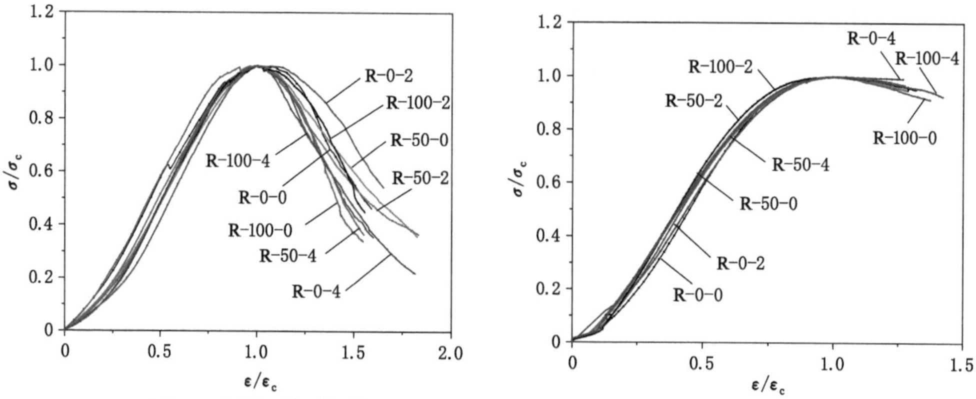

(e) $\sigma_w=0$ MPa, $T=600$ ℃　　(f) $\sigma_w=6$ MPa, $T=600$ ℃

图 4-5 （续）

限于篇幅，图 4-6(a)至图 4-6(f)给出了不同变化参数时部分 BFRAC 轴向应力-应变关系曲线试验结果与理论计算结果。其中，点代表试验实测值，线代表计算值。可见，计算得到的应力-应变关系曲线与试验实测结果吻合良好，表明本书建立的式(4-3)至式(4-5)可以用于计算不同变化参数时 BFRAC 常规三轴受压状态时的轴向应力-应变关系曲线。

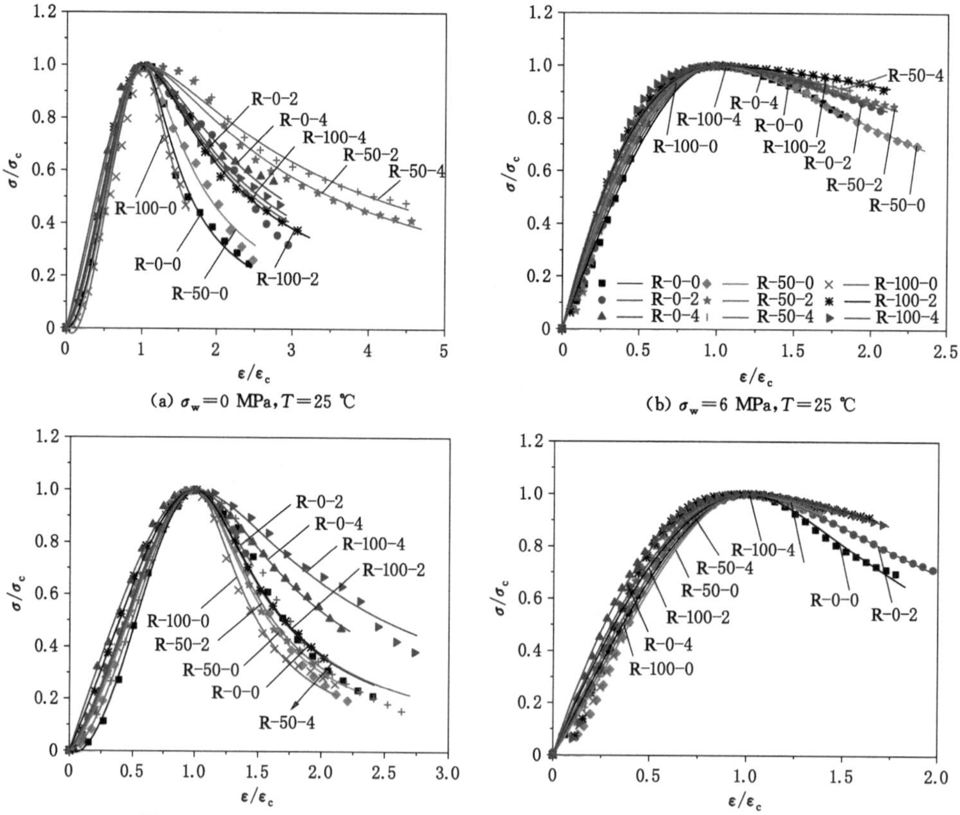

(a) $\sigma_w=0$ MPa, $T=25$ ℃　　(b) $\sigma_w=6$ MPa, $T=25$ ℃

(c) $\sigma_w=0$ MPa, $T=300$ ℃　　(d) $\sigma_w=6$ MPa, $T=300$ ℃

图 4-6　不同变化参数时部分试件实测曲线与计算曲线对比

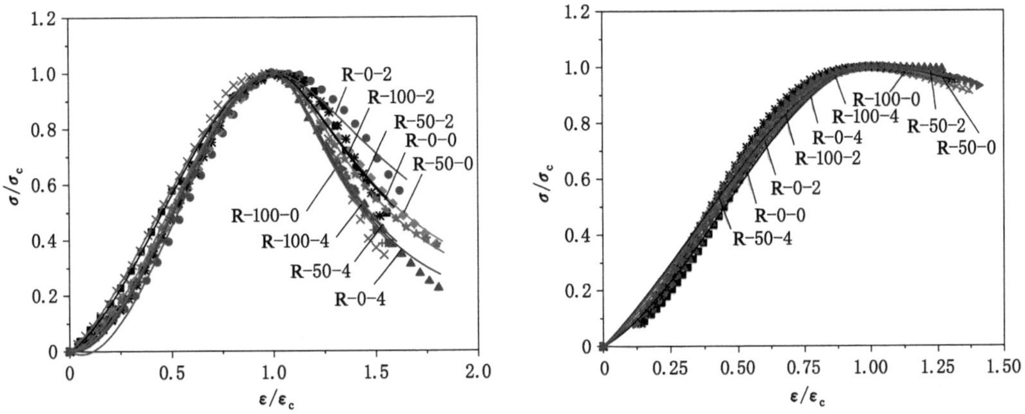

(e) σ_w=0 MPa, T=600 ℃　　(f) σ_w=6 MPa, T=600 ℃

图 4-6 （续）

4.2.4　影响因素分析

试验实测试件的轴向峰值应力(σ_c)和应变(ε_c)、弹性模量(E)、延性系数(μ)以及耗能因子(η)见表 4-1。

表 4-1　试件性能指标

试件编号	σ_w/MPa	ε_c/$\times10^{-3}$	σ_c/MPa	弹性模量 E/GPa	延性系数 μ	耗能因子 η
R-0-0-25	0	3.10	33.56	10.78	2.11	0.60
	3	4.90	57.23	13.50	3.50	0.75
	6	6.16	81.62	16.59	3.57	0.76
	9	8.06	95.96	20.60	4.57	0.82
R-0-2-25	0	2.94	37.19	14.97	2.37	0.69
	3	5.41	59.52	15.15	3.64	0.77
	6	7.64	85.89	16.46	4.28	0.79
	9	9.60	100.07	21.40	4.88	0.82
R-0-4-25	0	3.54	40.86	14.97	2.68	0.71
	3	6.55	66.09	16.40	3.75	0.77
	6	7.71	84.48	16.44	4.15	0.80
	9	9.48	102.08	23.11	4.87	0.81
R-0-0-300	0	4.21	29.26	5.13	1.96	0.59
	3	9.33	46.73	8.23	2.66	0.72
	6	9.77	73.30	9.68	2.73	0.76
	9	11.63	93.91	11.29	3.49	0.78

表4-1(续)

试件编号	σ_w/MPa	$\varepsilon_c/\times10^{-3}$	σ_c/MPa	弹性模量 E/GPa	延性系数 μ	耗能因子 η
R-0-2-300	0	5.03	32.27	6.47	2.27	0.64
	3	8.29	51.06	8.38	2.76	0.74
	6	9.69	71.87	10.57	3.15	0.77
	9	12.67	98.33	13.18	3.51	0.79
R-0-4-300	0	5.72	34.69	9.32	2.43	0.71
	3	8.67	57.75	9.90	3.13	0.76
	6	12.02	81.67	12.36	3.83	0.78
	9	12.67	98.33	13.18	3.51	0.82
R-0-0-600	0	10.03	12.10	0.99	1.82	0.63
	3	21.49	39.21	1.97	2.27	0.68
	6	25.46	61.86	2.68	2.03	0.68
	9	25.56	77.73	3.31	2.16	0.69
R-0-2-600	0	9.31	12.52	0.97	1.97	0.59
	3	21.62	42.00	2.09	2.26	0.68
	6	22.99	65.17	2.84	2.34	0.68
	9	25.23	78.78	3.61	2.20	0.70
R-0-4-600	0	11.11	13.47	1.17	2.05	0.63
	3	20.27	41.51	2.10	2.56	0.70
	6	22.84	68.89	2.93	2.22	0.72
	9	24.56	83.81	4.09	2.13	0.74
R-50-0-25	0	3.56	29.89	8.04	2.22	0.59
	3	6.40	57.94	12.45	3.50	0.73
	6	7.74	77.45	15.51	4.00	0.76
	9	9.24	91.55	18.36	5.11	0.81
R-50-2-25	0	2.92	33.11	10.53	2.90	0.68
	3	5.09	59.12	12.11	3.66	0.74
	6	7.43	79.92	15.62	4.90	0.78
	9	8.02	93.36	20.70	4.88	0.79
R-50-4-25	0	3.48	36.94	14.49	3.23	0.71
	3	6.13	62.50	11.92	3.91	0.76
	6	9.25	81.07	15.63	4.81	0.79
	9	9.33	94.36	19.57	4.88	0.81
R-50-0-300	0	5.71	25.22	3.97	1.54	0.59
	3	7.96	46.37	5.60	2.75	0.69
	6	10.56	68.05	6.94	2.71	0.70
	9	10.56	87.74	9.51	3.50	0.75

表4-1(续)

试件编号	σ_w/MPa	ε_c/$\times 10^{-3}$	σ_c/MPa	弹性模量 E/GPa	延性系数 μ	耗能因子 η
R-50-2-300	0	5.65	26.18	4.59	2.29	0.64
	3	7.96	48.58	6.67	2.78	0.71
	6	11.20	70.11	8.76	3.18	0.73
	9	12.01	88.77	9.90	3.61	0.76
R-50-4-300	0	4.81	28.51	5.05	2.45	0.60
	3	8.61	52.73	7.52	3.27	0.74
	6	9.89	71.70	9.07	3.91	0.77
	9	11.49	90.34	11.88	3.57	0.77
R-50-0-600	0	9.51	11.29	0.80	1.87	0.58
	3	19.24	39.91	1.98	2.33	0.67
	6	23.18	56.97	2.68	2.37	0.67
	9	27.75	72.77	3.24	2.23	0.69
R-50-2-600	0	9.99	11.57	1.01	1.98	0.59
	3	19.58	39.74	2.07	2.61	0.68
	6	23.22	58.26	2.68	2.36	0.68
	9	28.63	73.60	2.87	2.34	0.69
R-50-4-600	0	11.75	11.55	0.99	2.06	0.60
	3	20.59	41.05	1.89	2.51	0.68
	6	22.44	59.35	2.87	2.44	0.70
	9	26.24	75.66	3.56	2.50	0.71
R-100-0-25	0	3.11	24.65	5.84	2.25	0.58
	3	5.56	54.52	9.53	3.60	0.66
	6	8.30	73.08	14.32	4.22	0.75
	9	8.38	88.75	19.66	5.10	0.79
R-100-2-25	0	3.32	26.58	7.07	2.93	0.68
	3	5.13	55.66	10.96	3.74	0.71
	6	7.32	75.93	19.35	5.27	0.77
	9	8.38	90.76	20.60	5.10	0.79
R-100-4-25	0	3.41	29.90	7.87	3.30	0.68
	3	7.28	61.68	10.50	4.16	0.77
	6	9.50	77.74	15.45	5.31	0.78
	9	9.54	92.04	20.56	5.33	0.81
R-100-0-300	0	5.25	21.19	4.17	1.57	0.58
	3	7.52	44.96	6.53	2.78	0.71
	6	9.97	65.00	7.26	2.99	0.72
	9	11.93	84.42	10.50	3.62	0.74

表4-1(续)

试件编号	σ_w/MPa	ε_c/$\times10^{-3}$	σ_c/MPa	弹性模量 E/GPa	延性系数 μ	耗能因子 η
R-100-2-300	0	4.97	24.47	5.54	2.41	0.64
	3	9.01	47.04	6.49	2.92	0.72
	6	9.57	66.00	9.34	3.78	0.72
	9	11.30	85.00	11.00	3.64	0.75
R-100-4-300	0	4.34	25.50	6.49	2.61	0.66
	3	7.72	50.03	8.04	3.24	0.74
	6	10.67	68.01	9.10	4.07	0.75
	9	11.79	86.92	10.97	3.68	0.77
R-100-0-600	0	13.06	7.97	0.61	1.88	0.57
	3	18.14	36.06	1.91	2.34	0.64
	6	21.57	52.34	2.60	2.50	0.68
	9	23.13	69.60	3.25	2.48	0.68
R-100-2-600	0	12.15	9.27	0.61	1.98	0.59
	3	18.13	36.10	1.98	2.65	0.67
	6	22.49	53.58	2.50	2.50	0.68
	9	24.30	70.76	2.91	2.55	0.69
R-100-4-600	0	12.62	10.00	0.64	2.15	0.63
	3	21.12	38.51	1.87	2.65	0.69
	6	20.80	55.57	2.85	2.61	0.70
	9	25.72	72.76	2.98	2.65	0.71

(1) 峰值应力

基于表 4-1 中的实测值,图 4-7 描绘了试件轴向峰值应力在不同变化参数时的变化幅度。图中,R-0-X-25 中的 R 代表 RAC,0 代表再生粗骨料取代率为 0%,X 代表玄武岩纤维掺量为 X kg/m^3,25 代表温度为 25 ℃,其他试件以此类推。

如图 4-7 所示,可见:

① 针对取代率单参数变化试件,随着取代率的增大,试件轴向峰值应力呈现逐渐降低的趋势。然而,随着围压的增大,不同取代率试件间峰值应力的差值逐渐缩小。例如,围压为 0 MPa 时,相比试件 R-0-0-25,试件 R-50-0-25、R-100-0-25 的峰值承载力分别降低了 10.94%和 26.55%;围压为 9 MPa 时,相比试件 R-0-0-25,试件 R-50-0-25、R-100-0-25 的峰值承载力分别降低了 4.60%和 7.51%。可见,围压的“环箍效应”一定程度上改善了 RAC 因再生骨料自身强度低、性质脆等固有缺陷引起的承载力下降的影响。

② 针对纤维掺量单参数变化试件,随着纤维掺量的增大,试件轴向峰值应力呈现逐渐增大的趋势;但是随着围压的增大,纤维的桥接作用对试件轴向峰值应力的提升幅度有所降低。例如,围压为 0 MPa 时,相比试件 R-100-0-25,试件 R-100-2-25、R-100-4-25 的峰值承载力分别增大了 7.83%和 21.30%;围压为 9 MPa 时,相比试件 R-100-0-25,试件 R-100-2-25、

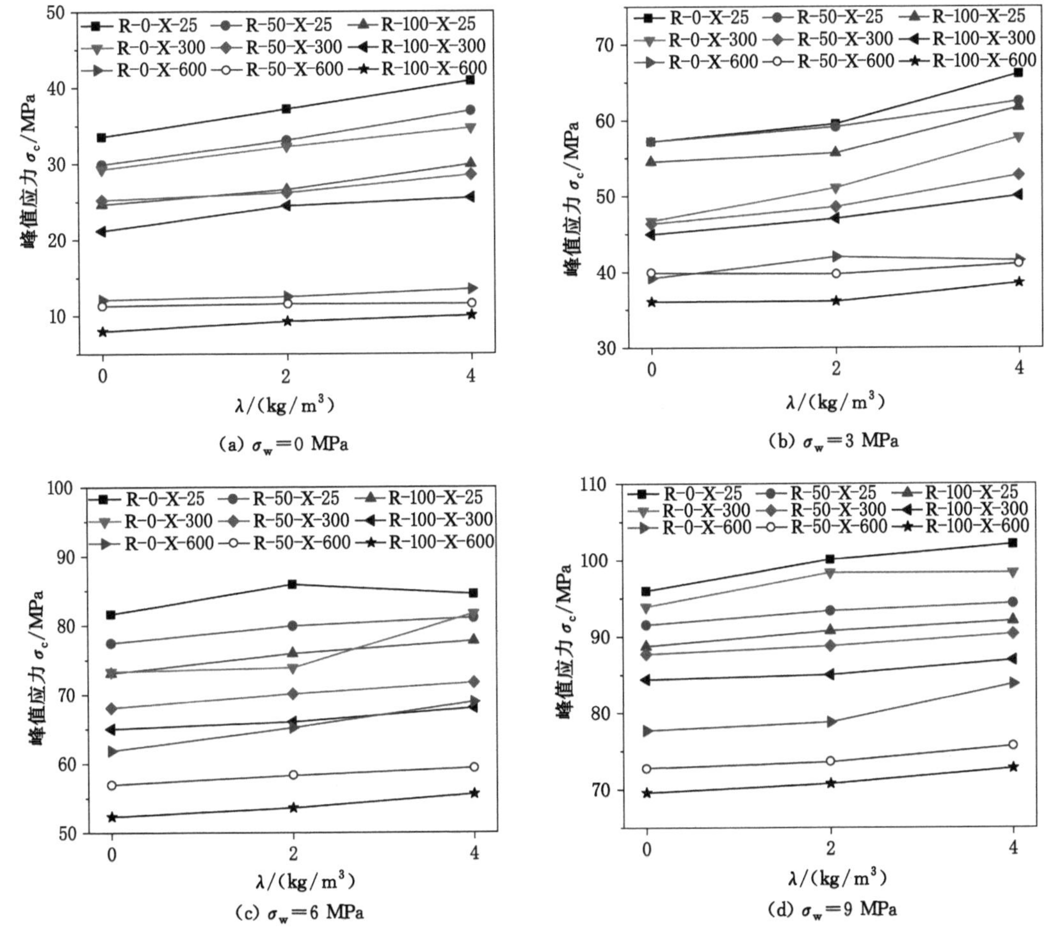

图 4-7　试件峰值应力随取代率、纤维掺量、温度及围压变化的变化幅度

R-100-4-25 的峰值承载力分别增大了 2.26%和 3.62%。尽管围压的增大降低了纤维对试件轴向峰值应力的提升幅度,但是纤维的桥接作用仍能一定程度提高试件的峰值应力,小幅度改善温度对试件峰值应力的影响。

③ 针对温度单参数变化试件,随着温度的升高,试件轴向峰值应力呈现逐渐降低的趋势。当温度由 25 ℃升至 300 ℃,同一纤维掺量、取代率和围压时,试件轴向峰值应力降低的幅度在 1.74%～22.82%之间;当温度由 300 ℃升至 600 ℃,同一纤维掺量、取代率和围压时,试件轴向峰值应力降低的幅度在 9.32%～62.39%之间。综上所述,高温作用后,试件内部发生的一系列物理化学反应严重降低了试件的承载力。然而,围压的“环箍效应”能显著改善温度对试件承载力的影响。例如,600 ℃高温后试件峰值应力随着围压增大而降低的幅度分别为 62.23%～68.73%、29.44%～37.56%、18.45%～29.44%和 17.90%～22.04%。

④ 针对围压单参数变化试件,随着围压的升高,试件轴向峰值应力呈现逐渐增大的趋势。当围压由 0 MPa 升至 9 MPa,同一纤维掺量、取代率和温度时,试件轴向峰值应力增大的幅度分别为 58.23%～352.45%、26.04%～65.96%和 16.39%～36.82%。这是因为围压的“环箍效应”阻止了试件在轴压作用下内部微裂纹和裂缝的产生,约束了试件的横向变

形，进而提高了试件的峰值承载力。

基于表 4-1 中的实测值，以 BF 掺量为 0 kg/m³ 时试件的轴向峰值应力 σ_c^0 为基准，对不同纤维掺量时试件轴向峰值应力 σ_c 进行量纲归一化处理。通过实测数据间的对比分析，考虑取代率、纤维掺量、温度和围压对试件力学性能的影响，引入相应的影响因子，建立了轴向峰值应力与不同变化参数之间的函数关系式，如式(4-6)所示。

$$\sigma_c/\sigma_c^0 = 0.01\lambda(4.673 - 0.319\delta - 0.365\sigma_w - 0.001T) + 1 \tag{4-6}$$

(2) 峰值应变

基于表 4-1 中的实测值，图 4-8 描绘了试件轴向峰值应变不同变化参数时的变化幅度，可见：

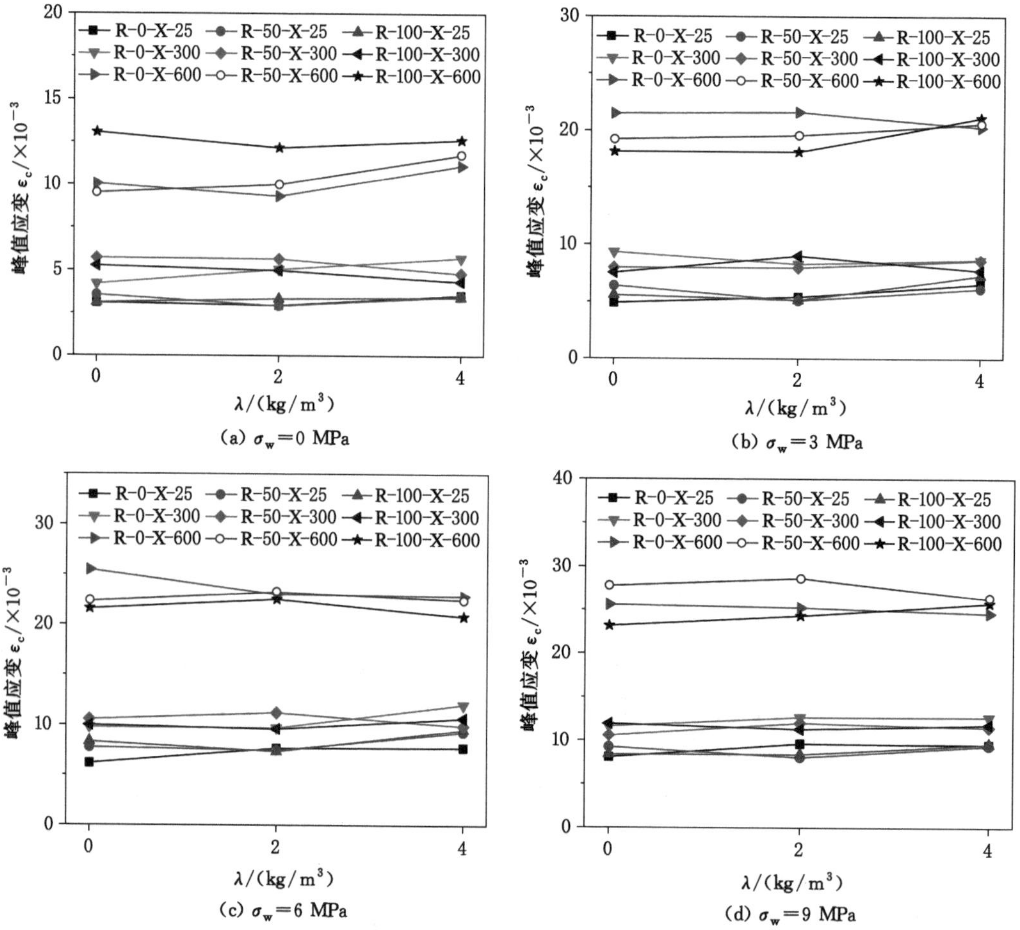

图 4-8　试件峰值应变随取代率、纤维掺量、温度以及围压变化的变化幅度

① 针对取代率单参数变化试件，随着取代率的增大，试件轴向峰值应变出现增大和减小两种变化趋势。一方面，由于再生粗骨料具有刚度小、孔隙率大等固有缺陷，降低了 RAC 的整体刚度，试件在达到峰值承载力时具有较大变形；另一方面，因为再生粗骨料强度低且表面附着大量老砂浆，使得 RAC 在加载过程中损伤破坏提前。这两个方面因素互相作用，当第一方面影响因素高于第二方面影响因素时，试件的轴向峰值应变就会逐渐增大，反之，

峰值应变就会出现逐渐降低的情况。

② 针对纤维掺量单参数变化试件，随着纤维掺量的增加，试件的轴向峰值应变没有明显的变化规律。这是因为在弹塑性阶段，试件内部微裂缝产生较少，整体变形较小，纤维的桥接作用在这个过程中发挥的作用不大。

③ 针对温度单参数变化试件，随着温度的升高，试件轴向峰值应变呈现逐渐增大的趋势。当温度由 25 ℃升至 300 ℃时，同一纤维掺量、取代率和围压时，试件轴向峰值应变增加的幅度在 6.04％～93.49％之间；当温度由 300 ℃升至 600 ℃，同一纤维掺量、取代率和围压时，试件轴向峰值应变增大的幅度在 66.55％～190.78％之间。可见，25～300 ℃之间峰值应变增大幅度较小，300～600 ℃之间峰值应变增大幅度很大。这是因为经历 600 ℃高温作用后，试件损伤更加严重，砂浆变得疏松多孔，当荷载增大至极限荷载时，试件变形较大。

④ 针对围压单参数变化试件，随着围压的升高，试件轴向峰值应变呈现逐渐增大的趋势。当围压由 0 MPa 升至 9 MPa，同一纤维掺量、取代率和温度时，试件轴向峰值应变增大的幅度分别为 39.40％～132.20％、1.52％～50.90％和 0.39％～30.84％。这是因为在围压的横向约束下，试件的承载力显著增大，在轴向荷载达到峰值荷载后，峰值应变也相应增大。

基于表 4-1 中的实测值，以 BF 掺量为 0 kg/m³ 时试件的轴向峰值应变 ε_c^0 为基准，对不同纤维掺量时试件轴向峰值应变 ε_c 进行量纲归一化处理。通过数据间对比分析，建立了轴向峰值应变与取代率、纤维掺量、温度和围压之间的函数关系式，如式(4-7)和式(4-8)所示。

$$\varepsilon_c/\varepsilon_c^0 = (1+\lambda)a \tag{4-7}$$

$$a = 0.01\times(5.696 - 2.921\delta - 0.141\sigma_w - 0.007T) \tag{4-8}$$

(3) 弹性模量

基于表 4-1 中的实测值，图 4-9 描绘了试件弹性模量在不同变化参数时的变化幅度。参考相关文献对弹性模量的计算，本书选取的弹性模量为圆柱体试件轴向应力-应变关系曲线上升段 1/3 倍峰值应力处的割线模量(徐明，2015)。

如图 4-9 所示，可知：

① 针对取代率单参数变化试件，随着取代率的升高，试件弹性模量呈现波动性降低的变化趋势。同一纤维掺量、温度和围压时，相比 0％取代率，取代率为 100％时试件的弹性模量最大降低了 45.83％，这是由于再生粗骨料刚度低、孔隙率大、表面附着大量老砂浆，使得 RAC 整体刚度较低。

② 针对纤维掺量单参数变化试件，随着纤维掺量的增加，试件弹性模量整体呈现增大的趋势。同一取代率、温度、围压时，相比 BF 掺量为 0 kg/m³，当 BF 掺量为 2 kg/m³ 和 4 kg/m³ 时，试件的弹性模量最高提升了 40％左右。这是由于 BF 和 RAC 具有良好的相容性，掺入一定量的纤维提高了试件的密实度，一定程度上提高了试件的刚度。然而，随着温度的升高和围压的增大，提升幅度逐渐减小，但是仍能小幅度提升试件的弹性模量，改善温度对试件弹性模量的影响。

③ 针对温度单参数变化试件，随着温度的升高，试件弹性模量整体呈现下降趋势。当温度由 25 ℃升高至 300 ℃，同一取代率、纤维掺量和围压时，试件弹性模量降低的幅度在 17.53％～65.15％之间；当温度由 300 ℃升高至 600 ℃，同一取代率、纤维掺量和围压时，试件的弹性模量降低的幅度在 61.38％～90.14％之间，600 ℃高温后试件弹性模量下降最为

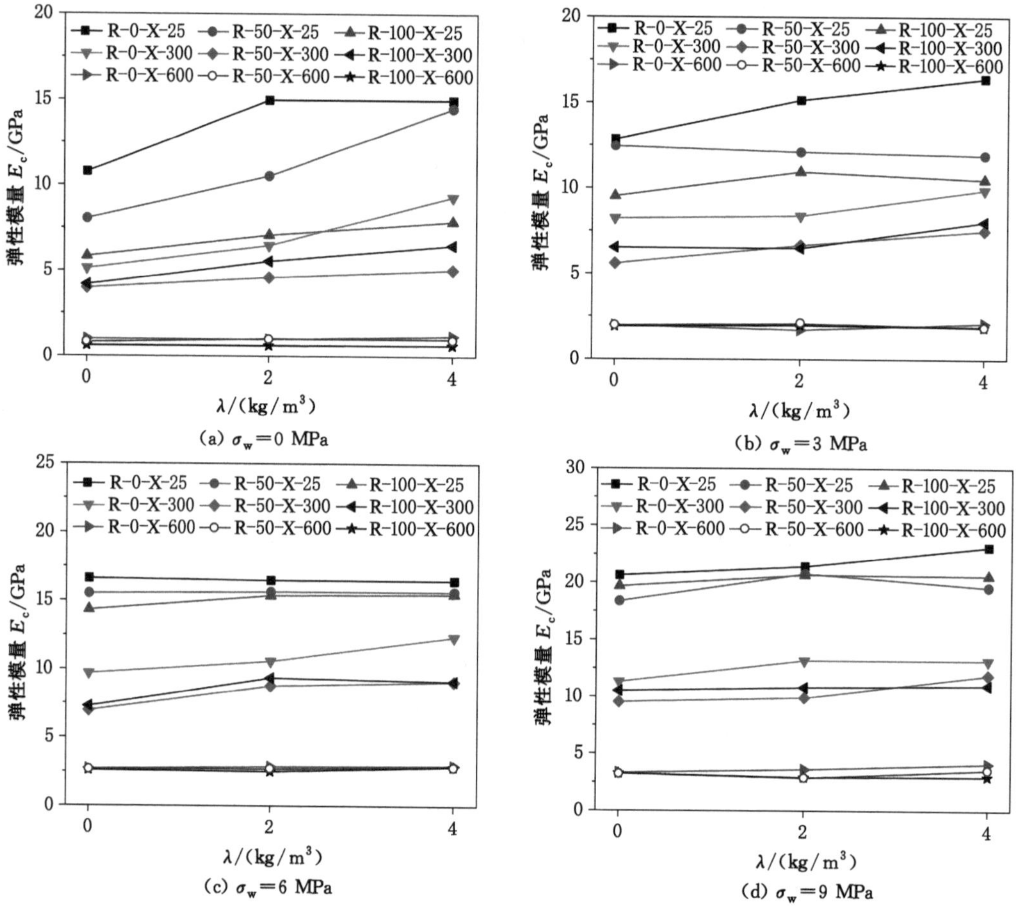

图 4-9　试件弹性模量随取代率、纤维掺量、温度、围压变化的变化幅度

明显。可见，温度越高，试件损伤越严重，砂浆变得疏松多孔，在承受轴向荷载作用时，试件变形大，整体刚度下降严重。

④ 针对围压单参数变化试件，随着围压的增大，试件弹性模量呈现逐渐增大的趋势。当围压由 0 MPa 升至 9 MPa，同一取代率、纤维掺量和温度时，试件弹性模量增大的幅度分别为 1.20%～224.59%、0.24%～76.55%和 4.56%～44.63%。可见，其变化幅度范围较大，数据相对离散。对比发现：随着围压的增大，与部分普通混凝土试件的弹性模量增长的幅度相比，RAC 的增长幅度大得多，这是由于相比 RAC，普通混凝土都具有较高的刚度。例如，当围压从 0 MPa 增大至 3 MPa 时，试件 R-0-0-25、R-50-0-25、R-100-0-25 的弹性模量分别增大了 25.23%、54.85%、63.18%。这也表明围压的增大能有效降低再生粗骨料固有缺陷对试件弹性模量的影响。

基于表 4-1 中的实测值，以 BF 掺量为 0 kg/m³ 时试件的弹性模量 E_c^0 为基准，对不同纤维掺量时试件弹性模量 E_c 进行量纲归一化处理。通过数据对比分析，建立了弹性模量与取代率、纤维掺量、温度和围压之间的函数关系，如式(4-9)和式(4-10)所示。

$$E_c/E_c^0=(1+\lambda)^a \tag{4-9}$$

$$a = 0.01 \times (21.056 - 3.681\delta - 1.391\sigma_w - 0.015T) \tag{4-10}$$

(4) 延性系数

延性系数(μ)是衡量试件变形性能的重要指标之一,表示方法如式(4-11)所示,旨在研究不同变化参数时 RAC 的变形性能。其中,ε_v 一般取应力下降至 0.85 倍峰值应力所对应的应变,当围压较大时,部分试件没有明显的下降段,此时选取试验加载结束时对应的应变,ε_u 取初始屈服点应变,采用能量等值法确定。ε_v 和 ε_u 的确定方法如图 4-10 所示。

$$\mu = \varepsilon_v / \varepsilon_u \tag{4-11}$$

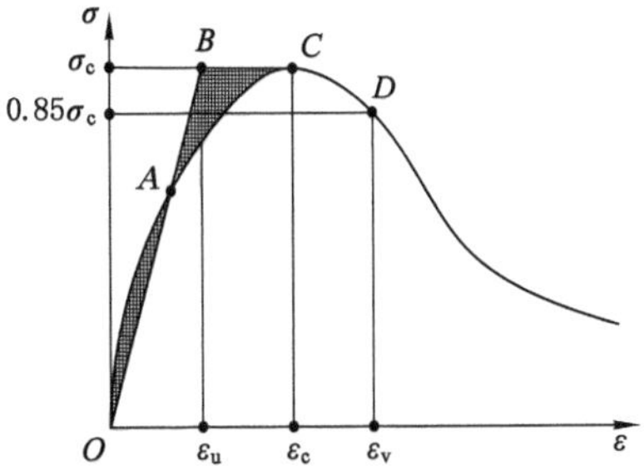

图 4-10　延性系数计算示意图

图 4-11 描绘了试件延性系数在不同变化参数时的变化幅度,可见:

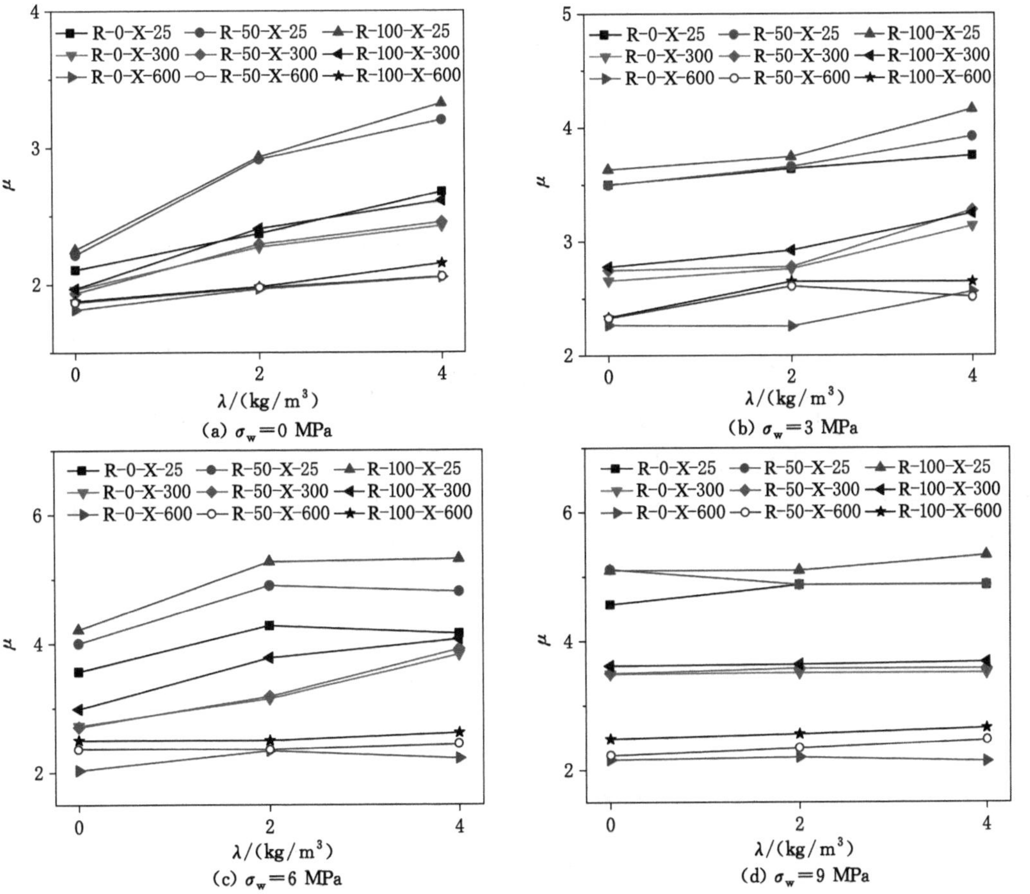

图 4-11　试件延性系数随取代率、纤维掺量、温度、围压变化的变化幅度

① 针对取代率单参数变化试件,随着取代率的升高,试件延性系数逐渐增大。当取代率由 0% 升至 50%,同一纤维掺量、温度和围压时,延性系数增大的幅度在 0.04%~22.90%之间;当取代率由 50%升至 100%,同一纤维掺量、温度和围压时,延性系数增大的

幅度在 0.36%～18.70%之间。原因在于，在轴向荷载作用下，再生粗骨料固有的微裂缝以及表面附着的老砂浆被压实，使得试件在塑性阶段特征点变形量增加。

② 针对纤维掺量单参数变化试件，随着纤维掺量的升高，试件延性系数整体出现逐渐增大的趋势。当 BF 掺量由 0 kg/m³ 增至 2 kg/m³，同一取代率、温度和围压时，试件延性系数增大幅度在 0.44%～50.50%之间；当 BF 掺量由 2 kg/m³ 增至 4 kg/m³，同一取代率、温度和围压时，试件延性系数增大幅度在 0.03%～22.90%之间。这是因为 BF 在 RAC 内部增韧阻裂的作用减少了裂缝以及微裂缝的产生，使得试件脆性减弱，韧性增强，进而提高了试件的延性。

③ 针对温度单参数变化试件，随着温度的升高，试件延性系数整体呈现下降的趋势。当温度由 25 ℃升至 300 ℃，同一取代率、纤维掺量和围压时，试件延性系数降低的幅度在 7.11%～35.10%之间；当温度由 300 ℃升至 600 ℃，同一取代率、纤维掺量和围压时，试件延性系数降低的幅度在 6.12%～42.04%之间。这是由于试件经历高温损伤后，弹性阶段特征点变形量增加，进而提高了试件的延性。

④ 针对围压单参数变化试件，随着围压的升高，试件延性系数整体呈现逐渐增大的趋势，个别试件出现了先增大后减小的趋势。例如，当围压从 0 MPa 增大至 9 MPa 时，试件 R-50-4-25 的延性系数的变化幅度分别为 21.05%、23.02%和 1.46%，然而，试件 R-100-2-25 的延性系数的变化幅度分别为 27.65%、40.91%和－3.23%。但相比围压为 0 MPa，当围压由 3 MPa 升至 9 MPa 时，试件的延性系数均相应增大，最大增量分别为 78.57%、90.45%和 130.57%。总体来看，围压的横向约束作用有助于提高试件的延性。

(5) 耗能能力

RAC 试件受压直至破坏的过程其实就是能量耗散的过程，在荷载作用下，能量积累到极限便会以热能的形式耗散，宏观表现为 RAC 试件因砂浆基体和粗骨料交界面、砂浆基体以及部分粗骨料自身开裂造成的破坏。本书定义试件应力-应变关系曲线下包面积除以峰值应力 σ_c 和应变 ε_v 乘积的比值作为试件的耗能因子 η，如式(4-12)所示，该值越大，表明试件的耗能能力越强。其中，ε_v 表示应力下降至 $0.85\sigma_c$ 时所对应的应变。耗能因子计算模型如图 4-12 所示。

$$\eta = S_{OAB\varepsilon_v}/(\sigma_c \cdot \varepsilon_v) \tag{4-12}$$

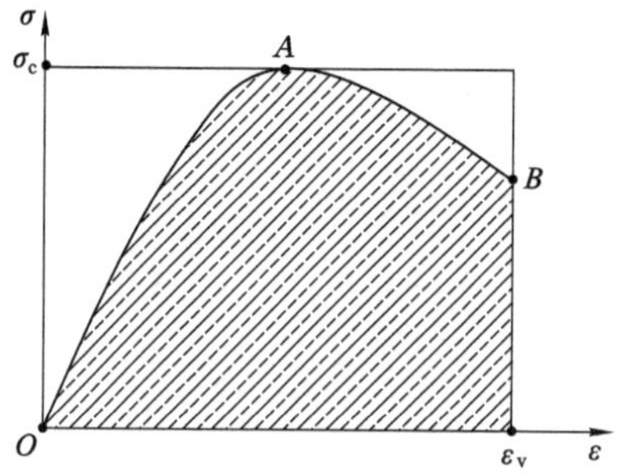

图 4-12 耗能因子计算模型

图 4-13 描绘了试件耗能因子在不同变化参数时的变化幅度，可见：

① 针对取代率单参数变化试件，随着取代率的升高，试件耗能因子整体出现降低的趋

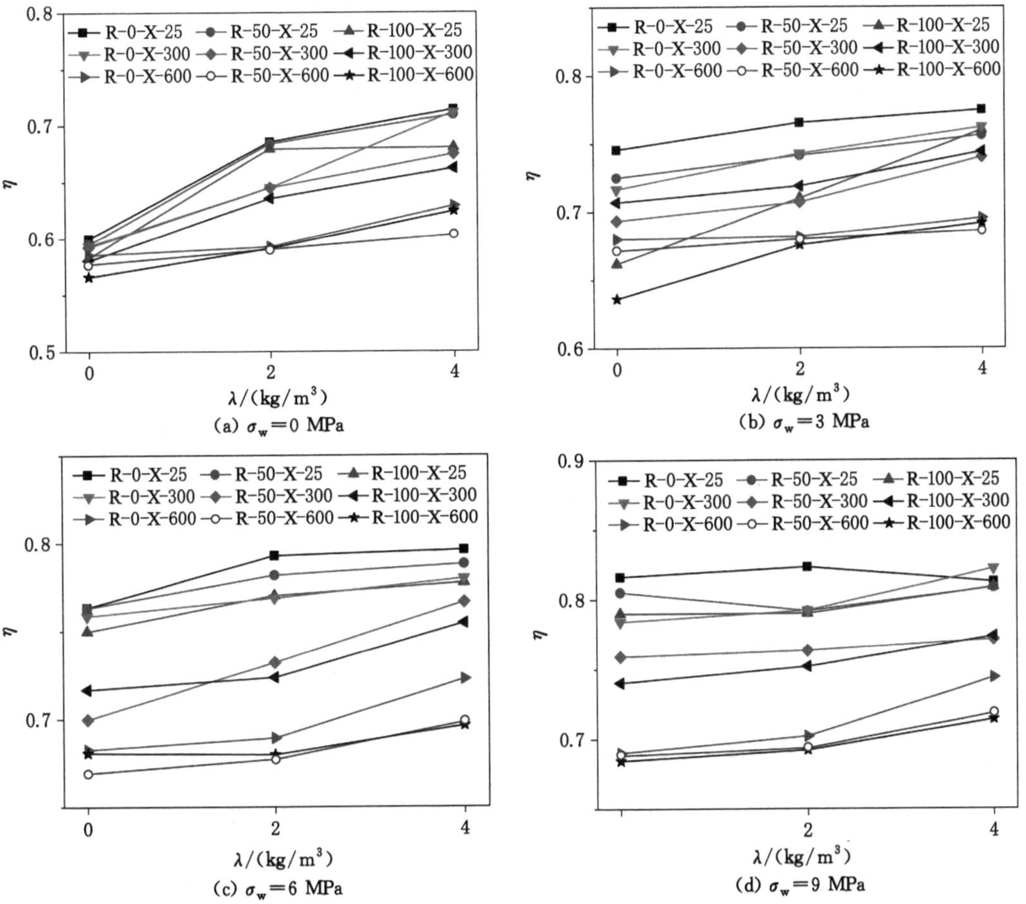

图 4-13 试件耗能因子随取代率、纤维掺量、温度、围压变化的变化幅度

势。当取代率由 0%升至 50%，同一纤维掺量、温度和围压时，耗能因子降低的幅度在 0.01%～7.76%之间；当取代率由 50%升至 100%，同一纤维掺量、温度和围压时，耗能因子降低的幅度在 3.49%～13.20%之间。这是因为随着取代率的增大，再生粗骨料强度低等固有缺陷不断积累，导致 RAC 承载力下降，进而耗能能力被逐渐削弱。

② 针对纤维掺量单参数变化试件，随着纤维掺量的升高，试件耗能因子出现逐渐增大的趋势。当 BF 掺量由 0 kg/m^3 增加至 2 kg/m^3，同一取代率、温度和围压时，试件耗能因子增幅在 0.24%～31.58%之间；当 BF 掺量由 2 kg/m^3 增至 4 kg/m^3，同一取代率、温度和围压时，试件耗能因子增大幅度在 0.17%～10.30%之间。这是因为 BF 在试件内部具有增韧阻裂的作用，在试件破坏过程中，BF 被拉断也会消耗一部分能量，进而提高试件的耗能能力。

③ 针对温度单参数变化试件，随着温度的升高，试件耗能因子整体呈现下降的趋势。当温度由 25 ℃升至 300 ℃，同一取代率、纤维掺量和围压时，试件耗能因子降低的幅度在 0.34%～8.30%之间；当温度由 300 ℃升至 600 ℃，同一取代率、纤维掺量和围压时，试件耗

能因子降低的幅度在 1.34%～11.90%之间。原因在于，试件经过高温作用后内部发生了一系列物理化学变化，承载力下降明显，因此，耗能能力最终被削弱。

④ 针对围压单参数变化试件，随着围压的升高，试件耗能因子呈现逐渐增大的趋势。当围压由 0 MPa 升至 9 MPa，同一取代率、纤维掺量和温度时，试件耗能因子增大幅度分别为 2.29%～28.17%、0.68%～13.31%和 0.56%～8.48%。原因在于，围压的"环箍效应"能有效提高试件的承载能力，因此，随着围压的增大，其耗能能力逐渐增强。

4.2.5 破坏准则

目前鲜有关于 BFRAC 破坏准则的研究。本书基于 Mohr-Coulomb（简称 M-C）理论对 BFRAC 的破坏准则进行了研究，并探讨了不同取代率、纤维掺量、温度对 BFRAC 破坏准则的影响。M-C 理论表明切应力是影响混凝土材料破坏状态的主要因素，故采用极限应力圆的包络线来描述材料的破坏准则。在该理论中，包络线和极限应力圆刚接触的点称为材料的最大抗剪强度。因此，当 BFRAC 的极限应力圆与包络线相接触时，BFRAC 达到应力极限状态而破坏。如果极限应力圆在包络线内时，则表示 BFRAC 未达到应力极限状态。限于篇幅，不同变化参数时部分 BFRAC 的 M-C 应力圆及包络线如图 4-14 所示。

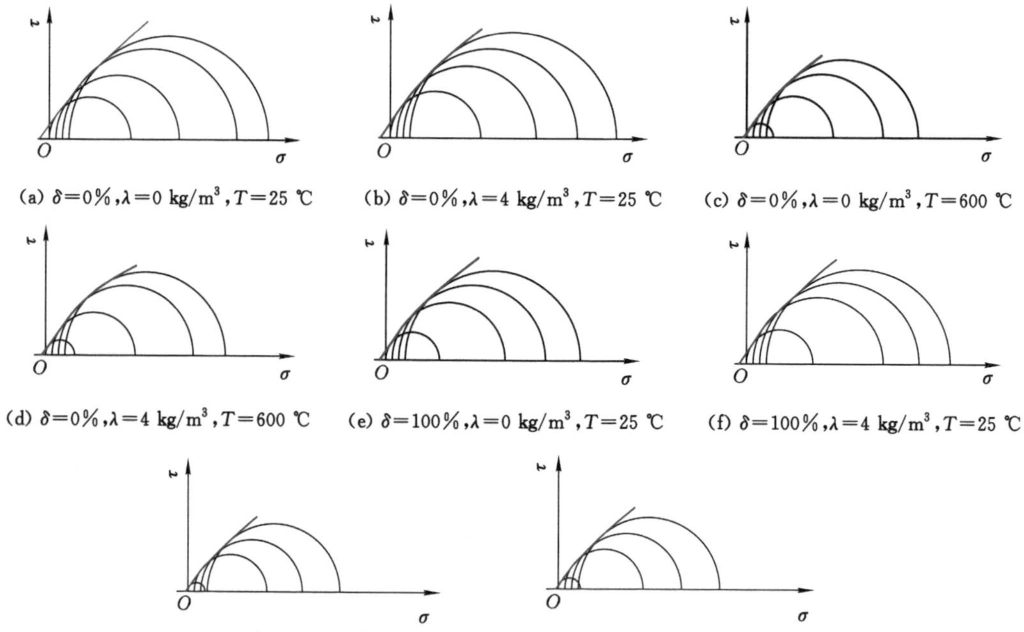

(a) $\delta=0\%$，$\lambda=0$ kg/m^3，$T=25$ ℃
(b) $\delta=0\%$，$\lambda=4$ kg/m^3，$T=25$ ℃
(c) $\delta=0\%$，$\lambda=0$ kg/m^3，$T=600$ ℃
(d) $\delta=0\%$，$\lambda=4$ kg/m^3，$T=600$ ℃
(e) $\delta=100\%$，$\lambda=0$ kg/m^3，$T=25$ ℃
(f) $\delta=100\%$，$\lambda=4$ kg/m^3，$T=25$ ℃
(g) $\delta=100\%$，$\lambda=0$ kg/m^3，$T=600$ ℃
(h) $\delta=100\%$，$\lambda=4$ kg/m^3，$T=600$ ℃

图 4-14 不同取代率、纤维掺量、温度时的部分试件 M-C 应力圆及包络线

由图 4-14(a)至图 4-14(h)可知：应力圆包络线的几何形态与幂函数相似。因此，考虑到取代率、纤维掺量以及温度的影响，建立了包络曲线函数，如式(4-13)所示。

$$\tau=\tau_0+a\sigma^b \tag{4-13}$$

式中，τ_0 为 BFRAC 的抗剪强度；a，b 为相应的拟合参数。

不同变化参数时，τ_0、a、b 的拟合值见表 4-2，R^2 值均大于 0.98。由表 4-2 可知：BF-RAC 的抗剪强度随着取代率的增大和温度的升高而降低，随着纤维掺量的增加而升高。

表 4-2　τ_0、a、b 的拟合值

试件编号	τ_0/MPa	a	b	试件编号	τ_0/MPa	a	b
R-0-0-25	5.58	1.70	0.87	R-50-4-300	4.62	1.61	0.89
R-0-2-25	5.97	1.74	0.87	R-50-0-600	1.55	1.98	0.81
R-0-4-25	6.28	1.93	0.84	R-50-2-600	1.69	1.96	0.82
R-0-0-300	5.27	1.04	1.03	R-50-4-600	1.73	1.92	0.83
R-0-2-300	5.87	1.06	1.03	R-100-0-25	3.69	2.03	0.82
R-0-4-300	5.69	1.59	0.90	R-100-2-25	3.86	2.10	0.82
R-0-0-600	1.75	1.89	0.84	R-100-4-25	4.39	2.21	0.80
R-0-2-600	1.82	1.97	0.83	R-100-0-300	3.69	1.40	0.93
R-0-4-600	1.83	2.29	0.78	R-100-2-300	4.26	1.40	0.93
R-50-0-25	4.38	2.12	0.81	R-100-4-300	4.29	1.54	0.90
R-50-2-25	4.73	2.23	0.79	R-100-0-600	1.13	1.86	0.83
R-50-4-25	5.58	2.09	0.80	R-100-2-600	1.33	1.78	0.84
R-50-0-300	4.14	1.38	0.94	R-100-4-600	1.36	1.91	0.83
R-50-2-300	4.18	1.55	0.91	—	—	—	—

为了便于分析，将切应力 τ 和正应力 σ 除以单轴应力状态下试件的峰值应力，对试验数据进行归纳处理。通过对不同变化参数时所有数据的拟合，建立了极限应力圆包络曲线的经验模型，如式(4-14)所示，拟合结果如图 4-15 所示。R^2 值均大于 0.99，表明试验数据和拟合曲线吻合良好。

$$\tau/\sigma_c^{w_0} = 0.159 + 1.191(\sigma/\sigma_c^{w_0})^{0.92} \tag{4-14}$$

式中，$\sigma_c^{w_0}$ 为试件的单轴抗压强度($\sigma_w = 0$ MPa)。

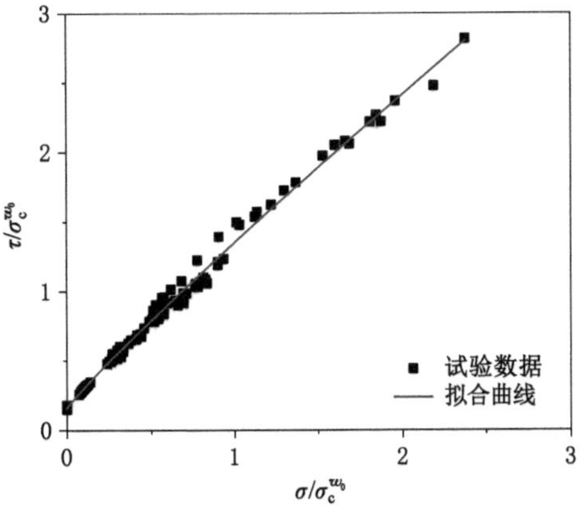

图 4-15　极限应力圆拟合包络曲线

4.3 本章结论

本章探究了不同取代率、纤维掺量、温度和围压时 324 个圆柱体 BFRAC 试件的常规三轴受压力学性能，主要结论如下：

(1) 在单轴应力状态下，试件主要发生纵向劈裂破坏，随着温度的升高，纵向裂缝逐渐变密加宽；在三轴应力状态下，试件主要发生斜向剪切破坏，随着温度的升高，斜向裂缝倾角逐渐减小，向层状劈裂破坏转变；BF 的桥接作用可以增加试件表面裂纹数量，并减小其宽度；取代率对试件的破坏形态没有明显影响。

(2) 围压为 0 MPa 时，BFRAC 应力-应变关系曲线的下降段相对陡峭，随着围压的升高，曲线逐渐趋于平缓；高温作用后，曲线整体趋于扁平；围压在 6 MPa 以下时，随着纤维掺量的增加，下降段逐渐平缓；围压为 9 MPa 时，纤维掺量对曲线没有明显的影响。

(3) 应力-应变关系曲线的试验与理论计算结果吻合良好，建立的曲线模型可以计算不同变化参数时 BFRAC 三轴受压的应力-应变关系。

(4) 试件的峰值应力、弹性模量和耗能能力随着取代率的增大和温度的升高逐渐降低，随着纤维掺量和围压的增大逐渐增大。

(5) 试件的峰值应变随着温度和围压的增大逐渐增大，随着取代率的增大出现逐渐增大和逐渐降低两种变化趋势，纤维掺量对其没有明显的影响。

(6) 试件的延性系数随着取代率、纤维掺量和围压的增大逐渐增大，随着温度的升高逐渐减小。

(7) 基于 M-C 理论，发现 BFRAC 的抗剪强度随着取代率的增大和温度的升高而降低，随着纤维掺量的增加而增大，同时建立了不同变化参数时包络曲线的经验模型。

第 5 章　钢管玄武岩纤维再生混凝土短柱轴压性能研究

5.1　试验概况

5.1.1　试验材料及性能

配制 C40 RAC 所采用的材料组分为 P·O 42.5 级水泥、天然黄砂、城市自来水、Ⅱ级粉煤灰、减水剂以及天然粗骨料和再生粗骨料。再生混凝土配合比见表 2-3。当再生粗骨料取代率(δ)为 0%时，1 m^3 RAC 质量配合比 $m_{水泥}:m_{净水}:m_{砂}:m_{天然粗骨料}:m_{粉煤灰}:m_{减水剂}=$ 427.1∶205∶501∶1 115.2∶85.4∶2.56。当再生粗骨料的取代率发生改变时，只需按照取代率改变再生粗骨料在全部粗骨料中所占质量比例，RAC 的其他成分不改变。实测砂的表观密度和堆积密度分别为 2 300 kg/m^3 和 1 750 kg/m^3。再生粗骨料由河南理工大学结构大厅损坏后的钢筋混凝土梁经过人工破碎、筛选、清洗、晒干而得，原混凝土设计强度为 C25。实测再生粗骨料的物理性能见表 2-1。试验采用短切玄武岩纤维，玄武岩纤维性能指标见表 2-2。选用的钢管材料性能见表 5-1。

表 5-1　钢管材料性能

截面形式	屈服强度 f_y/MPa	极限强度 f_u/MPa	弹性模量 E_s/GPa	泊松比 ν_s	屈服应变 $\varepsilon_y/\mu\varepsilon$
方钢管	417.51	490.52	207	0.27	1 768
圆钢管	318.76	373.27	181	0.33	1 758

注：f_y 为屈服强度；f_u 为极限强度；ε_y 为屈服应变；E_s 为弹性模量；ν_s 为钢材泊松比。

在浇筑方钢管玄武岩再生混凝土试件的同时，制作标准立方体、棱柱体试件，与试件同条件自然养护后，依据《混凝土物理力学性能试验方法标准》(GB/T 50081—2019)进行抗压强度试验。实测玄武岩再生混凝土的力学性能指标见表 5-2。

表 5-2　BFRAC 实测强度指标

δ/%	m_{BF}/kg	f_{cu}/MPa	f_c/MPa	f_{st}/MPa	f_b/MPa	f_c/f_{cu}	E_c/GPa	ν
0	0	37.4	31.8	2.69	4.45	0.85	24.70	0.20
25	0	36.5	28.5	2.54	4.28	0.78	16.80	0.23
50	0	34.2	26.0	2.16	4.01	0.76	16.60	0.25
75	0	32.9	23.8	2.04	3.38	0.72	13.30	0.26
100	0	32.7	23.2	1.93	3.31	0.71	15.20	0.27

表5-2(续)

$\delta/\%$	m_{BF}/kg	f_{cu}/MPa	f_c/MPa	f_{st}/MPa	f_b/MPa	f_c/f_{cu}	E_c/GPa	ν
0	2	37.9	32.9	2.85	4.66	0.87	24.80	0.16
25	2	37.0	29.0	2.71	4.36	0.78	19.01	0.17
50	2	34.9	26.7	2.24	4.28	0.77	18.48	0.19
75	2	33.8	24.6	2.08	3.53	0.73	14.60	0.20
100	2	33.1	23.7	1.99	3.52	0.72	13.42	0.22
0	4	38.7	33.1	3.07	5.22	0.86	28.40	0.14
25	4	37.6	29.4	2.93	4.75	0.78	21.47	0.16
50	4	36.2	27.5	2.39	4.36	0.76	18.91	0.18
75	4	35.1	25.8	2.17	3.84	0.74	19.06	0.19
100	4	34.2	24.0	2.10	3.74	0.70	18.27	0.21

试验采用短切玄武岩纤维，外径、长度和密度分别为 15 μm、18 mm 和 2 650 kg/m^3，抗拉强度、弹性模量和断裂伸长率分别为 4 500 MPa、104 GPa 和 3.1%；采用的方钢管外边长为 150 mm，壁厚 t 为 3 mm，高度为 450 mm，根据《金属材料拉伸试验 第 1 部分：室温试验方法》(GB/T 228.1—2021)，实测的方钢管屈服强度与极限强度分别为 268.26 MPa 和 341.64 MPa，弹性模量、屈服应变和泊松比分别为 161 GPa、1 666 με、0.38。

5.1.2 试件设计与制作

以再生粗骨料取代率(δ)和玄武岩纤维掺量(m_{BF})为变化参数，分别设计了 15 个方钢管玄武岩再生混凝土短柱试件和圆钢管玄武岩再生混凝土短柱试件，其中，再生粗骨料取代率有 0%、25%、50%、75%、100%共 5 种工况，BF 掺量有 0 kg/m^3、2 kg/m^3、4 kg/m^3 共 3 种工况。按照设计尺寸切割钢材，并将两端截面刨平。为了使荷载均匀传递，在试件两端分别焊接 180 mm×180 mm×8 mm 的盖板，盖板应与钢管的几何中心对中。先焊接钢管的一端，然后将 BFRAC 从顶部分层浇筑，并振捣密实，待 BFRAC 收缩完毕，用同比例的水泥砂浆在浇筑端找平，7 d 后焊接另外一端的盖板，试件与 BFRAC 试件同条件自然养护，具体的设计参数见表 5-3 和表 5-4。

表 5-3　方形试件具体设计参数及实测极限承载力

试件编号	α	ξ	f_c/MPa	N_u/kN
S-0-0	0.085 1	0.718	31.8	1 631.3
S-25-0	0.085 1	0.801	28.5	1 457.0
S-50-0	0.085 1	0.878	26.0	1 431.2
S-75-0	0.085 1	0.959	23.8	1 267.9
S-100-0	0.085 1	0.984	23.2	1 215.7
S-0-2	0.085 1	0.694	32.9	1 411.78
S-25-2	0.085 1	0.787	29.0	1 363.4

表5-3(续)

试件编号	α	ξ	f_c/MPa	N_u/kN
S-50-2	0.085 1	0.855	26.7	1 307.4
S-75-2	0.085 1	0.928	24.6	1 279.9
S-100-2	0.085 1	0.963	23.7	1 208.0
S-0-4	0.085 1	0.689	33.1	1 551.9
S-25-4	0.085 1	0.776	29.4	1 427.0
S-50-4	0.0851	0.830	27.5	1395.2
S-75-4	0.085 1	0.885	25.8	1 289.2
S-100-4	0.085 1	0.951	24.0	1 237.2

表 5-4　圆形试件具体设计参数及实测极限承载力

试件编号	α	ξ	f_c/MPa	N_u/kN
C-0-0	0.094 2	0.997	31.8	1 484.0
C-25-0	0.094 2	1.113	28.5	1 475.0
C-50-0	0.094 2	1.220	26.0	1 470.2
C-75-0	0.094 2	1.332	23.8	1 415.4
C-100-0	0.094 2	1.367	23.2	1 357.1
C-0-2	0.094 2	0.964	32.9	1 554.2
C-25-2	0.094 2	1.093	29.0	1 536.7
C-50-2	0.094 2	1.188	26.7	1 468.2
C-75-2	0.094 2	1.289	24.6	1 418.1
C-100-2	0.094 2	1.338	23.7	1 346.8
C-0-4	0.094 2	0.958	33.1	1 499.2
C-25-4	0.094 2	1.079	29.4	1 490.4
C-50-4	0.094 2	1.153	27.5	1 446.7
C-75-4	0.094 2	1.229	25.8	1 426.9
C-100-4	0.094 2	1.321	24.0	1 369.9

注：α 为含钢率，$\alpha=A_s/A_c$，A_s、A_c 分别为钢管和 BFRAC 的横截面面积；ξ 为约束效应系数，$\xi=\alpha f_y/f_c$；N_u 为试件极限承载力试验值。试件命名方法：以 S/C-25-0 为例，S 是指方钢管，C 是指圆钢管，25 表示取代率为 25%，0 表示 BF 掺量为 0 kg/m^3，其他试件以此类推。

试验在微机控制电液伺服压力试验机（YAW-5000 型）上进行，最大试验力为 5 000 kN。试件安装时保证试件上下端与压力试验机上下承压板中心重合。应变由静态应变仪（uT7116）通过计算机采集。同时，在试验机上下承压板上分别布置 1 个量程为 50 mm 的位移计，加载装置和测点布置如图 5-1 所示。

试验前预加载至试件极限荷载的 10%，持荷 2 min 然后卸载，循环加载 3 次。正式加载时采用荷载分级控制。在 70%倍极限荷载之前，分级荷载取极限荷载的 1/20；达到 70%极限荷载后，分级荷载取极限荷载的1/30；达到90%极限荷载时，转为位移控制，位移极差约为3 mm。当荷载下降至极限荷载的70%或若荷载下降段不明显但压缩变形量达到6 cm时，试验结束。

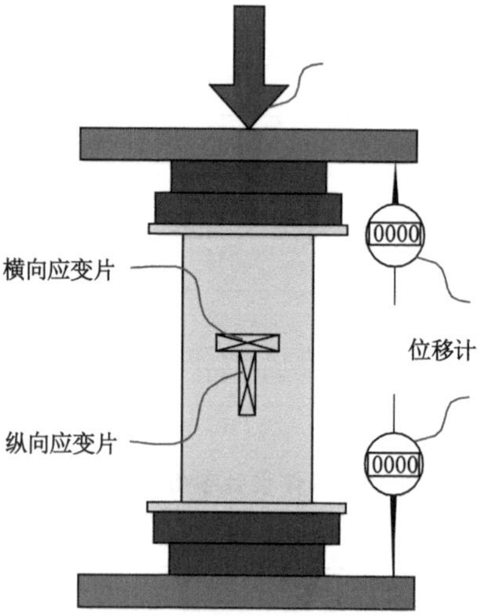

图5-1　加载装置及测点布置示意图

5.2　试验现象

加载初期，试件均处于弹性阶段；当荷载达到极限荷载的50%～60%时，圆、方钢管表面的铁锈逐渐脱落；随着荷载的增大，方钢管开始向外鼓曲；当荷载达到极限荷载的90%时，圆形试件上端出现向外鼓曲的现象，圆钢管开始屈服，并伴有微弱的劈裂声响；当荷载继续增大时，圆钢管鼓曲严重，且表面掉锈严重，逐渐形成斜鼓曲环，方钢管局部突起严重，并与角部形成全截面鼓曲环；当加载至极限荷载时，圆、方钢管壁出现第二、三道鼓曲环；继续加载至试验结束，部分试件会出现第四道鼓曲环。试件的破坏形态如图5-2所示。不论是圆钢管玄武岩纤维再生混凝土试件亦或是方钢管玄武岩纤维再生混凝土试件，外部钢管在轴心受压作用下均出现鼓曲甚至撕裂破坏，外部钢管达到了材料强度破坏的范畴。

(a) C-75-0　(b) C-0-0　(c) S-75-0　(d) S-50-0

图5-2　试件破坏形态

(e) C-0～100-2　　(f) C-0～100-4

(g) S-0～100-2　　(h) S-0～100-4

图 5-2 （续）

试验结束后，切割、剥开较为典型的破坏试件，观察试件内部核心 BFRAC 的破坏形态，如图 5-3 所示。可见，破坏的核心 BFRAC 均出现在钢管外凸形成的鼓曲环处，圆钢管玄武岩纤维再生混凝土试件的核心 BFRAC 呈压碎状态，但由于外部圆钢管的约束作用，核心 BFRAC“碎而不散”，方钢管玄武岩纤维再生混凝土试件的核心 BFRAC 出现了主斜裂缝，这主要是由于外部方钢管对核心 BFRAC 的约束力较弱。不论是圆钢管玄武岩纤维再生混凝土试件亦或是方钢管玄武岩纤维再生混凝土试件，核心 BFRAC 均发生了材料强度破坏。

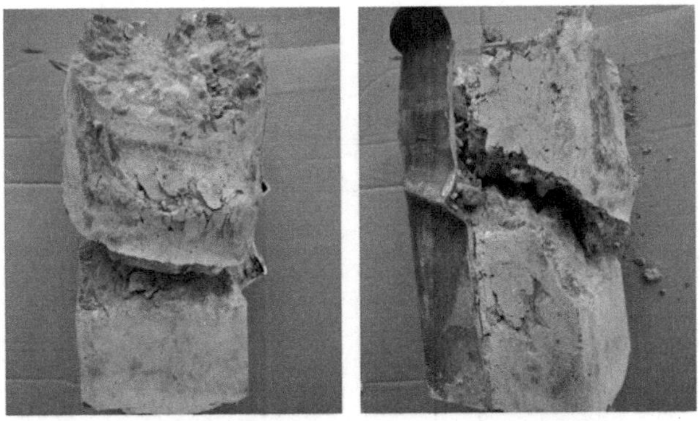

(a) 圆形截面　　(b) 方形截面

图 5-3　核心玄武岩纤维再生混凝土破坏形态

5.3 试验结果及讨论

5.3.1 荷载-轴向变形关系曲线

(1) 方形试件

试验实测的试件荷载(P)-轴向位移(Δ)关系曲线如图 5-4 所示。可见:方钢管玄武岩纤维再生混凝土轴压短柱工作过程可划分为弹性-弹塑性、骤降和塑性三个阶段。在弹性阶段,所有试件的轴向刚度基本保持不变,荷载与位移大致呈线性关系;进入弹塑性阶段之后,实测的荷载-位移关系曲线互相偏离较多。试件达到峰值承载力之后,由于试件角部方钢管屈曲明显,且此部位的 BFRAC 被压碎,实测曲线峰值荷载突然出现较大幅度的骤降。随后,试件受力曲线进入塑性阶段。此时,方钢管向外鼓曲严重,但是由于方钢管对核心混凝土的约束机理与圆钢管的接近,试件的荷载-位移关系曲线逐步回升,尤其是在加载末期,个别试件承载力几乎回升至峰值荷载水平。此外,再生粗骨料取代率对其荷载-位移关系曲线的上升段影响不大,但取代率对峰值荷载、峰值位移和塑性阶段均具有较大影响。

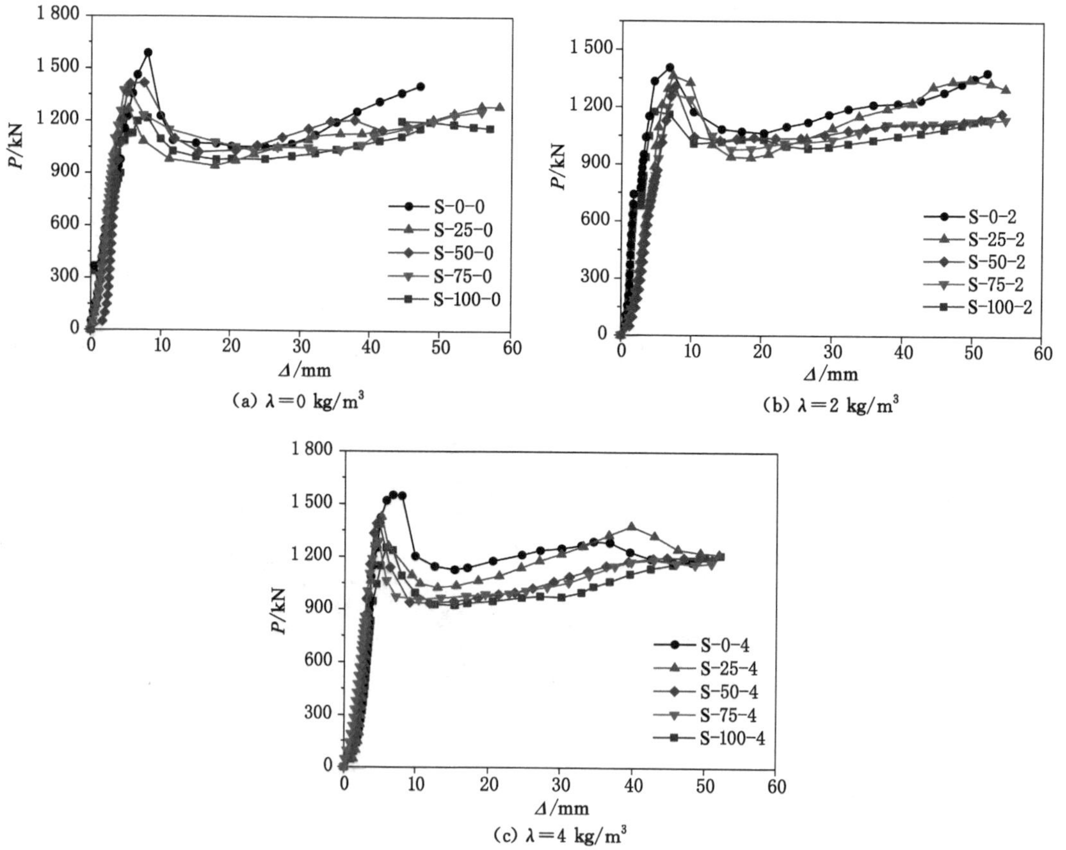

(a) $\lambda=0\ kg/m^3$ (b) $\lambda=2\ kg/m^3$ (c) $\lambda=4\ kg/m^3$

图 5-4 方形试件荷载-轴向位移关系曲线

（2）圆形试件

试验实测的试件荷载（P）-轴向位移（Δ）关系曲线如图 5-5 所示。可见：所有圆形试件在达到峰值承载力前荷载-位移关系曲线变化规律与方形试件的相似。而在达到峰值承载力之后，圆形试件实测曲线出现了平缓的下降段，试件轴向割线刚度下降较多。随后，试件进入塑性阶段，在此阶段，荷载并没有随着轴向位移的增大而出现骤降现象，实测曲线饱满且出现了较长的变形流幅，试件延性较好，轴向割线刚度变化比较平缓。此外，各影响因素对圆形试件荷载-位移关系曲线的影响规律与方形试件的一致。

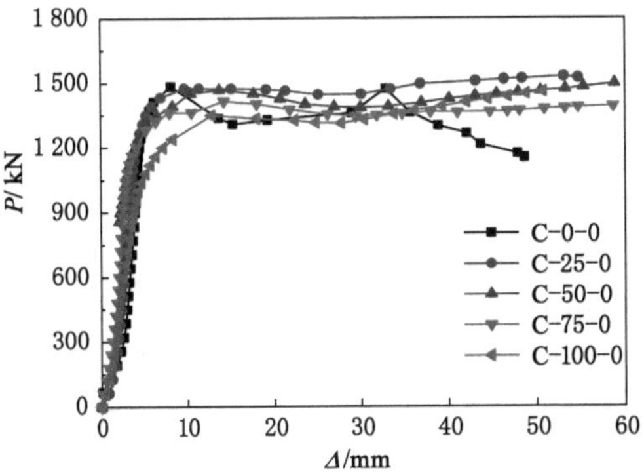

(a) $\lambda=0\ \mathrm{kg/m^3}$

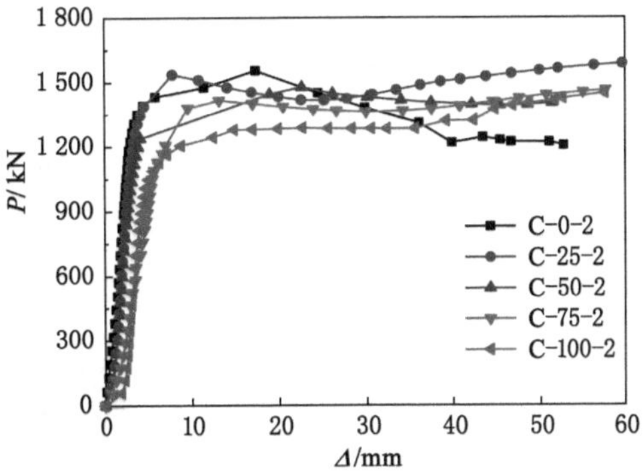

(b) $\lambda=2\ \mathrm{kg/m^3}$

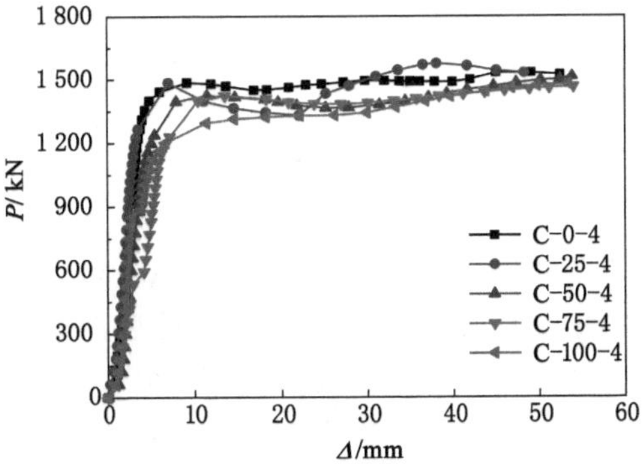

(c) $\lambda=4\ \mathrm{kg/m^3}$

图 5-5　圆形试件荷载-轴向变形关系曲线

5.3.2　荷载-应变关系曲线

通过在试件外部方钢管的中部粘贴横向应变片和纵向应变片，可实测外部方、圆钢管横向应变（ε_h）和纵向应变（ε_v）。不同纤维掺量时，试件的 P-ε 关系曲线如图 5-6 和图 5-7 所示。当荷载达到峰值荷载之后，由于应变很大，应变片出现了溢出和滑移现象，故荷载-应变关系曲线只给出了峰值荷载对应的应变。

（1）方形试件

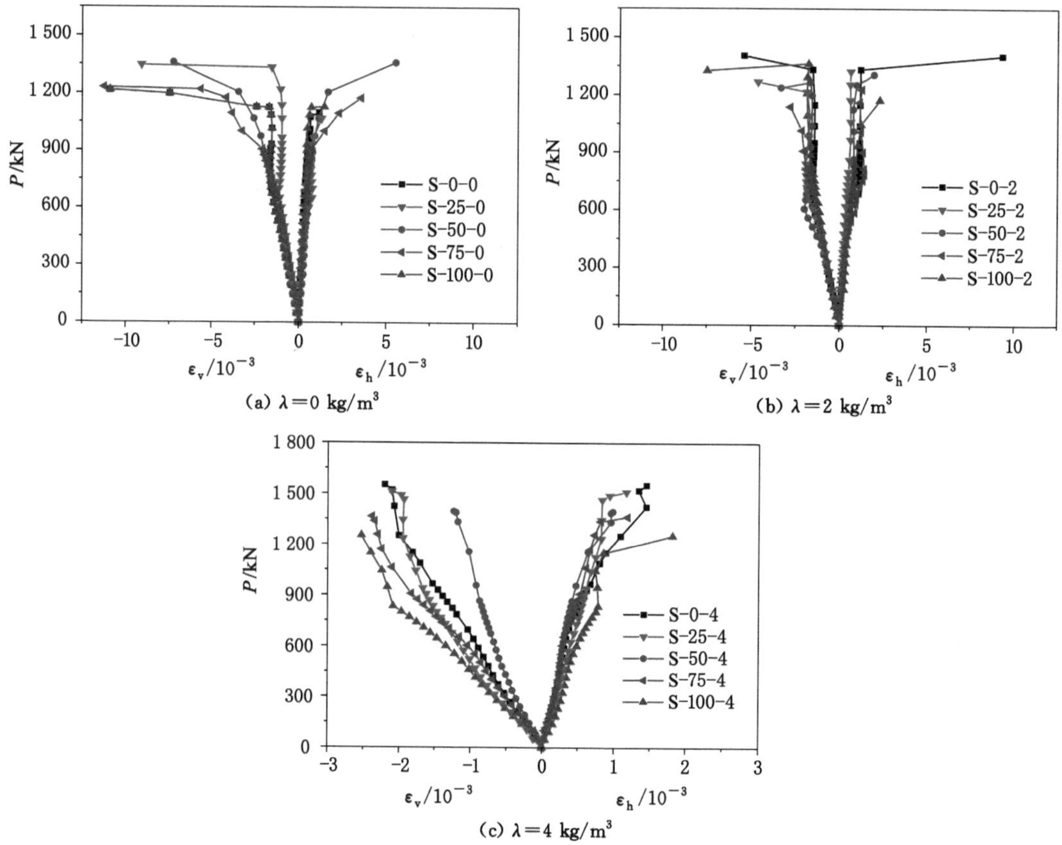

图 5-6 方形试件荷载-应变关系曲线

由图 5-6 可知：在加载初期，因方钢管对核心 BFRAC 的约束作用不强，导致环向应变较小，轴向应变和环向应变基本上均呈线性发展，但是此后前者较后者的斜率小，表明轴向应变发展速度大于环向应变的；当荷载继续增大时，BFRAC 和方钢管之间出现约束力，应变增大较快；当荷载增至峰值荷载的 70%左右时，轴向应变和环向应变均发生转折，曲线斜率显著减小，此后，尽管荷载增加不多，但是轴向和环向应变迅速增加。

同一纤维掺量时，针对不同的再生粗骨料取代率，试件荷载-应变关系曲线的特征和发展趋势大致相同，取代率对试件的荷载-应变关系曲线形状没有明显影响。所有试件在达到峰值荷载时，轴向应变和环向应变基本上达到了 $2\,500\times10^{-6}$ 左右，外部方钢管已经发挥对核心 BFRAC 的约束作用。

（2）圆形试件

由图 5-7 可知：圆形试件的荷载-应变关系曲线与方形试件的荷载-应变关系曲线变化趋势及变化规律基本一致。与方形试件不同的是，所有圆形试件在达到峰值荷载时，轴向应变和环向应变基本上达到了 $20\,000\times10^{-6}$ 左右。表明圆形钢管对核心 BFRAC 的约束效果比方形钢管的更显著。

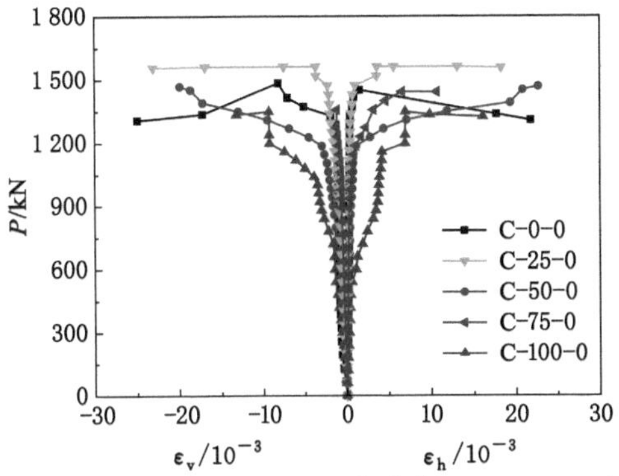

(a) $\lambda=0\ kg/m^3$

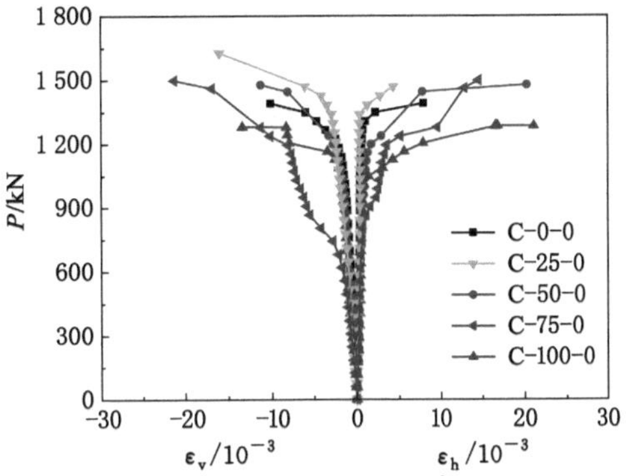

(b) $\lambda=2\ kg/m^3$

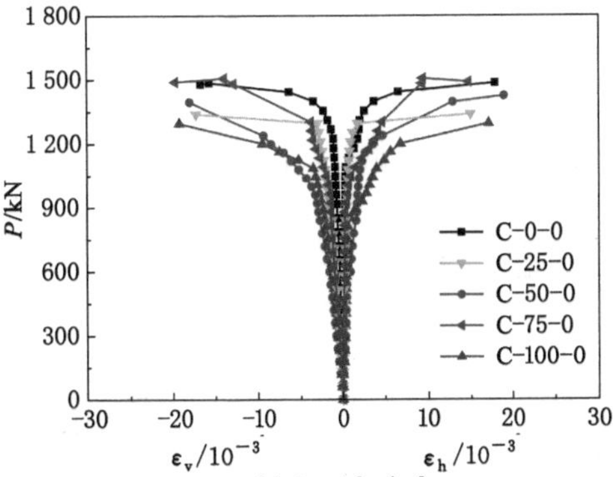

(c) $\lambda=4\ kg/m^3$

图 5-7　圆形试件荷载-应变关系曲线

5.4　轴压性能指标影响因素分析

5.4.1　峰值承载力

(1) 再生粗骨料取代率

基于表 5-3、表 5-4 实测的方形、圆形试件峰值承载力，图 5-8、图 5-9 给出了不同玄武岩掺量时方形、圆形试件的峰值承载力随取代率的变化幅度。其中，RCA-0 中 RCA 表示再生粗骨料，0 表示取代率为 0%，其他试件以此类推。

由图 5-8 可知：试件的峰值承载力随着再生粗骨料取代率的变化呈现较为显著的规律性。在同一纤维掺量下，当取代率为 0%时，试件的峰值承载力最大。随着取代率的增大，试件承载力均出现了不同幅度的下降。当 BF 掺量为 0 kg/m^3 时，试件承载力随取代率的增大而降低的幅度分别为 10.68%、1.77%、11.41%、4.12%；当 BF 掺量为 2 kg/m^3 时，试件承载力随取代率的增大而降低的幅度分别为 3.42%、4.11%、2.11%、5.61%；当 BF 掺量为 4 kg/m^3 时，试件承载力随取代率的增大而降低的幅度分别为 8.05%、2.23%、7.60%、4.03%。在同一纤维掺量下，当取代率由 75%变化至 100%时，试件承载力的下降幅度最大，其原因是：当取代率为 100%时，再生粗骨料完全取代天然粗骨料，这导致核心 BFRAC

存在较多的裂纹和微裂缝，BFRAC 的强度最低，使得方钢管对其约束的效果最差，故在宏观层面表现为试件承载力降低最多。

由图 5-9 可知：试件的峰值承载力随着再生粗骨料取代率的变化具有较显著的规律性。在同一纤维掺量下，当取代率为 0%时，试件的峰值承载力最大。随着取代率的增大，试件承载力均出现了不同幅度的下降。当 BF 掺量为 0 kg/m^3 时，试件承载力随取代率的增大而降低的幅度分别为 0.61%、0.33%、3.73%、4.12%；当 BF 掺量为 2 kg/m^3 时，试件承载力随取代率的增大而降低的幅度分别为 1.13%、4.46%、3.41%、5.03%；当 BF 掺量为 4 kg/m^3 时，试件承载力随取代率的增大而降低的幅度分别为 0.59%、2.93%、1.37%、3.99%。在同一纤维掺量下，当取代率由 75%变化至 100%时，试件承载力的下降幅度最大，其原因与方形试件的一致，再生粗骨料完全取代天然粗骨料后导致核心 BFRAC 存在最多的裂纹和微裂缝，BFRAC 的强度最低，使得钢管对其约束效果最差，故在宏观层面表现为试件承载力降低最多。

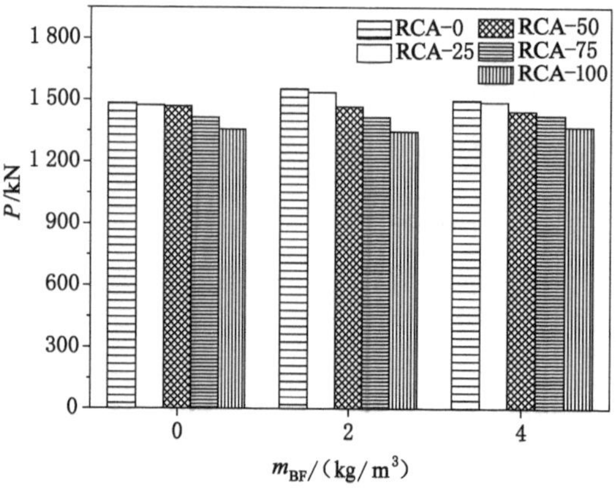

图 5-8 方形试件峰值承载力随取代率的变化

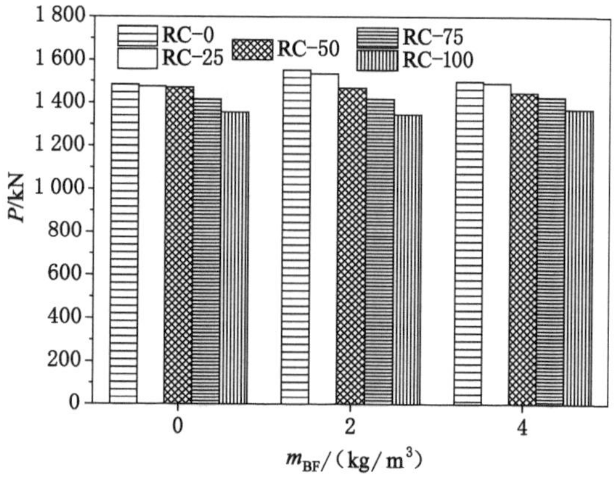

图 5-9 圆形试件峰值承载力随取代率的变化

(2) 玄武岩纤维

基于表 5-3、表 5-4 实测的方形、圆形试件峰值荷载，图 5-10、图 5-11 给出了不同再生粗骨料取代率时方形试件、圆形试件荷载与纤维掺量的关系。其中，BF-0 中 BF 表示玄武岩纤维，0 表示纤维掺量为 0 kg/m^3，其他试件以此类推。

由图 5-10 可知：对于方形试件，试件的峰值荷载并没有随着纤维掺量的变化而具有明显的规律。当纤维掺量由 0 kg/m^3 增至 2 kg/m^3 以及由 2 kg/m^3 增至 4 kg/m^3 时，RCA-0 类、RCA-25 类、RCA-50、RCA-100 类试件出现了先降后升的现象，RCA-75 类试件则是持续上升。总体上，掺加玄武岩纤维对方钢管再生混凝土短柱轴压承载力没有明显的改善。在同一取代率下，与 BF-0 试件相比，总体上 BF-2、BF-4 试件的极限承载力有所降低，且降低幅度很小。

由图 5-11 可知：对于圆形试件，试件的峰值荷载并没有随着纤维掺量的变化而具有明显的规律。当纤维掺量由 0 kg/m^3 增至 2 kg/m^3 以及由 2 kg/m^3 增至 4 kg/m^3 时，RCA-0 类和 RCA-25 类试件的峰值荷载先升后降，RCA-50 类试件的峰值荷载先保持不变后降低，RCA-75 类试件的峰值荷载持续上升，RCA-100 类试件的峰值荷载先降后升。

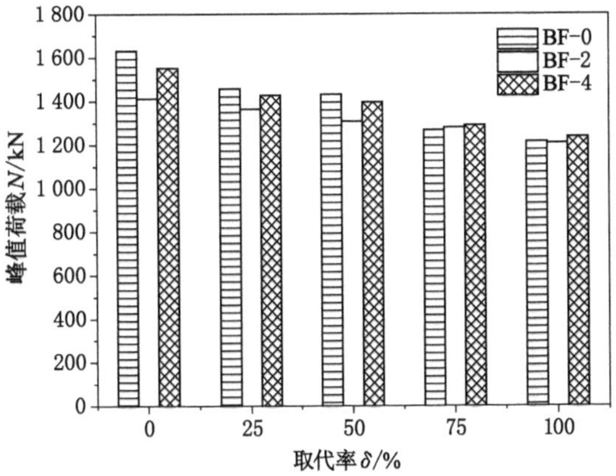

图 5-10　方形试件的峰值承载力随纤维掺量的变化

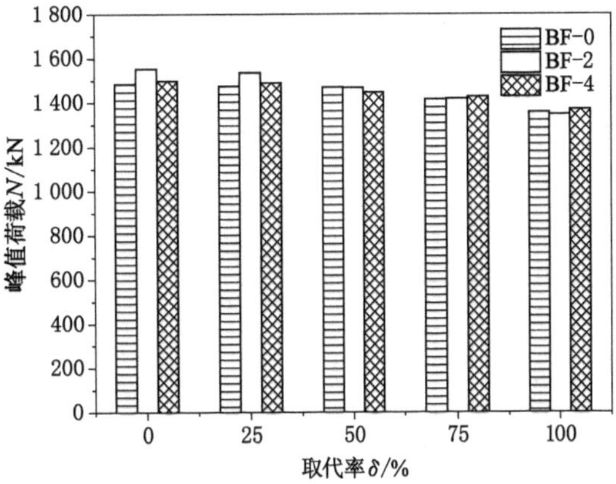

图 5-11　圆形试件的峰值承载力随纤维掺量的变化

5.4.2　谷值应力及二次峰值应力

基于图 5-4、图 5-5，定义所测应力-应变关系曲线上的首次峰值应力 σ_1、谷值应力 σ_2、二次峰值应力 σ_3。通过式(5-3)和式(5-4)定义试件承载力的退化幅度(λ_1)和回升幅度(λ_2)，从而揭示试件承载力的退化规律。方形试件、圆形试件各应力值、承载力退化幅度和回升幅度见表 5-5、表 5-6。

$$\sigma = \frac{P}{A} \tag{5-1}$$

$$\varepsilon = \frac{\Delta l}{l} \tag{5-2}$$

$$\lambda_1 = \frac{\sigma_2}{\sigma_1} \tag{5-3}$$

$$\lambda_2 = \frac{\sigma_3}{\sigma_1} \tag{5-4}$$

式中　P——竖向荷载；

A——试件横截面面积；

Δl——试件的轴向压缩位移；

l——试件高度。

表 5-5　方形试件各应力值、承载力退化幅度和回升幅度

试件编号	σ_1	σ_2	σ_3	λ_1	λ_2
S-0-0	72.50	46.84	62.46	0.65	0.86
S-25-0	64.76	45.72	55.87	0.71	0.86
S-50-0	63.61	45.44	53.69	0.71	0.84
S-75-0	56.35	41.94	53.20	0.74	0.94
S-100-0	54.03	43.51	57.54	0.81	1.06
平均值	—	—	—	0.72	0.92

表5-5(续)

试件编号	σ_1	σ_2	σ_3	λ_1	λ_2
S-0-2	62.74	47.27	61.94	0.75	0.99
S-25-2	60.60	41.50	59.77	0.68	0.99
S-50-2	58.11	45.46	51.99	0.78	0.89
S-75-2	56.88	43.38	50.53	0.76	0.89
S-100-2	53.69	43.70	50.47	0.81	0.94
平均值	—	—	—	0.76	0.94
试件编号	σ_1	σ_2	σ_3	λ_1	λ_2
S-0-4	68.97	50.12	57.34	0.73	0.83
S-25-4	63.42	45.51	61.26	0.72	0.97
S-50-4	62.01	41.51	53.33	0.67	0.86
S-75-4	57.30	42.48	52.66	0.74	0.92
S-100-4	54.99	41.05	53.88	0.75	0.98
平均值	—	—	—	0.72	0.91

表 5-6　圆形试件各应力值、承载力退化幅度和回升幅度

试件编号	σ_1	σ_2	σ_3	λ_1	λ_2
C-0-0	74.74	65.85	74.21	0.88	0.99
C-25-0	74.29	72.79	76.94	0.98	1.04
C-50-0	74.04	69.75	75.37	0.94	1.02
C-75-0	71.28	67.69	70.10	0.95	0.98
C-100-0	68.35	66.07	73.47	0.97	1.07
平均值	—	—	—	0.94	1.02
试件编号	σ_1	σ_2	σ_3	λ_1	λ_2
C-0-2	78.27	61.34	62.61	0.78	0.80
C-25-2	77.39	71.32	79.83	0.92	1.03
C-50-2	73.94	70.14	71.06	0.95	0.96
C-75-2	71.42	68.57	73.73	0.96	1.03
C-100-2	67.83	64.63	72.92	0.95	1.08
平均值	—	—	—	0.91	0.98
试件编号	σ_1	σ_2	σ_3	λ_1	λ_2
C-0-4	75.50	73.03	77.17	0.97	1.02
C-25-4	75.06	67.04	79.41	0.89	1.06
C-50-4	72.86	68.77	76.21	0.94	1.05
C-75-4	71.86	69.67	73.73	0.97	1.03

表5-6(续)

试件编号	σ_1	σ_2	σ_3	λ_1	λ_2
C-100-4	68.99	66.61	74.42	0.97	1.08
平均值	—	—	—	0.95	1.05

由表5-5可知：不同纤维掺量时，试件承载力的退化幅度λ_1的平均值均在0.71以上，表明试件在达到峰值承载力之后承载能力降低较多，试件的承载稳定性一般。试件承载力回升幅度λ_2的平均值均在0.90以上，二次峰值应力略低于首次峰值应力，这是因为在达到二次峰值点以前，鼓曲的方钢管出现应变强化现象，尽管外部方钢管鼓曲处BFRAC被压碎，但仍能与方钢管组合承担一小部分外部荷载，且不断出现的鼓曲环能够分担较多的外部荷载，使得试件在二次峰值点处的承载力得到较大的提高。

由表5-6可知：不同纤维掺量时，试件承载力的退化幅度λ_1的平均值均在0.90以上，表明试件在达到峰值承载力之后承载能力降低不多，试件的承载稳定性良好。试件承载力回升幅度λ_2的平均值均在0.97以上，二次峰值应力与首次峰值应力几乎相当，甚至略高于首次峰值应力，这是因为组合截面应力-应变关系曲线达到波谷以后，尽管外部钢管出现明显的鼓曲环，核心BFRAC被压碎，但二者重塑成形，继续参与受力，且后续出现的鼓曲环能够分担较多的外部荷载，使得试件在二次峰值点处的承载力得到较大提高。

5.4.3 耗能性能

耗能能力反映了轴压短柱试件自身吸能和耗能之间的内在联系，具有全局变量的意义，其大小常用耗能因子η表示，见式(5-5)。

$$\eta = \frac{S_{OAC\Delta_u}}{P_m \cdot \Delta_u} \tag{5-5}$$

式中，$S_{OAC\Delta_u}$为试件加载到C点时荷载与位移轴所围成的面积，即图5-12所示阴影部分面积；P_m为峰值荷载；Δ_u为试验结束时的位移。

基于试件的荷载-位移关系曲线，计算得到的试件耗能因子见表5-7、表5-8。

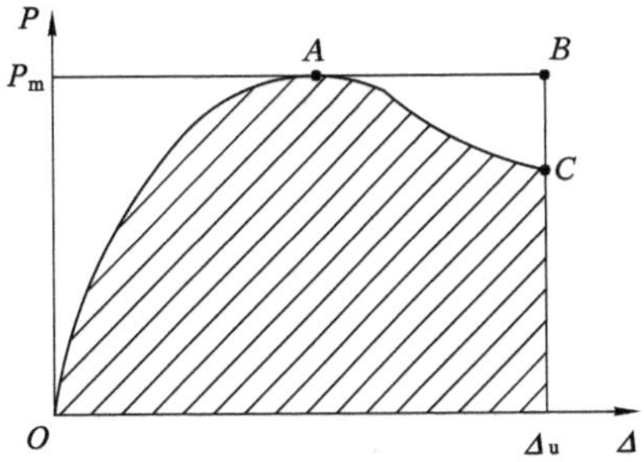

图5-12 耗能计算模型

表 5-7 圆形截面试件性能指标

试件编号	极限承载力试验值 N_u/kN	耗能因子 η	延性系数 μ	轴压刚度 K
C-0-0	1 484.0	0.831	1.87	395.40
C-25-0	1 475.0	0.841	1.99	375.64
C-50-0	1 470.2	0.854	2.09	303.84
C-75-0	1 415.4	0.866	2.18	293.88
C-100-0	1 357.1	0.867	2.26	278.67
C-0-2	1 554.2	0.854	1.89	439.10
C-25-2	1 536.7	0.866	2.03	454.85
C-50-2	1 468.2	0.869	2.10	422.45
C-75-2	1 418.1	0.885	2.28	247.17
C-100-2	1 346.8	0.886	2.37	390.06
C-0-4	1 499.2	0.876	1.93	380.64
C-25-4	1 490.4	0.885	2.13	447.45
C-50-4	1 446.7	0.888	2.20	370.12
C-75-4	1 426.9	0.889	2.30	192.57
C-100-4	1 369.9	0.890	2.48	471.59

表 5-8 方形截面试件性能指标

试件编号	极限承载力试验值 N_u/kN	耗能因子 η	延性系数 μ	轴压刚度 K
S-0-0	1 631.29	0.708	1.23	552.39
S-25-0	1 456.99	0.767	1.38	314.13
S-50-0	1 431.19	0.774	1.39	525.02
S-75-0	1 267.92	0.831	1.40	332.77
S-100-0	1 215.73	0.857	1.42	285.94
S-0-2	1 411.75	0.713	1.24	261.47
S-25-2	1 363.41	0.772	1.58	391.17
S-50-2	1 307.41	0.775	1.67	230.28
S-75-2	1 279.85	0.836	1.71	194.88
S-100-2	1 208.00	0.858	1.72	467.13
S-0-4	1 551.93	0.754	1.45	397.34
S-25-4	1 426.99	0.786	1.69	532.07
S-50-4	1 395.22	0.793	1.78	477.37
S-75-4	1 289.19	0.837	1.81	361.39
S-100-4	1 237.22	0.879	1.92	390.39

基于表 5-7 和表 5-8 计算得到的耗能因子，图 5-13 给出了试件的耗能能力随再生粗骨料取代率、纤维掺量的变化情况。

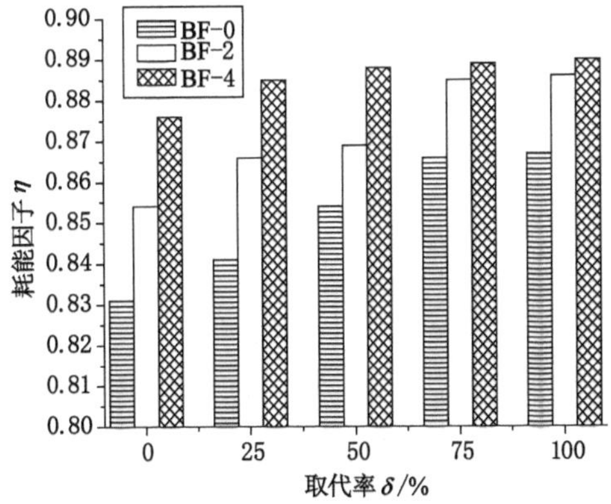

(a) 圆形截面试件

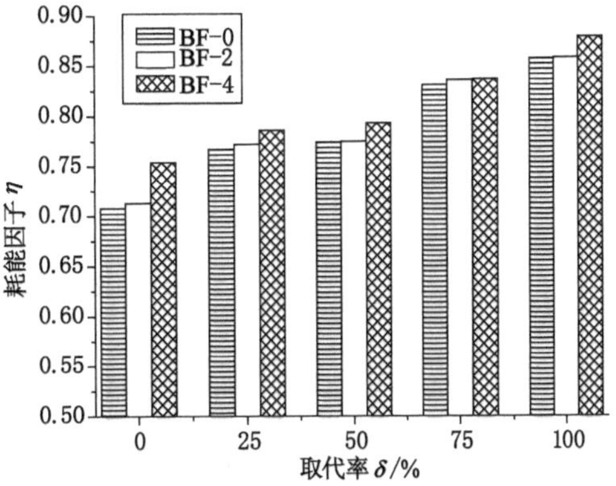

(b) 方形截面试件

图 5-13　试件耗能因子与取代率、纤维掺量关系

由图 5-13 可知：圆形截面试件和方形截面试件的耗能随再生粗骨料取代率的增大均呈现稳步提升的规律。当 BF 掺量为 0 kg/m³ 时，圆形截面试件的耗能因子随取代率增大而提高的幅度分别为 1.20%、1.55%、1.41%、0.12%，方形截面试件的耗能因子随取代率增大而提高的幅度分别为 8.33%、0.91%、7.36%、3.13%；当 BF 掺量为 2 kg/m³ 时，圆形截面试件的耗能因子随取代率增大而提高的幅度分别为 1.41%、0.35%、1.84%、0.11%，方形截面试件的耗能因子随取代率增大而提高的幅度分别为 8.27%、0.39%、7.87%、2.63%；当 BF 掺量为 4 kg/m³ 时，圆形截面试件的耗能因子随取代率增大而提高的幅度分别为 1.03%、0.34%、0.11%、0.11%，方形截面试件的耗能因子随取代率增大而提高的幅度分别为 4.24%、0.89%、5.55%、5.02%。其原因：一方面，随着取代率的增大，粗骨料附带的水泥基体含量也随之增加，其强度显然不如骨料强度，在轴向荷载作用下附加的水泥基体被压酥，骨料之间会发生摩擦，从而增加内能的消耗；另一方面，再生粗骨料及其附带的水泥基体存在较多的裂纹和微裂缝，在轴压作用下，裂纹和微裂缝闭合的过程吸收了较多能量。

由图 5-13 还可知：圆形截面试件和方形截面试件的耗能随玄武岩纤维掺量的增大均呈现增大的规律。当纤维掺量由 0 kg/m³ 增加至 2 kg/m³ 时，RC-0、RC-25、RC-50、RC-75、RC-100 的圆形截面试件耗能因子提高的幅度分别为 2.77%、2.97%、1.76%、2.19%、2.19%，方形截面试件耗能因子提高的幅度分别为 0.71%、0.65%、0.13%、0.60%、0.12%；当纤维掺量由 2 kg/m³ 增至 4 kg/m³ 时，RC-0、RC-25、RC-50、RC-75、RC-100 的圆形截面试件耗能因子提高的幅度分别为 2.58%、2.19%、2.19%、0.45%、0.45%，方形截面试件耗能因子提高的幅度分别为 5.75%、1.81%、2.32%、0.12%、2.45%。这是因为纤维在内部核心混凝土中起到了连接的作用，具有增韧阻裂的效果，纤维的断裂消耗了一部分内能，从而导致耗能的增加。

5.5　试件无量纲化受压应力-应变关系曲线分析

基于实测的应力-应变关系曲线，对其进行归一化处理。以 $\varepsilon/\varepsilon_u$ 为横轴、以 σ/σ_u 为竖轴的无量纲化应力-应变关系曲线如图 5-14 所示。

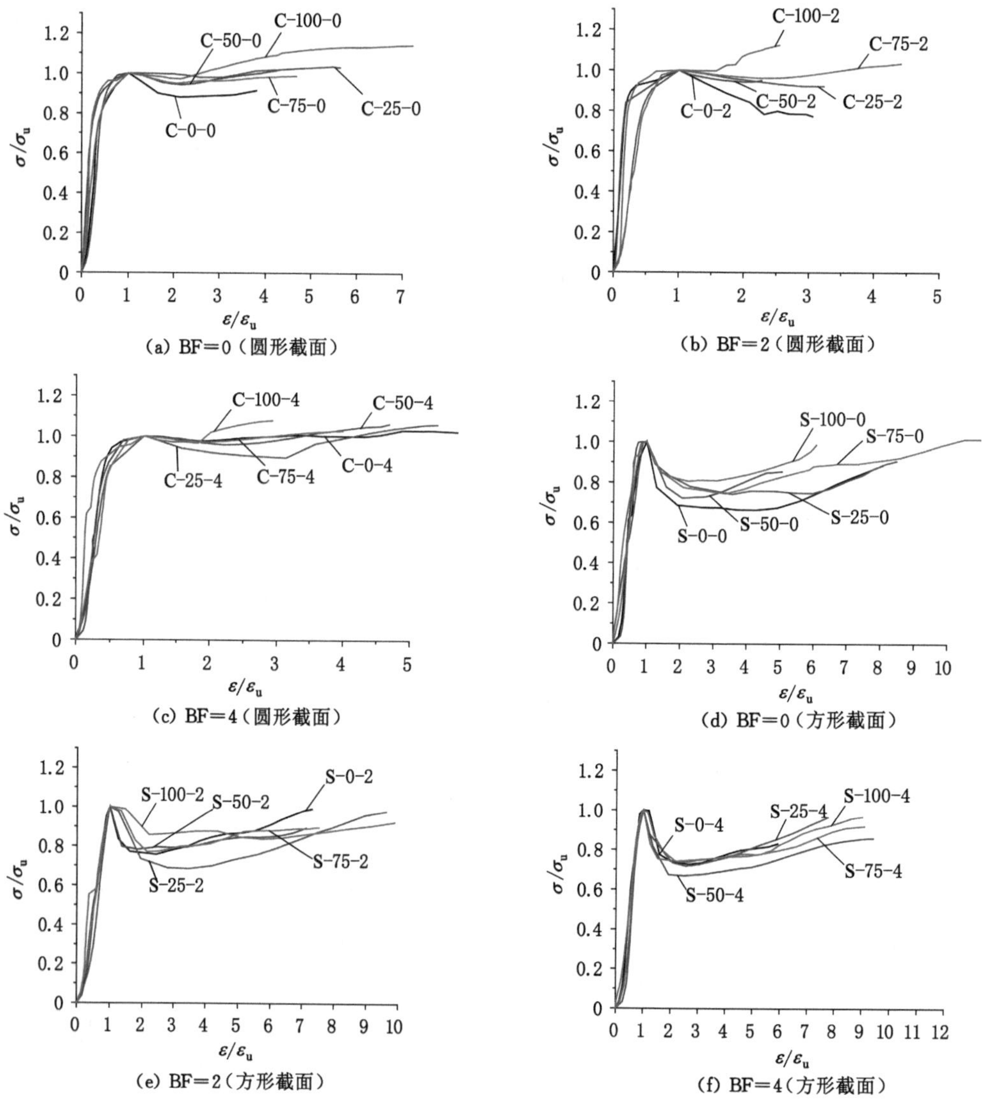

图 5-14　无量纲应力-应变关系曲线

由图 5-14(a)、图 5-14(b)、图 5-14(c)可知：圆形截面试件的曲线均可分为上升段、屈服段，按式(5-6)所示函数表达式对各阶段进行拟合。

$$\begin{cases} Y = aX & (X < x_A) \\ Y = X^b & (x_A \leqslant X < 1) \\ Y = cX^2 + dX + e & (1 \leqslant X) \end{cases} \tag{5-6}$$

式中，$X=\varepsilon/\varepsilon_u$，$Y=\sigma/\sigma_u$，$\varepsilon_u=\varepsilon_{scy}$，$\sigma_u=f_{scy}$；$a$ 为上升段控制参数，经试验数据拟合，取 $a=1.8$，$x_A=0.45$。

对影响试件工作机理和力学性能的因素进行分析，参照以往钢管混凝土相关的研究，考虑取代率对试件的组合峰值应力和组合峰值应变的影响，得到试件的应力-应变关系曲线表达式，如式(5-7)至式(5-9)所示。

由试件轴压荷载的试验结果可知：再生粗骨料取代率对其应力-应变关系曲线的上升段影响不大，但粗骨料取代率对峰值应变具有较大影响，且后者随前者的增大有增大的趋势。

$$\begin{cases}\sigma = \dfrac{1.8\varepsilon f_{scy}}{\varepsilon_{scy}} & (\varepsilon < 0.45\varepsilon_{scy}) \\ \sigma = \left(\dfrac{\varepsilon}{\varepsilon_{scy}}\right)^{0.15} f_{scy} & (0.45\varepsilon_{scy} \leqslant \varepsilon < \varepsilon_{scy}) \\ \sigma = \left[0.02\left(\dfrac{\varepsilon}{\varepsilon_{scy}}\right)^2 - 0.07\left(\dfrac{\varepsilon}{\varepsilon_{scy}}\right) + 1.08\right] f_{scy} & (\varepsilon_{scy} \leqslant \varepsilon)\end{cases} \tag{5-7}$$

$$f_{scy} = \eta(1.212 + B\xi + C\xi^2) f_c \tag{5-8}$$

$$\varepsilon_{scy} = \varphi[1\ 300 + 14.93 f_c + 1\ 400 + 40(f_c - 20)]\xi^{0.99} \tag{5-9}$$

式中，$B = 0.175\ 9 f_y/215 + 0.974$；$C = -0.103\ 8 f_c/20 + 0.0309$；$f_{scy}$ 为试件强度指标；ε_{scy} 为试件强度指标 $f_{scy}/(10^{-6})$ 对应的应变；f_c 为混凝土轴心抗压强度；ξ 为套箍系数；η、φ 为计算值修正系数。

考虑到纤维掺量的影响，引入参数 ψ，经拟合分析得到计算值修正系数 η、φ 分别与取代率和纤维掺量的函数关系式。

$$\eta = (0.028\lambda - 0.26)\delta^2 + (-0.03\lambda + 0.32)\delta + (-0.01\lambda^2 + 0.036\lambda + 1.046) \quad (R^2 = 0.902\ 5) \tag{5-10}$$

$$\varphi = (-0.014\lambda + 0.66)\delta + (-0.019\lambda + 3.35) \quad (R^2 = 0.953\ 4) \tag{5-11}$$

图5-15给出了典型试件的计算曲线和实测曲线对比，可见利用式(5-12)至式(5-14)计算得到的应力-应变关系曲线与试验曲线总体吻合较好。

由图5-14(d)、图5-14(e)、图5-14(f)可知：方形截面试件的曲线均可以分为上升段、下降段、回升段三个阶段，利用最小二乘法按式(5-12)的函数表达式对各阶段进行拟合：

$$\begin{cases}Y = (a-2)X^3 + (3-2a)X^2 + aX & (X < 1) \\ Y = \dfrac{X^3}{X^3 + b(X-1)^3 + (X-1)^2} & (1 < X \leqslant x_B) \\ Y = cX + d & (x_B \leqslant X)\end{cases} \tag{5-12}$$

式中，$X = \varepsilon/\varepsilon_u$，$Y = \sigma/\sigma_u$，其中，$\varepsilon_u = \varepsilon_{scy}$，$\sigma_u = f_{scy}$；$x_B$ 为谷值应变与峰值应变的比值，其变化范围为2.0～4.3，建议取 $x_B = 3.3$；参数 a 的范围为0.2～1.8，建议取0.67；参数 b 的范围是0.64～2.3，建议取0.68；建议 c 取0.044；建议 d 取0.581。

考虑到再生粗骨料取代率对试件力学性能的影响，拟合出试件的组合峰值应力和组合峰值应变与取代率变化的计算公式，最后推导出关于方形截面试件的应力-应变关系曲线，表达式如式(5-13)至式(5-15)所示。

$$\begin{cases}\sigma = \dfrac{1}{\varepsilon_{scy}^3}[-1.33\varepsilon^3 + 1.66\varepsilon_{scy}\varepsilon^2 + 0.67\varepsilon_{scy}^2\varepsilon] f_{scy} & (0 \leqslant \varepsilon < \varepsilon_{scy}) \\ \sigma = \dfrac{\varepsilon^3}{\varepsilon^3 + 0.68(\varepsilon - \varepsilon_{scy})^3 + (\varepsilon - \varepsilon_{scy})^2\varepsilon_{scy}} f_{scy} & (\varepsilon_{scy} \leqslant \varepsilon < 3.3\varepsilon_{scy}) \\ \sigma = \left(0.044\dfrac{\varepsilon}{\varepsilon_{scy}} + 0.581\right) f_{scy} & (3.3\varepsilon_{scy} \leqslant \varepsilon)\end{cases} \tag{5-13}$$

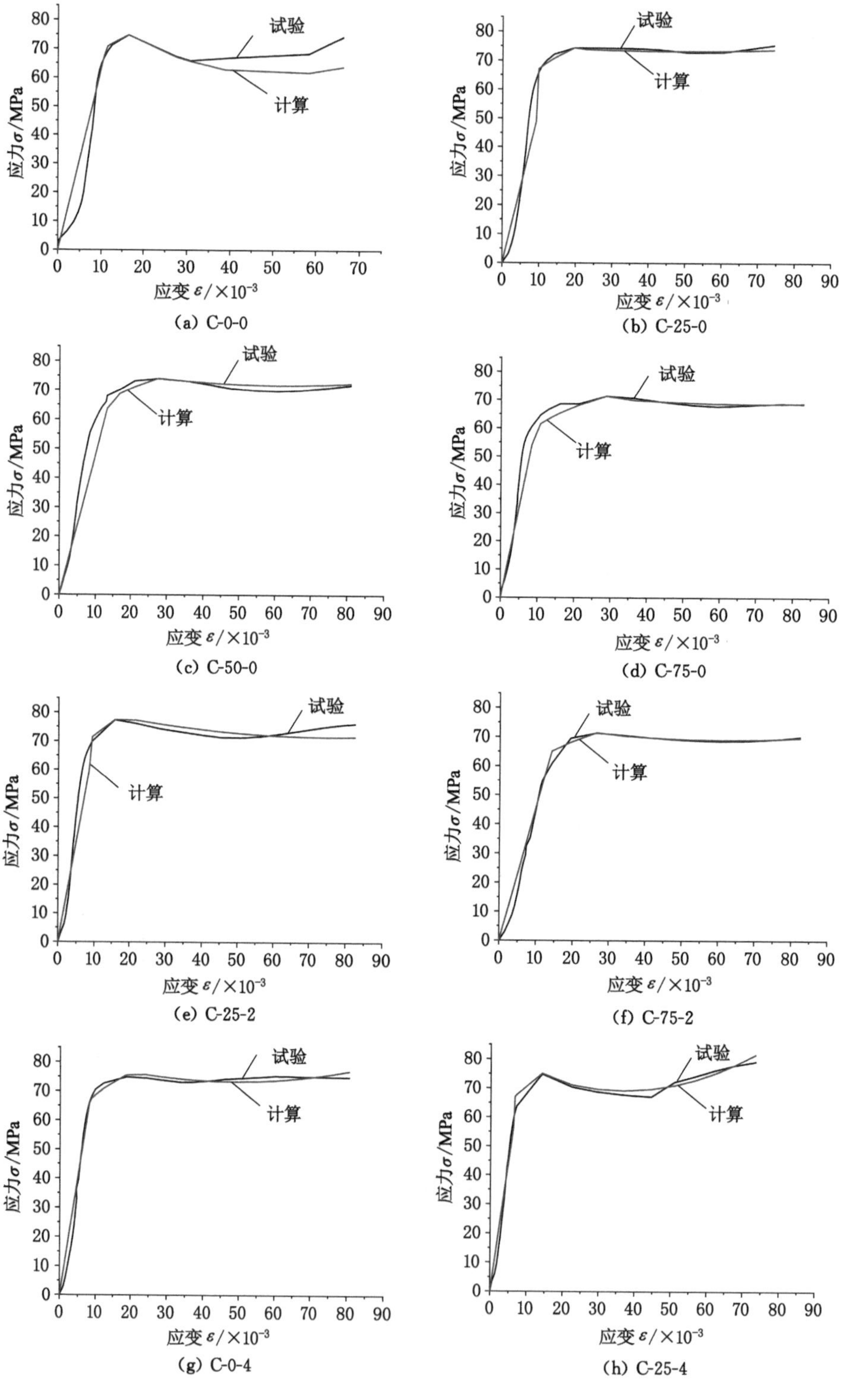

(a) C-0-0　(b) C-25-0　(c) C-50-0　(d) C-75-0　(e) C-25-2　(f) C-75-2　(g) C-0-4　(h) C-25-4

图 5-15　典型试件的应力-应变试验与理论计算曲线对比

$$f_{scy}=\eta(1.212+B\xi+C\xi^2)f_c \tag{5-14}$$

$$\varepsilon_{scy}=\varphi[1\,300+14.93f_c+1\,380+36(f_c-15)]\xi^{0.99} \tag{5-15}$$

式中，$B=0.131f_y/235+0.723$；$C=-0.07f_c/20+0.0262$；σ 为试件组合应力；ε 为试件组合应变；f_{scy} 为试件强度指标；ε_{scy} 为试件强度指标 f_{scy} 对应的应变；f_c 为混凝土轴心抗压强度；ξ 为套箍系数；η、φ 为计算值修正系数；δ 为取代率。

考虑到纤维掺量的影响，引入参数 ψ，拟合分析得到了计算值修正系数 η、φ 分别与取代率和纤维掺量的函数关系式。

$$\eta=(0.02\lambda+0.098)\delta+0.012\lambda^2-0.072\lambda+1.267\quad(R^2=0.825\,6) \tag{5-16}$$

$$\varphi=(-0.149\lambda^2+0.608\lambda-1.874)\delta+(-0.193\lambda^2+0.642\lambda+5.269)\quad(R^2=0.854\,9) \tag{5-17}$$

图 5-16 给出了部分试件拟合后的应力-应变关系曲线与试验的应力-应变关系曲线。可见，按照式(5-13)至式(5-15)计算得到的方形截面试件在轴向荷载作用下的应力-应变关系与试验结果吻合较好。

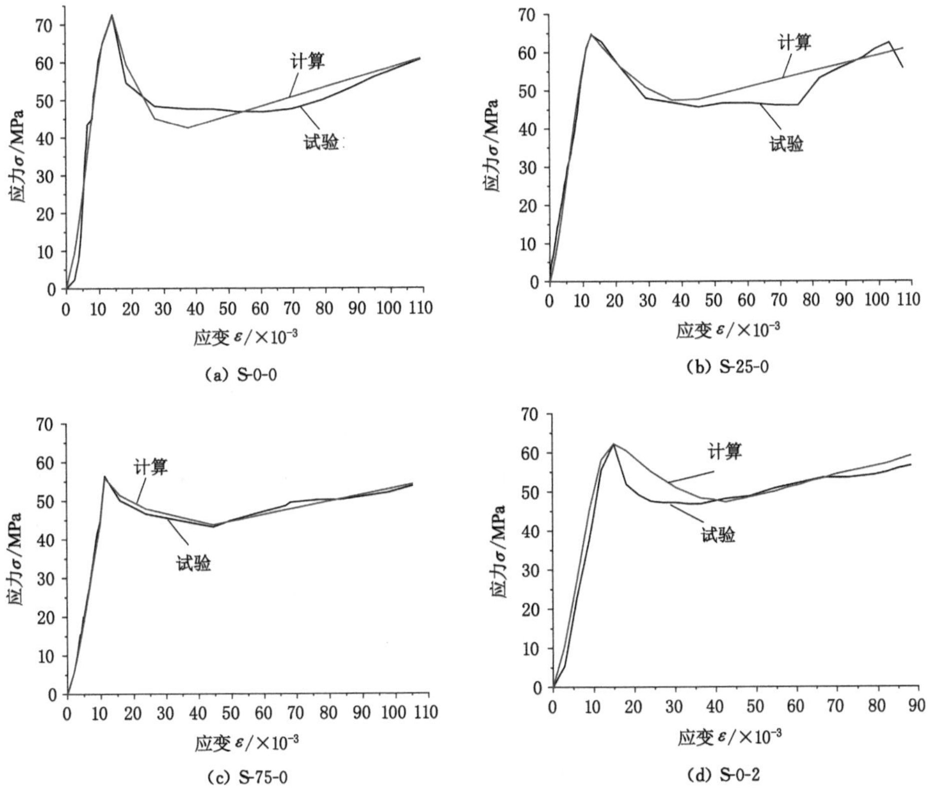

图 5-16　部分试件的试验与理论计算应力-应变关系曲线对比

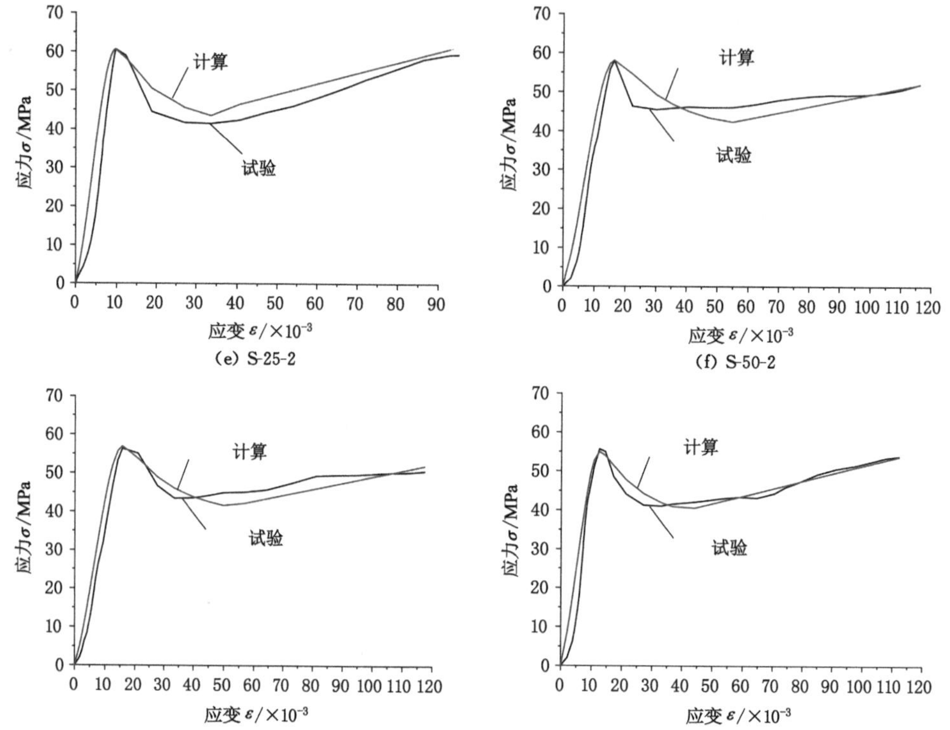

(e) S-25-2　(f) S-50-2　(g) S-75-2　(h) S-100-4

图 5-16 （续）

5.6　本章结论

在本章的设计参数变化范围内，对 30 个方形、圆形钢管玄武岩再生混凝土短柱试件开展了轴压性能试验与应力-应变关系曲线分析，主要得到以下结论：

（1）在轴心受压荷载作用下，不论是圆形钢管玄武岩纤维再生混凝土试件还是方形钢管玄武岩纤维再生混凝土试件，外部圆形、方形钢管均出现了鼓曲甚至撕裂破坏；圆形试件核心 BFRAC 呈压碎的破坏状态，但是“碎而不散”，方形试件核心 BFRAC 出现了主斜裂缝。钢管玄武岩纤维再生混凝土试件的破坏形式属于强度破坏。

（2）随着取代率的增大，试件承载力均呈现逐渐降低的趋势，玄武岩纤维掺量的变化对试件的承载力的影响不大。圆形、方形钢管玄武岩纤维再生混凝土试件的耗能因子随再生粗骨料取代率的增大而增大，随玄武岩纤维掺量的增加而增大。

（3）通过引入再生粗骨料取代率和玄武岩纤维掺量影响因子，建立了钢管玄武岩纤维再生混凝土短柱轴压应力-应变关系曲线方程，且计算曲线与试验实测曲线吻合较好。

第 6 章　钢管玄武岩纤维再生混凝土短柱偏压性能研究

6.1　试验概况

6.1.1　试验原材料

本试验所采用的原材料与轴压试验一致，见 5.1.1 小节。

6.1.2　试件设计及制作

本试验 BFRAC 试件制作方法与轴压试验一致，见 5.1.2 小节。本试验设计 3 种（0%、50%、100%）再生粗骨料取代率（δ）、3 种（0 kg/m^3、2 kg/m^3、4 kg/m^3）玄武岩纤维掺量（m_{BF}）、3 种核心再生混凝土强度等级（C30、C40、C50）以及 2 种（方形：40 mm、80 mm，圆形：35 mm、70 mm）偏心距（e）。以试件 SE-50%-2-40-C40 为基准，其余试件为对比试件。各试件设计参数见表 6-1、表 6-2。

表 6-1　方形试件参数及试验数据

试件编号	L/mm	$B\times t$/mm	e/mm	α	f_y/kN	f_{ck}/kN	ξ	P_u/kN
SE-0%-2-40-C40	400	120×3.5	40	0.128	417.52	37.21	1.44	900
SE-50%-2-40-C40	400	120×3.5	40	0.128	417.52	33.52	1.60	884
SE-100%-2-40-C40	400	120×3.5	40	0.128	417.52	30.60	1.75	841
SE-50%-0-40-C40	400	120×3.5	40	0.128	417.52	33.13	1.61	874
SE-50%-4-40-C40	400	120×3.5	40	0.128	417.52	35.83	1.49	826
SE-50%-2-40-C30	400	120×3.5	40	0.128	417.52	27.52	1.94	772
SE-50%-2-40-C50	400	120×3.5	40	0.128	417.52	43.12	1.24	895
SE-50%-2-80-C40	400	120×3.5	80	0.128	417.52	33.51	1.60	628

表 6-2　圆形试件参数及试验数据

试件编号	L/mm	$B\times t$/mm	e/mm	α	f_y/kN	f_{ck}/kN	ξ	P_u/kN
CE-0%-2-35-C40	380	114×3.5	35	0.135 1	318.76	37.2	1.16	653
CE-50%-2-35-C40	380	114×3.5	35	0.135 1	318.76	33.5	1.29	685
CE-100%-2-35-C40	380	114×3.5	35	0.135 1	318.76	30.6	1.41	677

表6-2(续)

试件编号	L/mm	$B\times t$/mm	e/mm	α	f_y/kN	f_{ck}/kN	ξ	P_u/kN
CE-50%-0-35-C40	380	114×3.5	35	0.135 1	318.76	33.1	1.30	698
CE-50%-4-35-C40	380	114×3.5	35	0.135 1	318.76	35.8	1.20	618
CE-50%-2-35-C30	380	114×3.5	35	0.135 1	318.76	27.5	1.57	620
CE-50%-2-35-C50	380	114×3.5	35	0.135 1	318.76	43.1	1.00	711
CE-50%-2-70-C40	380	114×3.5	70	0.135 1	318.76	33.5	1.29	462

注：L、B、t 分别为钢管长度、截面边长、钢管壁厚；e 为偏心距；f_y、f_{ck}、N_u 分别为钢材屈曲强度、核心 BFRAC 轴心抗压强度、试件的峰值荷载；α 为含钢率，$\alpha = A_s/A_c$；ξ 为约束效应系数，$\xi = \alpha f_y/f_{ck}$；基准试件 CE-50%-2-35-C40，CE 表示偏压试件，50%表示再生混凝土取代率，2 表示玄武岩纤维掺量为 2 kg/m^3，35 表示偏压试件的偏心距为 35 mm，C40 表示核心再生混凝土强度等级；其他试件以此类推。

6.1.3 试件加载及测量

在加载试件之前需要在钢管外壁环向和轴向共粘贴 7 个应变片，为了消除表面不平整引起的误差，贴片前将贴片位置打磨光滑。此外，沿试件 1/4、1/2、3/4 高度处设置了 3 个水平位移计，以测得试件侧向挠度，试件轴向设置一个位移计测量轴向位移。本试验采用最大试验力为 5 000 kN 的电液伺服压力试验机开展试验。正式加载前需进行预加载，参考文献(Sun 等，2017)预加载的荷载值为 $0.2P'_u$(P'_u 为预估极限荷载)。

采用荷载-位移混合控制加载制度，首先采用分级荷载加载，每级加载值取 $P'_u/15$，每级持荷 2 min；接近 $0.9P'_u$ 时改为位移控制，控制位移级差为 2 mm。安全起见，偏压试件在荷载下降至极限荷载 80%以下时，结束试验。测点布置及加载装置如图 6-1 所示。

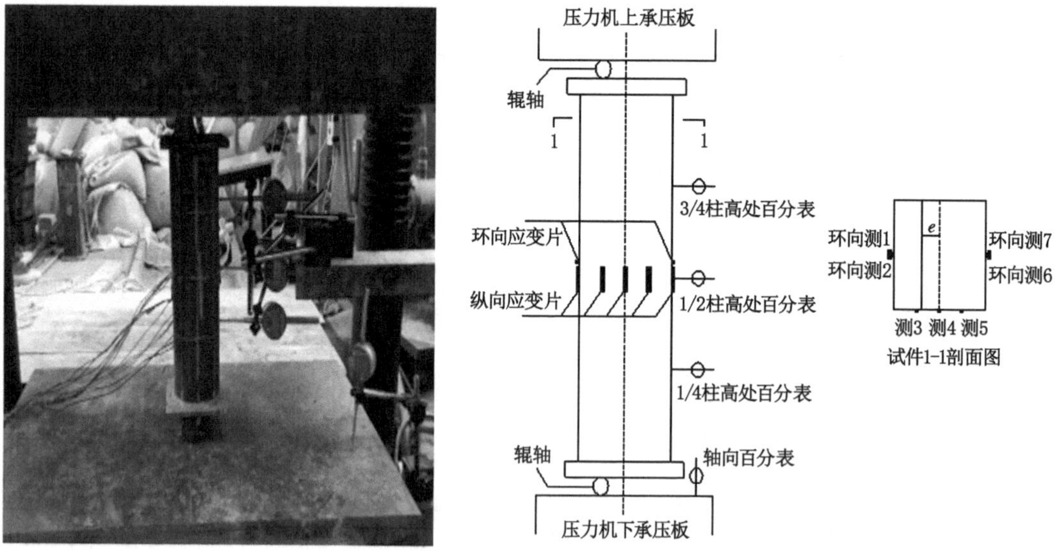

(a) 加载装置实图

图 6-1　加载装置

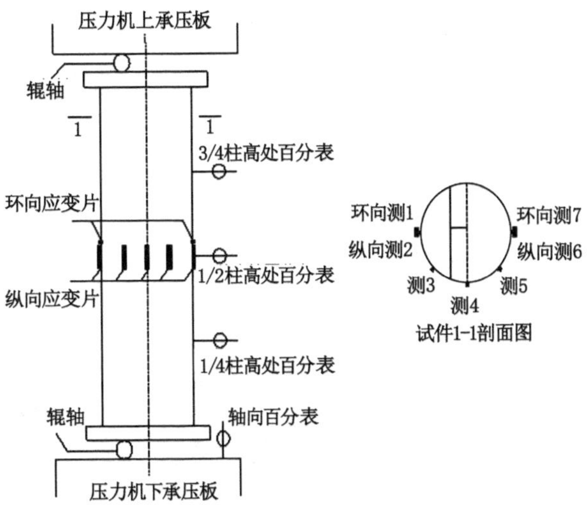

(b) 加载装置示意图

图 6-1 （续）

6.2 试验结果及分析

6.2.1 加载过程及破坏形态

（1）方形试件

在试件加载前期，试件的纵向变形和挠度随荷载的增大线性增加，试件外观无明显变化，试件处于弹性阶段；当荷载达到峰值荷载的 70%～80%时，方钢管表面开始出现轻微鼓曲，已进入弹塑性阶段；当荷载达到峰值荷载为 90%后，试件已进入破坏阶段，方钢管表面多处出现明显的局部鼓曲。随着加载继续进行，当荷载降至峰值荷载的 70%左右时，停止加载。试件外部方钢管的最终破坏形态如图 6-2(a)所示。可见，外部方钢管多处出现鼓曲破坏，属于材料强度破坏范畴，在试件中上部产生了较大的侧向变形。将破坏后的试件外部钢管切开，观察内部 BFRAC 的破坏形态，如图 6-2(b)所示。可见，试件上下端部核心 BFRAC 破坏较轻，而在方钢管鼓曲处及侧向变形较大的部位，核心 BFRAC 碎裂严重，已无法与外部方钢管协同参与受力。

（2）圆形试件

开始加载时，试件的外观无明显变化，此时钢管柱与 BFRAC 之间所受的应力较小试件处于弹性阶段；当荷载达到极限荷载的 70%时，BFRAC 横向变形逐渐增加，并受到钢管柱的约束作用，钢管出现掉锈现象并偶然伴有内部 BFRAC 开裂的噼啪声；随着荷载增大到 90%P_u 附近时，试件出现明显的侧向弯曲和轴向变形，出现明显的鼓曲现象；当荷载降至极限承载力的 70%左右时，停止加载。偏压试件最终的破坏形态如图 6-3(a)所示，偏压短柱钢管鼓曲主要集中在试件中部附近，试件在破坏时发生弯曲屈曲，破坏特征具有明显的材料破坏特征。将破坏后的试件外包钢管切开，内部的核心 BFRAC 破坏形态如图 6-3(b)和图 6-3(c)所示。可见，偏

(a) 方钢管破坏形态

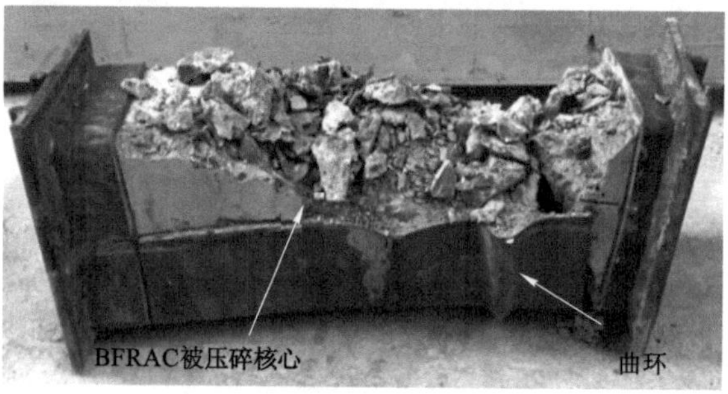

(b) 典型试件核心BFRAC破坏形态

图 6-2　方形试件偏压破坏形态

压试件中部核心 BFRAC 存在许多横向的裂缝，部分裂缝的宽度较大，核心 BFRAC 碎裂严重，表明试件无法继续承载，试件属于强度破坏。其破坏形态如图 6-3 所示。

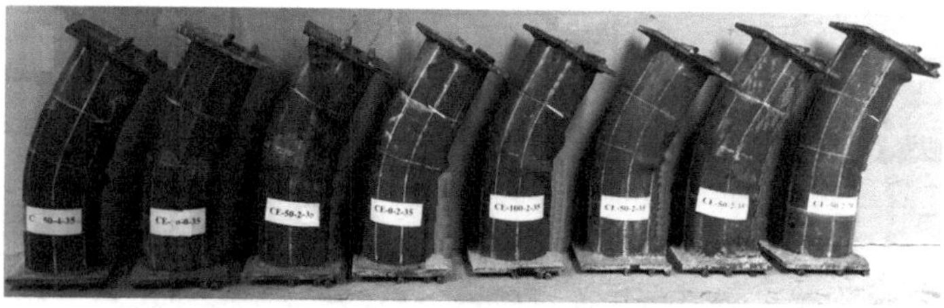

(a) 圆钢管破坏形态

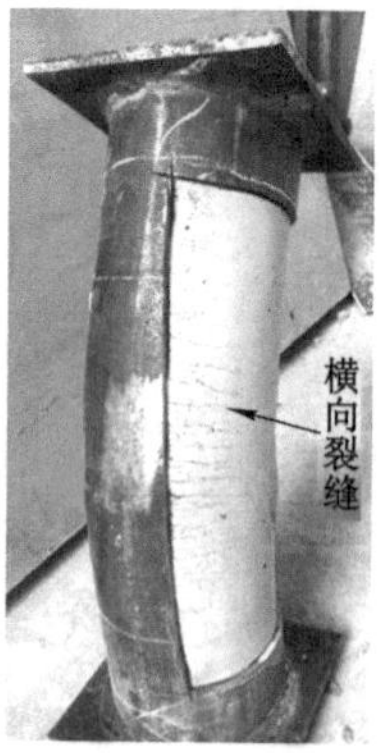

(b) 内部受拉区BFRAC

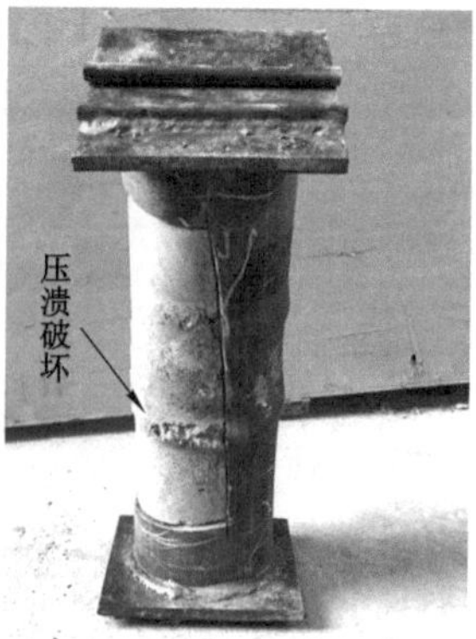

(c) 内部受压区BFRAC

图 6-3　圆形试件偏压破坏形态

6.2.2　荷载-轴向位移关系曲线

（1）方形试件

通过轴向百分表实测方钢管 BFRAC 偏压短柱试件的轴向位移，获取了不同设计参数时试件的荷载-轴向位移关系曲线，如图 6-4 所示。所有试件的荷载-轴向位移关系曲线均由三个阶段组成，即弹性阶段、弹塑性阶段和塑性下降阶段。在弹性阶段，荷载与轴向位移基本呈线性关系，试件的轴向位移增加缓慢，随着持续加载，试件进入弹塑性阶段，此阶段轴向位移增加开始变快，而荷载的增长速度变慢，逐渐达到曲线峰值点。峰值点后，曲线进入塑性下降阶段，位移迅速增长，试件承载力开始降低，但是荷载-位移关系曲线下降段趋于平缓，延性较好。

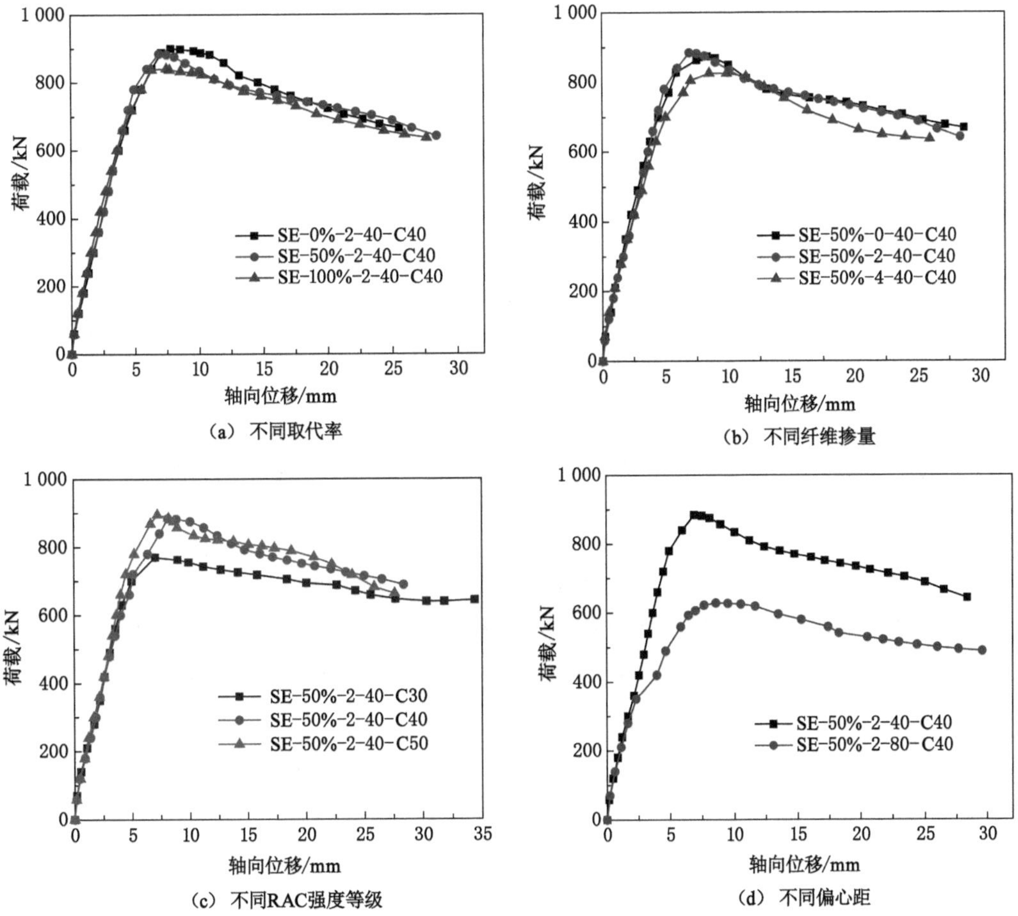

图 6-4　方钢管 BFRAC 偏压短柱试件荷载-轴向位移关系曲线

由图 6-4(a)可知：随着取代率的增大，各试件峰值承载力和峰值位移逐渐降低，当取代率为 0%时，试件峰值位移最大，体现出良好的变形能力。由图 6-4(b)可知：当玄武岩纤维掺量为 2 kg/m^3 时，试件峰值承载力最大，但与不掺玄武岩纤维相比承载力相差微小，其原因：玄武岩纤维主要用于提高变形能力，其增韧阻裂主要表现为核心再生混凝土出现裂缝后起到“桥梁搭接”的作用，并抑制再生混凝土裂缝的发展，使得试件下降段表现出较好的延性，所以，当试件纤维掺量分别为 0 kg/m³ 和 2 kg/m³ 时，二者的下降段曲线较缓但承载力相差微小。当玄武岩纤维掺量为 4 kg/m³ 时，曲线下降段反而较陡，其原因：玄武岩纤维掺量增加后，核心再生混凝土因其流动性容易造成玄武岩纤维凝结成团，其内部形成的三维网状结构不够稳定，当核心再生混凝土达到极限强度后，核心再生混凝土中裂缝会垂直于玄武岩纤维开展，由于玄武岩纤维凝结成团，纤维抗拉性能减弱，不能够有效地将荷载传递给裂缝两侧的再生混凝土，其抑制裂缝的扩展和阻裂作用减弱，所以，下降段曲线较 0 kg/m³ 和 2 kg/m³ 时的陡。由图 6-4(c)可知：不同强度等级时，试件的荷载-轴向位移关系曲线上升段斜率基本一致，表明各个试件的初始轴压刚度变化不大；试件的峰值承载力随着核心 RAC 强度等级的提高而增大；峰值点后，RAC 强度等级越高的曲线下降越陡，其原因：RAC 强度等级提高后，材料脆性变强，在外部荷载作用下 RAC 容易被压碎，导致试件承载力下降速率较快。由图 6-4(d)可知：不同偏心距时，试件荷载-轴向位移关系曲线差别很大。偏心距越大曲线上升段越短，试件承载力越低，这表明偏心距对试件荷载-轴向位移关系曲线的形状影响较大。

(2) 圆形试件

由图 6-5 可知：不同变化参数时试件的荷载-轴向位移关系曲线形状大致相同且饱满，分为弹性阶段、弹塑性阶段和塑性阶段。各试件在加载初期均处于弹性阶段，当荷载增至峰值荷载的 70%左右时，试件进入弹塑性阶段，此时偏压柱外部钢管及内部核心 BFRAC 协同受力，钢管达到屈服，刚度开始变小；荷载达到峰值后承载力逐渐降低，位移迅速增大，但是下降段曲线较平缓，表明圆钢管 BFRAC 偏压短柱后期延性较好。

由图 6-5(a)可知：在弹性阶段随着取代率的增大，斜率逐渐增大，即刚度增大。达到峰值后，试件均经历了较长的塑性阶段，曲线下降段斜率基本相同，表明偏压荷载作用下，随着再生骨料取代率增大，钢管对核心 BFRAC 约束效应在塑性阶段发挥的作用不受影响。由图 6-5(b)可知：随着玄武岩纤维掺量增加，峰值承载力逐渐降低，三条曲线在弹性阶段斜率相差不大。荷载达到峰值后试件曲线较平缓，掺入玄武岩纤维可以有效抑制 BFRAC 裂缝的发生和开展，延性较好，尤其是纤维掺量为 4 kg/m³ 时的曲线，比 0 kg/m³ 和 2 kg/m³ 时的曲线更缓。由图 6-5(c)可知：各试件的偏压承载力随 BFRAC 的提高而提高，最大增幅为

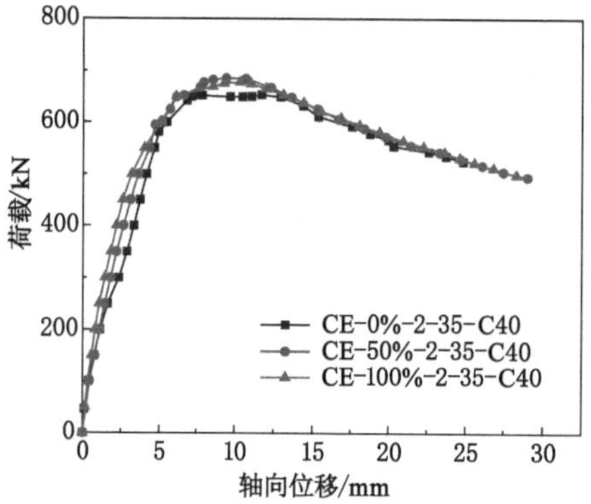

(a) 不同取代率

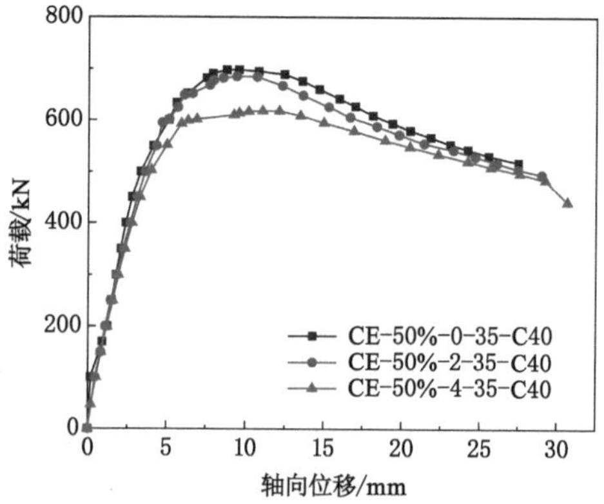

(b) 不同玄武岩纤维掺量

图 6-5　圆钢管 BFRAC 偏压短柱试件荷载-轴向位移关系曲线

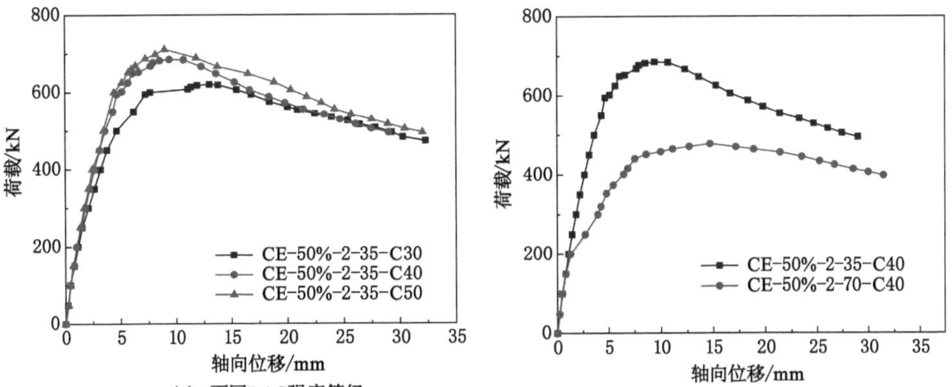

(c) 不同RAC强度等级　　(d) 不同偏心距

图 6-5 （续）

3.80%;峰值荷载后,各试件曲线比较平缓,表明圆钢管对核心 BFRAC 的约束效果较好。由图 6-5(d)可知:偏心距对钢管 BFRAC 短柱的偏心受压承载性能的影响很大,随着试件偏心距增大,曲线上升段斜率越小,极限承载力越小。过峰值荷载后,偏心距大的曲线比偏心距小的曲线较平缓,表明钢管对 BFRAC 偏压短柱的约束效应在塑性阶段表现出较好的延性。

6.2.3　荷载-柱中侧向挠度关系曲线

通过布置在试件侧面 1/2 高度处的百分表,获取不同变化参数时偏心受压试件的轴向荷载-柱中侧向挠度关系曲线,如图 6-6 和图 6-7 所示。所有试件荷载-柱中侧向挠度关系曲线形状较为相似,在弹性阶段各曲线斜率较大,试件中部侧向挠度很小,表明在加载初期试件以轴向位移为主。随着荷载增大,侧向挠度不断增大,达到峰值荷载之后,侧向挠度增大较快。

(1) 方形试件

由图 6-6(a)可知:随着再生粗骨料取代率的增大,试件峰值侧向挠度较接近,取代率对峰值侧向挠度的影响较小。由图 6-6(b)可知:在曲线上升段,不同玄武岩纤维掺量时试件荷载-柱中侧向挠度关系曲线基本重合,当纤维掺量为 0 kg/m^3 和 2 kg/m^3 时,试件荷载-柱中侧向挠度关系曲线下降段较为平缓,上述结果表明掺入玄武岩纤维对曲线上升段的影响较小,但是玄武岩纤维具有增韧阻裂的作用,并在再生混凝土中形成了“搭接桥梁”,故掺入适量的玄武岩纤维能够抑制再生混凝土横向裂缝的发展,使得试件在曲线下降段表现出较好的延性。当纤维掺量为 4 kg/m^3 时,曲线下降段较陡,这可能是因为纤维掺量较大时,BFRAC 搅拌不均匀,玄武岩纤维凝结成团现象较为明显,影响了 BFRAC 的成型质量和强度,文献(李为民,2008)中也有类似的玄武岩纤维凝结成团现象的描述。由图 6-6(d)可知:试件峰值承载力随着偏心距的增大而降低,而峰值挠度均随着偏心距的增大而增大;曲线下降段斜率基本相近,这表明偏心距对荷载-柱中侧向挠度关系曲线变化趋势无太大的影响。

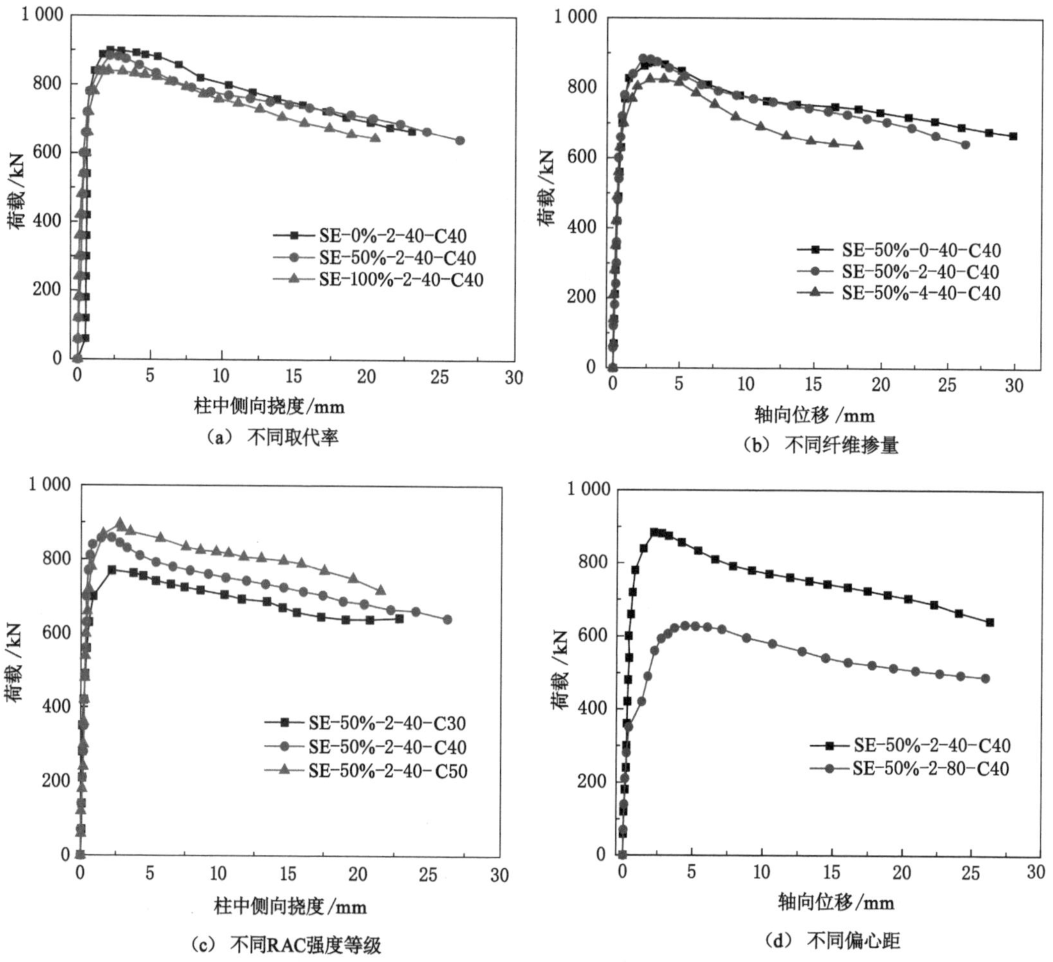

图 6-6　方钢管 BFRAC 偏压短柱试件的荷载-柱中侧向挠度关系曲线

(2) 圆形试件

由图 6-7(a)可知：与方形试件相似，再生骨料取代率对圆形试件侧向挠度的影响较小。由图 6-7(b)可知：随着玄武岩纤维掺量增加上升段斜率较大，即刚度较大，下降段比较平缓，延性较好。由图 6-7(c)可知：核心 BFRAC 的强度越大，曲线斜率越大，试件在弹性阶段内的轴向位移发展越慢，即试件的前期刚度越大。同时，核心 BFRAC 的强度越高，曲线的下降段越陡，荷载下降速度越大，试件的延性较差。由图 6-7(d)可知：加载偏心距越大，曲线斜率越小，试件在弹性阶段内的侧向位移发展越快，即试件的前期刚度越小。同时偏心率越大，曲线的塑性阶段越平缓，荷载下降速度越小，试件的后期延性较好，表明偏心距对试件跨中侧向位移和延性的影响较为显著。

6.2.4　沿柱高侧向挠度分布曲线

(1) 方形试件

在每级荷载作用下典型试件侧向挠度沿柱高分布如图 6-8 所示。其中，规定加载上升

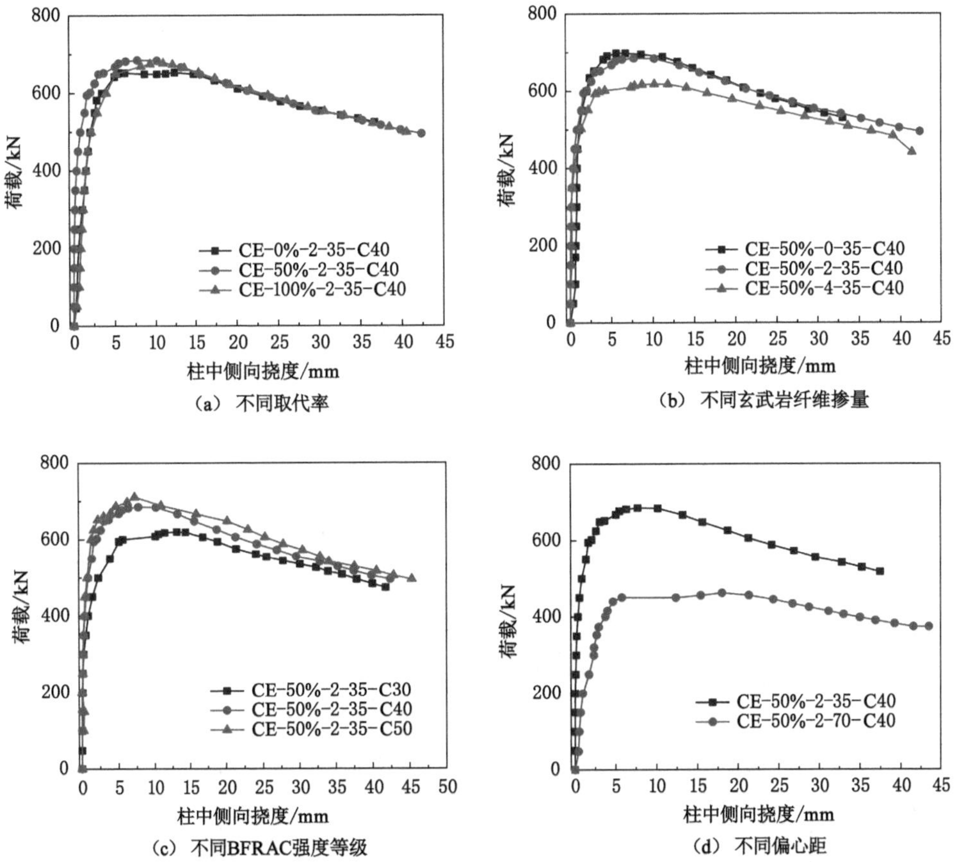

图 6-7　圆钢管 BFRAC 偏压短柱试件的荷载-柱中侧向挠度关系曲线

段荷载为正值，加载下降段荷载为负值。由于试件上下两端为铰接，则默认侧向位移为 0 mm，中间一条曲线代表试件达到峰值荷载时侧向挠度曲线，左右两侧各 3 条曲线代表上升段和下降段的侧向挠度曲线。由图 6-8 可知：试件沿柱高侧向挠度分布曲线在不同荷载水平下基本符合正弦半波曲线。

加载初期，试件的侧向挠度发展较慢，不同荷载水平时沿柱高侧向挠度分布曲线偏离不大。随着荷载的增大，试件进入弹塑性阶段，侧向挠度增长较快。当荷载到达峰值点时，侧向挠度沿柱高明显增大。在峰后阶段，沿柱高侧向挠度大幅度增大，侧向挠度分布曲线形状越来越接近正弦波形。此外，大部分试件最大侧向挠度多集中在试件中上部，这是因为振捣 BFRAC 时，上部粗骨料的下沉降低了中上部截面的承载能力，挠度最大值易在中上部出现。

（2）圆形试件

典型试件不同荷载阶段时沿短柱四分点侧向挠度分布如图 6-9 所示。可见，荷载-侧向挠度关系曲线在不同的加载阶段均符合正弦半波曲线，且局部鼓曲发生在试件的 1/2 高度处。在弹性阶段，各试件侧向挠度较小，且曲线基本上下对称，特别是在加载初期，荷载-侧向挠度关系曲线接近直线。随着荷载的增大，侧向挠度增大的趋势越来越快，其中，中部挠

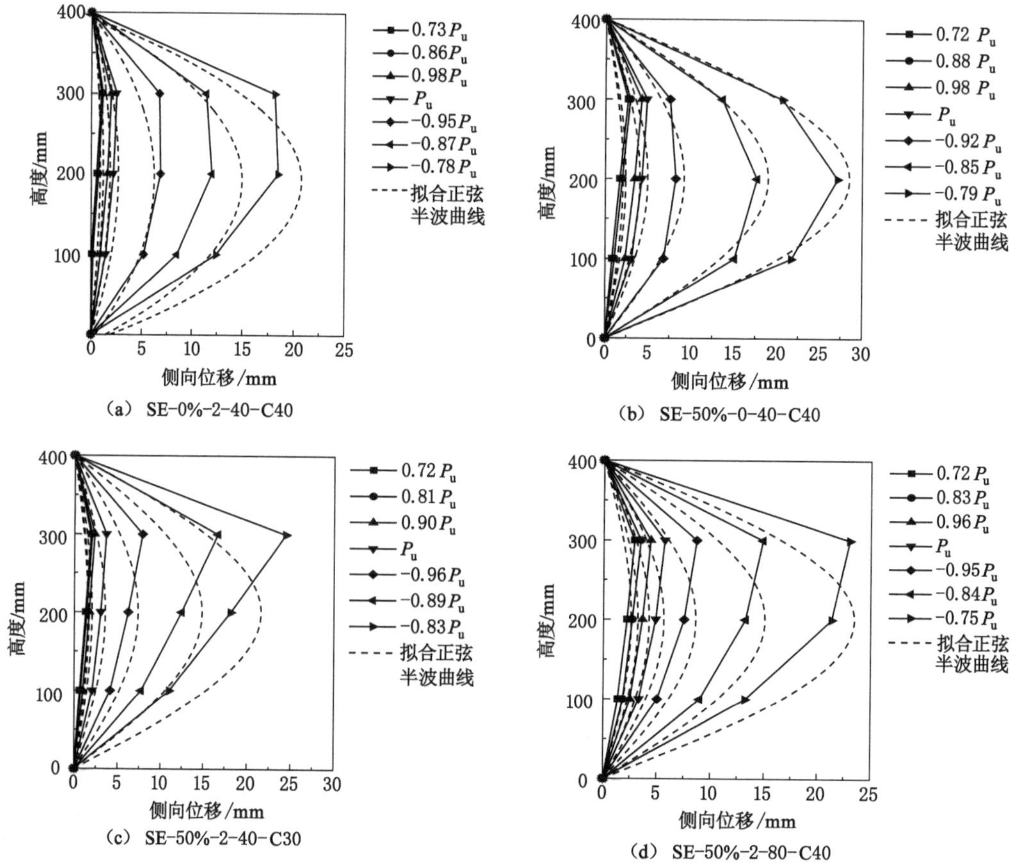

图 6-8 方钢管 BFRAC 偏压短柱试件沿柱高的侧向挠度分布曲线

度增大速度最快，且在荷载即将到达峰值时，侧向挠度迅速发展。由图 6-9(a)和图 6-9(d)可知：当偏心距较小时，试件的局部鼓曲多出现在试件的 1/2 高度处附近，当偏心距较大时，试件的弯曲变形更严重，且在试件的 1/2 高度处和 1/4 高度处附近均出现局部鼓曲。

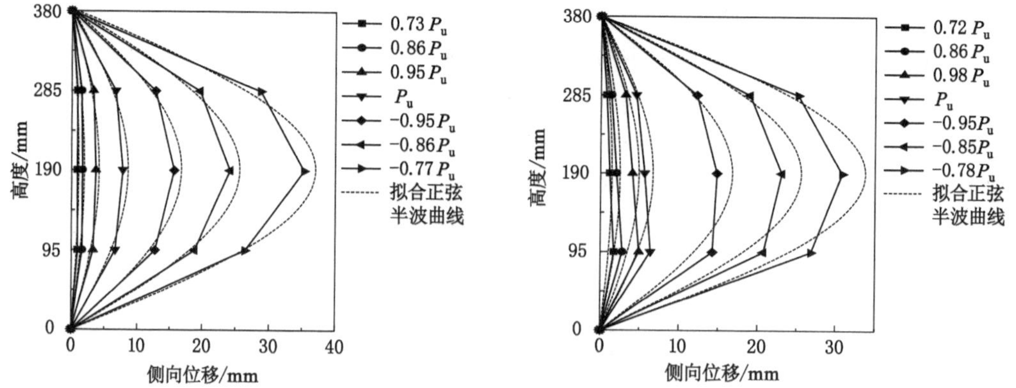

图 6-9 圆钢管 BFRAC 偏压短柱试件沿柱高的侧向挠度分布曲线

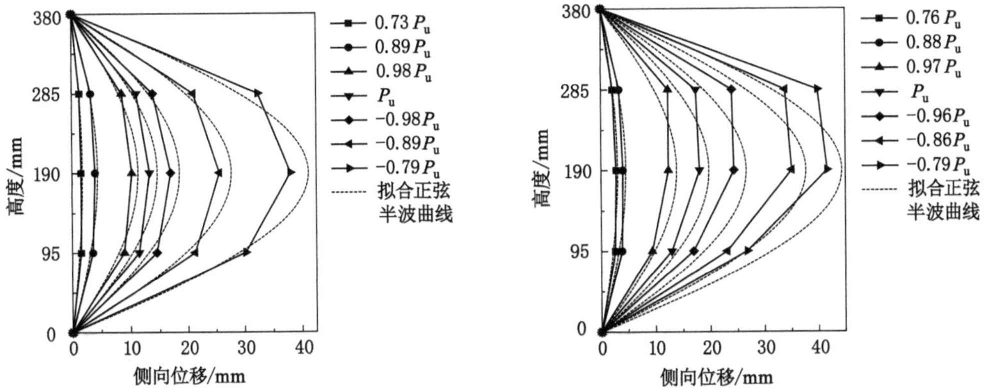

(c) CE-50%-2-35-C30　　(d) CE-50%-2-70-C40

图 6-9 （续）

6.2.5 荷载-应变关系曲线

(1) 方形试件

① 轴向应变

通过试件中部粘贴的应变片测得方钢管的轴向应变。限于篇幅，图 6-10 给出了部分试件的荷载-轴向应变关系曲线，其中，测点 2～测点 6 表示试件中部横截面竖向应变片的具体粘贴位置(图 6-1)。在弹性阶段，试件的纵向应变随荷载的增大呈线性增大，所有测点应变均为负值，表明试件处于全截面受压状态；随着荷载的持续增大，所有测点的应变曲线互相偏离，试件逐渐出现侧向变形，进入弹塑性阶段后，轴向受拉区(测点 6)应变值由负变正，表明测点 6 所处截面开始进入受拉状态，此时，试件拉、压区的应变发展速度开始加快，而荷载的增长速度变缓，直至达到峰值荷载。在轴向荷载经历一个短暂快速下降之后，试件轴向受压与受拉区应变快速发展。所有试件破坏时，柱中截面应变部分受压、部分受拉，轴向受压区(测点 2～测点 5)应变远超过方钢管屈服应变，轴向受拉区(测点 6)应变已达到屈服应变。图 6-10(a)、图 6-10(b)、图 6-10(c)为不同核心 RAC 强度等级时荷载-轴向应变关系曲线，其变化规律基本相似。随着核心 RAC 强度等级提高，峰值强度与峰值应变均逐渐增大。由图 6-10(a)和图 6-10(d)可知：试件荷载-轴向应变关系曲线中存在拉压应变，则方钢管仅对部分核心 BFRAC 的产生约束作用；偏心距较大试件的曲线弹性阶段斜率小于偏心距较小的试件的，且测点 6 处截面较早进入受拉状态，表明方钢管对偏心距较大试件核心 BFRAC 的约束效应较弱。

② 环向应变

通过静态应变仪采集柱 1/2 高度处轴向受压侧(测点 1)和轴向受拉侧(测点 7)外部方钢管的环向应变，获取荷载-环向应变关系曲线，如图 6-11 所示。规定环向应变受拉为正，受压为负。当荷载较小时，轴向受拉侧方钢管环向应变均接近 0，甚至个别试件环向应变大于 0，表明轴向受拉侧方钢管环向基本不受力；轴向受压侧方钢管环向处于受力状态，但此时的拉应变值较小，方钢管对核心 BFRAC 基本不产生约束作用，荷载与钢管环向应变之间基本保持线性关系。随着荷载的增大，轴向受拉侧方钢管环向应变曲线斜率明显小于轴向

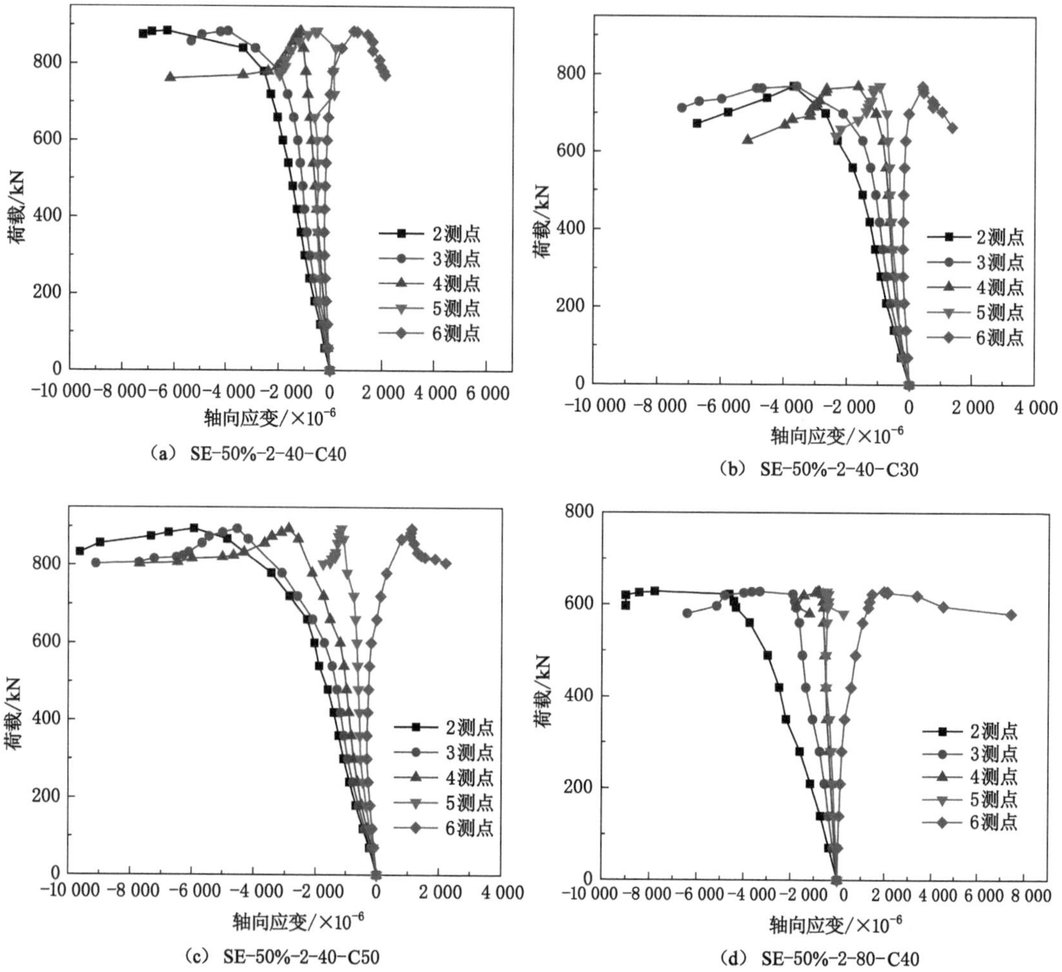

(a) SE-50%-2-40-C40 (b) SE-50%-2-40-C30

(c) SE-50%-2-40-C50 (d) SE-50%-2-80-C40

图 6-10 方钢管 BFRAC 偏压短柱试件荷载-轴向应变曲线

受压侧曲线斜率;当达到峰值荷载后,轴向受拉侧方钢管环向应变曲线很快出现较陡的下降段。试件达到破坏点时,实测的轴向受拉侧方钢管有效环向应变值基本达到钢管屈服应变值,表明方钢管环向受压已达到屈服状态。在荷载峰值点处,轴向受压侧方钢管环向应变已超过钢管屈服应变,随后开始快速增大,此时荷载-环向应变曲线大致沿水平方向发展,当达到破坏点时,应变远远超过钢管屈服应变。对比偏心距分别为 40 mm 和 80 mm 时的试件可知:在荷载-环向应变关系曲线转折点处,偏心距较大试件的荷载越小,这可能与偏心距大的试件处于轴向受拉侧 BFRAC 较早开裂并退出工作有关。

(2) 圆形试件

① 轴向应变

典型试件的偏压荷载-轴向应变关系曲线如图 6-12 所示。由图 6-12 可知:荷载-轴向应变关系曲线均分为弹性阶段、弹塑性阶段和塑性阶段,横坐标为纵向应变,规定受拉为正、受压为负,纵坐标为试件实际测得的荷载值。其中,各试件轴向应变测点布置情况如图 6-1 所示,用以测量钢管中部受压侧、受拉侧及截面几何中轴部位的轴向应变。加载初期应变随荷

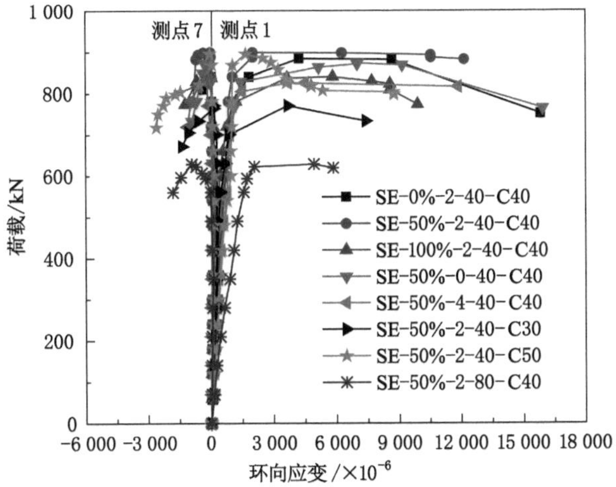

图 6-11　方钢管 BFRAC 偏压短柱试件荷载-环向应变关系曲线

载线性增长。进入弹塑性阶段后，曲线的斜率随应变片的位置逐渐分流，对于几何中轴位置测 3、测 4 与受压侧一致，测 5 基本与受拉侧一致。峰值过后，受压侧环向应变快速增大，荷载-环向应变关系曲线沿水平方向发展，应变迅速超过 5 000 $\mu\varepsilon$，受压侧后续应变由于不稳定或应变片脱落而无法采集。整个加载过程中，试件受压区的应变发展均较受拉区的快，表明试件受压区的变形总是大于试件受拉区的，受压区应变均达到了屈服应变，受拉应变并未完全达到屈服应变。

图 6-12(a)、图 6-12(b)、图 6-12(c)为不同核心 BFRAC 强度等级的荷载-轴向应变关系曲线，可见：试件拉、压区荷载-轴向应变关系曲线的发展规律基本相似，而峰值应变随着核心 BFRAC 强度的增大，峰值应变相应增大。图 6-12(a)、图 6-12(d)为不同偏心距时荷载-轴向位移关系曲线，图 6-12(d)测点 6 应变片加载初期只受轴向拉力，而图 6-12(a)测点 6 刚开始受压，之后转为受拉，表明偏心距越大拉应变发展越快，试件达到极限荷载时的拉应变越大，但是受拉试件、受压试件达到承载力时钢管都达到屈曲强度。

② 环向应变

图 6-13 通过试件中部粘贴的应变片获得偏压试件在加载过程中的受拉区和受压区环向应变，得到了不同变化参数时荷载-纵向应变关系曲线，测 1 位于钢管受压区为正值，测 7 位于钢管受拉区为负值。在弹性阶段，圆钢管 BFRAC 偏压短柱整体远离受压侧(测 7)，因为加载初期试件主要承受轴向的压力，受拉侧钢管主要承受环向拉应变，此时的环向应变较小且荷载-环向应变关系曲线基本呈线性增长，这表明此时钢管与核心 BFRAC 之间的相互作用并不明显，二者各自承担纵向荷载，钢管对核心 BFRAC 基本不产生约束作用。随着荷载的持续增长，钢管受压区的环向应变增长较快，受拉区的环向应变增长缓慢，当达到极限荷载时，钢管环向应变均已远超其屈服应变(1 758 $\mu\varepsilon$)，此时钢管对核心 BFRAC 产生较大的约束作用，而且这种约束是全截面约束，最后均表现为受压区 BFRAC 压碎而钢管出现鼓曲的强度破坏形式。

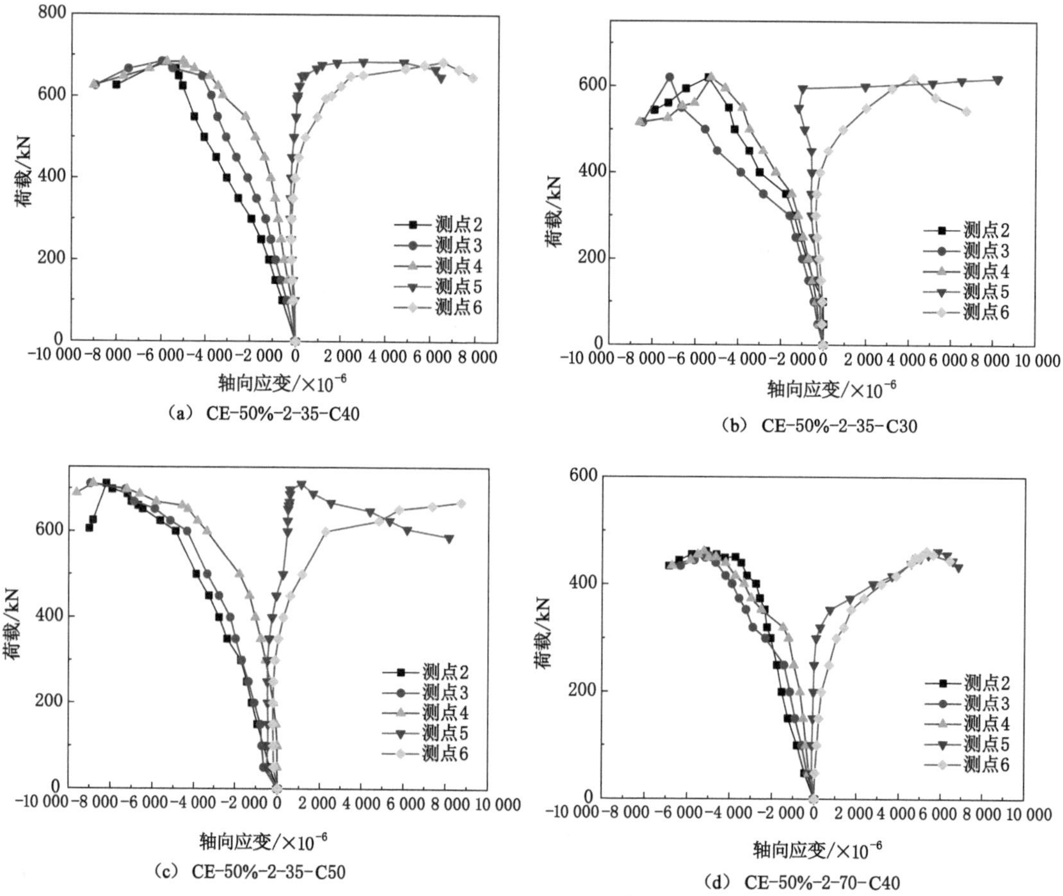

(a) CE-50%-2-35-C40

(b) CE-50%-2-35-C30

(c) CE-50%-2-35-C50

(d) CE-50%-2-70-C40

图 6-12　圆钢管 BFRAC 偏压短柱试件荷载-轴向应变关系曲线

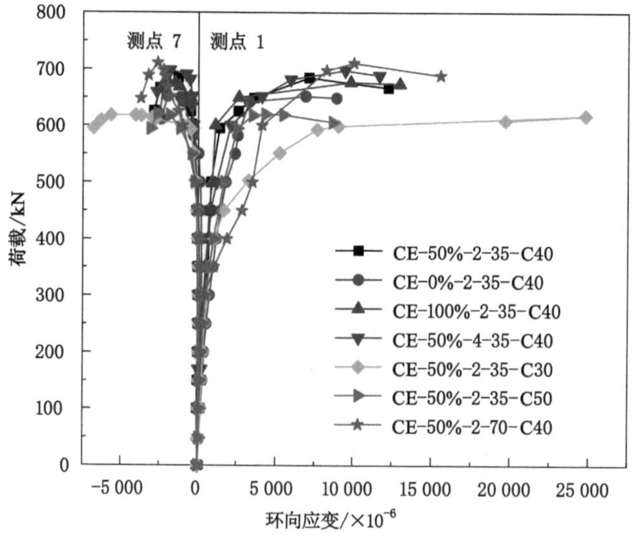

图 6-13　圆钢管 BFRAC 偏压短柱试件荷载-环向应变关系曲线

6.2.6　峰值承载力影响因素分析

（1）方形试件

不同设计参数时试件峰值承载力对比如图 6-14 所示。如图 6-14 可知：随着再生粗骨料取代率增大，峰值承载力逐渐降低，降低幅度分别为 1.78%、4.8%。随着玄武岩纤维掺量增加，峰值承载力变化规律并不明显，当玄武岩纤维掺量为 2 kg/m^3 时，试件峰值承载力达到最大。当纤维掺量为 4 kg/m^3 时，试件峰值承载力最小，这可能与纤维掺量较大时玄武岩纤维再生混凝土搅拌凝结成团有关，建议在工程实践中合理控制玄武岩纤维掺量。随着方钢管内核心 BFRAC 强度等级的提高，试件峰值承载力逐渐增大，增大幅度分别为 14.5% 和 1.2%。偏心距对峰值承载力有显著影响，与偏心距为 40 mm 时相比，偏心距为 80 mm 时试件峰值承载力降低了 29%，可见，增大试件加载偏心距会降低其峰值承载力，且降低幅度较大。这是因为方钢管仅对核心 BFRAC 受压区产生约束效应，试件偏心受压破坏时，危险截面出现部分受拉和部分受压的情况。试件偏心距越大，危险截面的压区范围越小，方钢管产生的约束作用越小，试件的峰值承载力也越小。

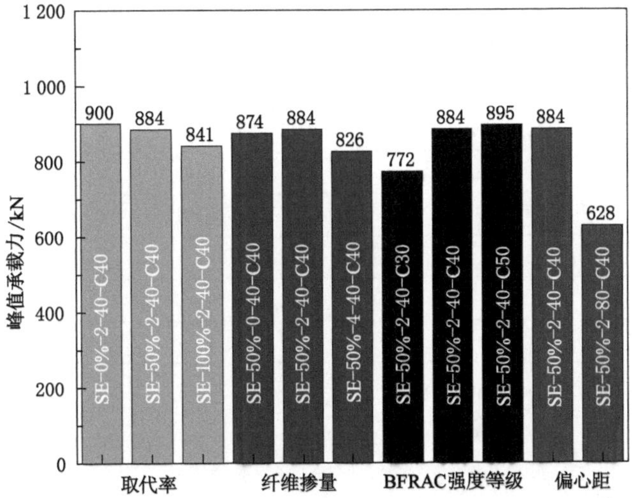

图 6-14　方钢管 BFRAC 偏压短柱试件承载力对比

（2）圆形试件

目前，国内对钢管再生混凝土进行了大量研究。《钢管混凝土结构技术规范》（GB 50936—2014）给出了压弯构件承载力计算公式；马淑芬等（2006）以双剪统一强度理论为基础，考虑偏心率和长细比的影响，得到了钢管混凝土偏压柱承载力的理论计算公式；蔡绍怀等（1985）根据试验结果在轴心受压强度计算方法的基础上，应用极限分析理论，建立了考虑偏心率对极限强度影响的公式。本书分别利用上述计算方法，计算钢管再生混凝土短柱偏压承载力，并将计算结果与试验实测值进行对比分析。表 6-3 给出了不同变化参数时钢管 BFRAC 偏压短柱的极限承载能力结果。

由表 6-3 可知：根据《钢管混凝土结构技术规范》（GB 50936—2014）的计算结果比试验实测结果小得多，设计过于保守，这是因为规范采用统一强度理论计算极限承载力。统一强度理论认为各种受力状态下的钢管混凝土构件统一在同一个理论基础上，该理论公式通过大量的普通钢管混凝土试验结果拟合得到。由于材料不同，基于钢管普通混凝土构件的拟合公式不适用于钢管玄武岩纤维再生混凝土构件。而根据双剪统一强度理论、极限分析理论计算得到的试件极限承载力与试验实测数据的离散性不大，吻合较好，其中，采用极限分析理论得到的计算结果与实测值相比，平均值与标准差明显小于根据双剪统一强度理论计算得到的。建议采用极限分析理论设计圆形偏压短柱试件的极限承载力。

表 6-3 圆钢管 BFRAC 偏压短柱实测数值与计算数值对比

试件编号	N_u/kN	根据《钢管混凝土结构技术规范》(GB 50936—2014)		根据双剪统一强度理论		根据极限分析理论	
		N_{GB}/kN	N_u/N_{GB}	N_{MSF}/kN	N_u/N_{MSF}	N_{CSH}/kN	N_u/N_{CSH}
CE-0%-2-35-C40	653	352.237	1.854	604.016	1.081	647.155	1.009
CE-50%-2-35-C40	686	352.237	1.948	595.824	1.151	640.207	1.072
CE-100%-2-35-C40	678	352.237	1.925	583.751	1.161	629.967	1.076
CE-50%-0-35-C40	699	352.237	1.984	590.650	1.183	635.818	1.099
CE-50%-4-35-C40	620	352.237	1.760	598.842	1.035	642.766	0.965
CE-50%-2-35-C30	621	313.069	1.984	555.293	1.118	605.832	1.025
CE-50%-2-35-C50	711	383.426	1.854	630.750	1.127	669.827	1.061
CE-50%-2-70-C40	464	243.062	1.909	411.150	1.129	441.776	1.050
平均值			1.902		1.123		1.045
标准差			0.076		0.044		0.043
变异系数			0.040		0.039		0.041

注：理论值为 N_{GB}、N_{MSF}、N_{CSH}，实测值为 N_u。

6.3 有限元分析

6.3.1 材料本构关系

本书中钢材为 Q235 级低碳素钢，对于常用的低碳钢材的本构关系曲线一般采用双线性模型，该模型用两条直线段来描述弹塑性材料的本构关系，包括弹性段和强化段，塑性强化段的弹性模量可近似取 $0.01E_s$，E_s 为钢材的弹性模量。

由于受到钢管的约束，核心混凝土力学性能得到很大改善，普通混凝土本构关系已不再适用于受约束混凝土。杨有福(2007)在韩林海模型(2007)和 Xiao 等(2005)模型的基础上，考虑再生骨料取代率 δ 对本构关系的影响，提出了钢管约束核心再生混凝土的本构模型，此模型表达式如式(6-1)所示。其中，上升段为抛物线函数模型，下降段引入套箍系数 ξ，用于考虑钢管对核心混凝土的约束效应。在此模型的基础上，本书采用核心 BFRAC 强度，间接反映玄武岩纤维掺量的变化情况。

$$y=\begin{cases}2x-x^2 & (x\leqslant 1)\\ x/[\beta_0(x-1)^2+x] & (x>1)\end{cases} \tag{6-1}$$

式中，

$$x=\frac{\varepsilon}{\varepsilon_0}$$

$$y=\frac{\sigma}{\sigma_0}$$

$$\sigma_0=f_{ck}$$

$$\varepsilon_0=(\varepsilon_c+800\xi^{0.2})\times(1+r/\theta)\times10^{-6}$$

$$\varepsilon_c=(1\,300+12.5f_{ck})\times10^{-6}$$

$$\theta=65.715\delta^2-109.43\delta+48.989$$

$$\beta_0=0.5\times(2.36\times10^{-5})^{0.25+(\xi-0.5)^7}\times(f_{ck})^{0.5}$$

式中，ε，σ 为约束再生混凝土的纵向应变和应力；f_{ck} 为玄武岩纤维再生混凝土标准抗压强度；δ 为再生混凝土取代率；ξ 为钢管玄武岩纤维再生混凝土短柱的约束效应系数。

6.3.2　有限元模型建立

本试验模型相对简单规则，所以模型中 BFRAC 的单元选用实体单元中的 C3D8R 减缩积分单元，钢管和盖板采用 4 节点四边形线性减缩积分壳单元(S4R)，厚度积分规则采用 Simpson，厚度积分点为 5，符合本书对求解精度和计算耗时的相关要求。在有限元软件的材料库中，BFRAC 选择混凝土塑性损伤模型，其计算的收敛性比较好。合理设定 5 个关键参数：膨胀角为 30°、偏心率为 0.1、黏性系数为 0.000 5、双轴压与单轴压极限强度比为 1.16、混凝土屈服形状影响参数为 0.667。盖板假设为刚度非常大的弹性材料，只定义弹性，不定义塑性。

本试验中的钢管与加载端板之间是通过焊缝连接起来的，故将盖板的内表面与钢管两端界面的全部接触点自由度全部耦合起来，然后两端钢管与盖板内表面进行绑定约束；由于试验中盖板与核心 BFRAC 协同变形，所以盖板内表面与核心 BFRAC 两端的接触也采用绑定约束；钢管和核心 BFRAC 在试验过程中相互作用，其中，法向接触模型采用“硬接触”，切向摩擦采用罚函数，摩擦系数为 0.6。

有限元单元网格的精细度在一定程度上直接影响计算结果的精度和收敛性。通过多次调试，最终确定钢管、盖板、核心 BFRAC 单元的近似尺寸为 40 mm，采用结构化网格技术划分几何体。网格划分数值如图 6-15 所示。

在数值模拟中，为了保证模型的边界条件与实际加载过程中的一致，首先将上盖板加载点和下盖板的中心设定为参考点，将参考点与相应的盖板外表面进行耦合约束，将荷载作用在参考点上，通过参考点将荷载均匀传递到盖板上。即通过设置参考点的边界条件就等于将一个面的边界条件确定了。如图 6-16 和图 6-17 所示，有限元模型试件顶部和底部端板参考点 $U_x=U_y=0$，且顶部和底部参考点均允许绕 x 轴转动。模拟中加载的方法一般有三种：荷载控制、位移控制、混合控制，因为位移控制有较好的收敛性，故本次模拟采用位移控制。

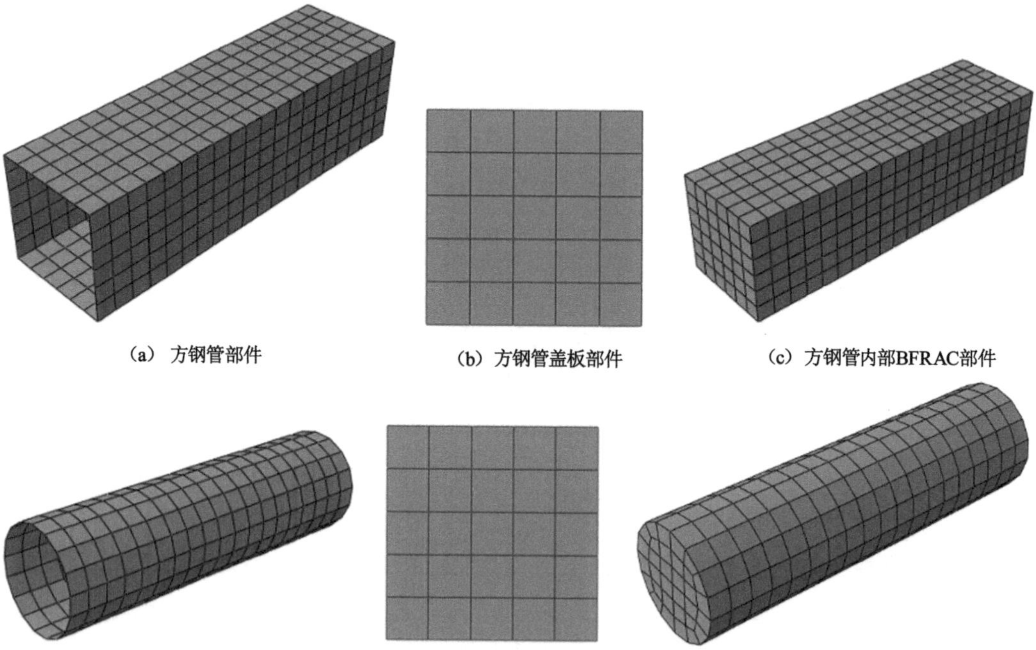

(a) 方钢管部件　(b) 方钢管盖板部件　(c) 方钢管内部BFRAC部件

(d) 圆钢管部件　(e) 圆钢管盖板部件　(f) 圆钢管内部BFRAC部件

图 6-15　部件网格划分

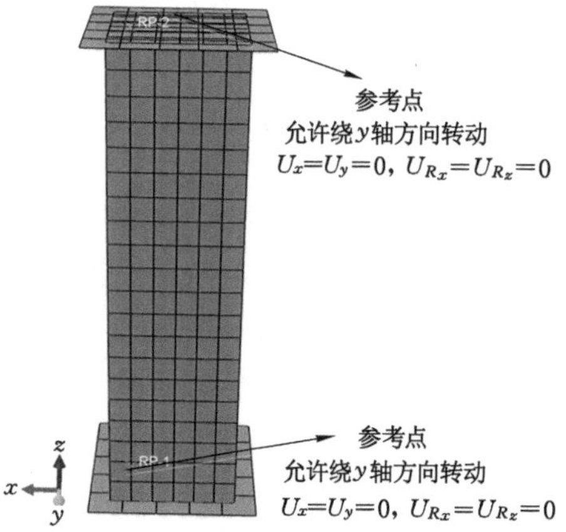

图 6-16　偏压加载下方形试件有限元模型边界条件

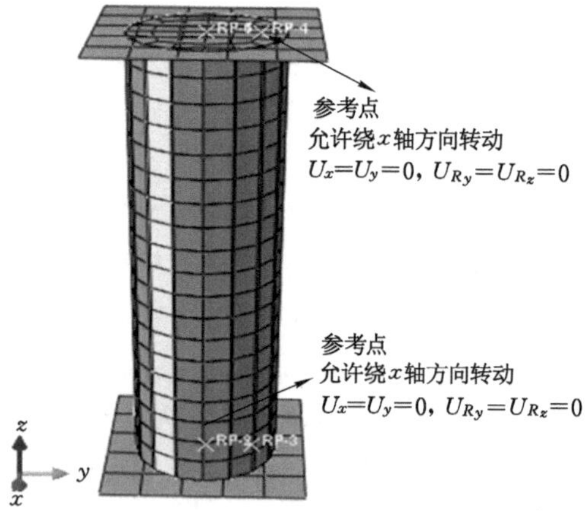

图 6-17　偏压加载下圆形试件有限元模型边界条件

6.3.3　有限元模型验证

(1) 破坏形态对比及分析

① 方形试件

以基准试件 SE50%-2-40-C40 为例,试件试验破坏形态与模拟破坏形态分别如图 6-18(a)和图 6-18(b)所示。

由图 6-18(a)可知:试验试件破坏主要发生在中部及下部。由图 6-18(b)可知:有限元试件中部存在明显的弯曲，侧向位移最大处位于试件中部截面处。总体上，试件有限元模拟破坏形态与试验破坏形态较为相似。

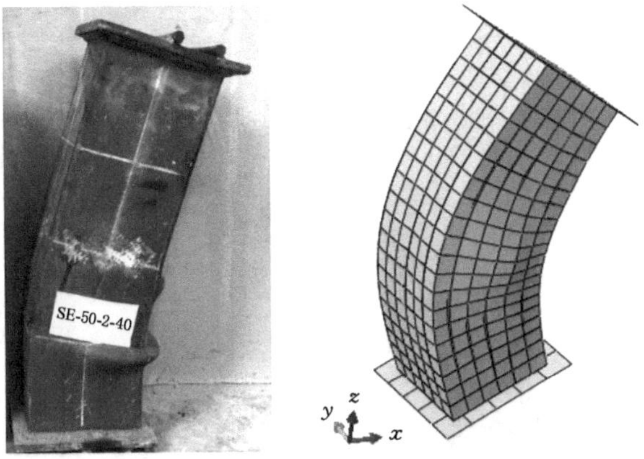

(a) 试验破坏形态　　　　(b) 模拟破坏形态

图 6-18　方形试件 SE-50%-2-40-C40 试验破坏形态与模拟破坏形态对比

图 6-19 给出了有限元试件在加载过程中的应力云图。由图 6-19(b)可知：偏压试件中部应力最大，且靠近受力点一侧的应力明显高于远离受力点的另一侧，受压侧的核心 BF-RAC 最先出现裂缝。因此，方钢管玄武岩纤维再生混凝土短柱试件靠近受力点一侧最先破坏。

② 圆形试件

以基准试件 CE-50%-2-35-C40 模拟为例，试件试验破坏形态与模拟破坏形态分别如图 6-20(a)和图 6-20(b)所示。由图 6-20(a)和图 6-20(b)可知：试件模拟破坏形态与试验破坏形态较接近。

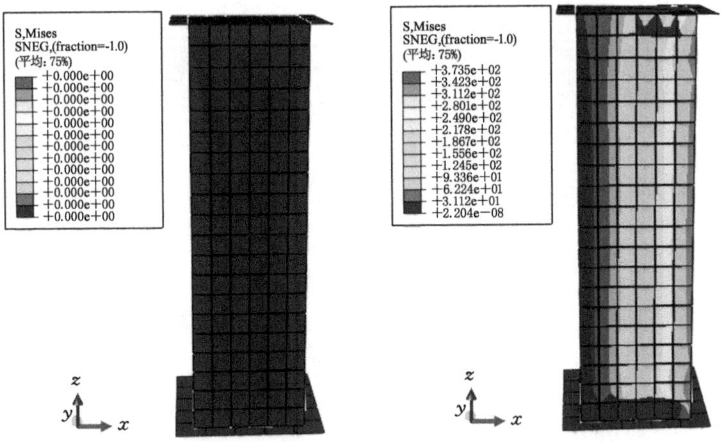

(a) 试件加载前的应力云图　　　　(b) 试件达到屈服时的应力云图

图 6-19　方形试件 SE-50%-2-40-C40 各阶段应力云图

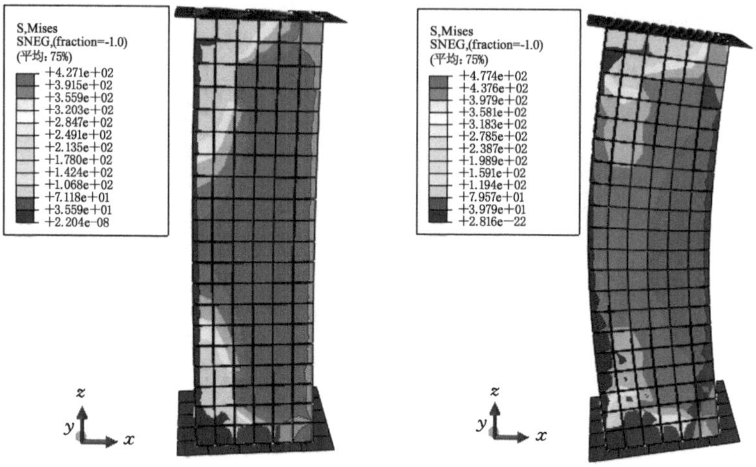

(c) 试件达到峰值时的应力云图　　(d) 试件最终破坏时的应力云图

图 6-19 （续）

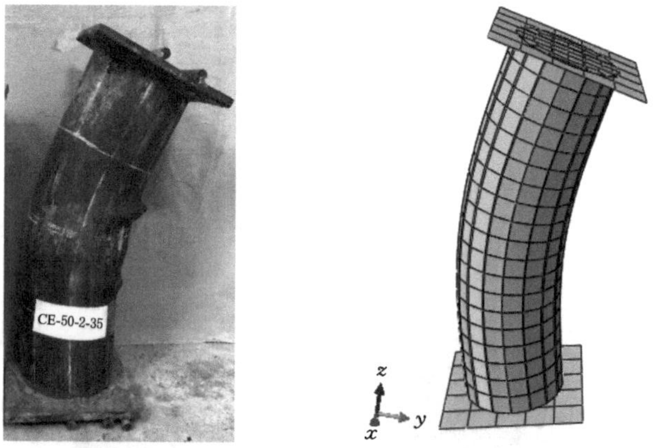

(a) 试验破坏形态　　(b) 模拟破坏形态

图 6-20　圆形试件 CE-50%-2-35-C40 试验破坏形态与模拟破坏形态对比

图 6-21 给出了有限元试件在加载过程中的应力云图。由图 6-21(b)可知：由于圆钢管自身的特点与核心 BFRAC 接触较为充分，整个试件加载过程中受拉和受压侧受力较为均匀。由图 6-21(d)可知：最终试件破坏时中部出现鼓曲是由于在荷载作用下中部的核心 BFRAC 被压碎后向外挤压钢管，距离两端板最远处的中部受约束能力较小。因此，在中部产生较大应力。

(2) 荷载-柱中侧向挠度关系曲线对比

① 方形试件

采用 ABAQUS 软件，建立了方钢管玄武岩纤维再生混凝土偏压短柱有限元模型，并将该模型模拟结果与试验结果进行了对比。试件荷载-柱中侧向挠度关系曲线对比结果如

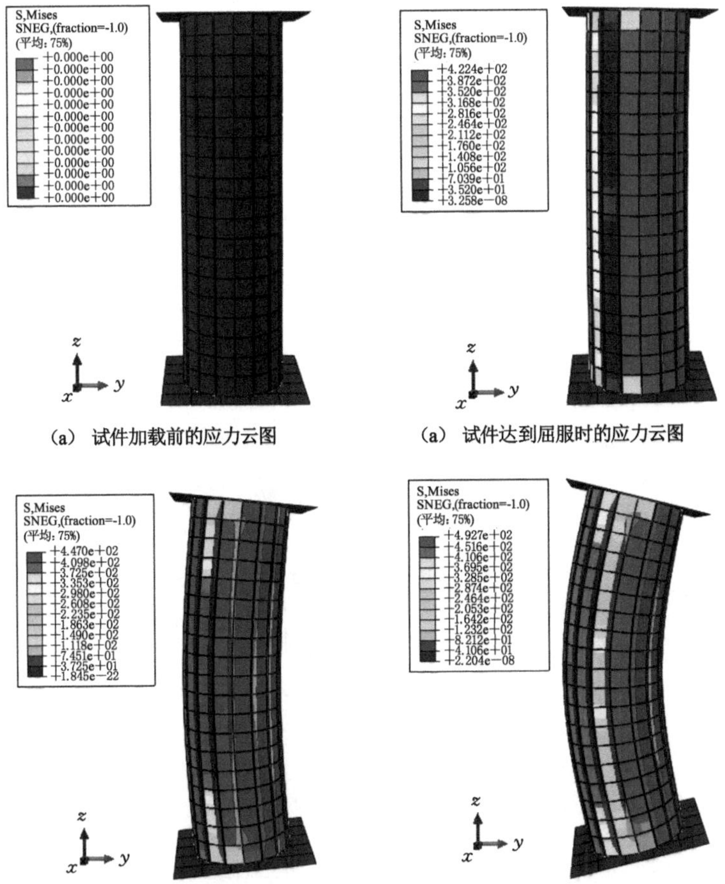

(a) 试件加载前的应力云图　　(a) 试件达到屈服时的应力云图

(c) 试件达到峰值时的应力云图　　(d) 试件最终破坏时的应力云图

图 6-21　圆形试件 CE-50%-2-35-C40 各阶段的应力云图

图 6-22 所示。可见，试验与模拟曲线的变化趋势基本一致，试验与模拟曲线上升段斜率基本相同，而下降段、峰值承载力和峰值位移的模拟结果与试验结果存在一定差异，但处于工程允许的误差范围内。总体上，模拟曲线能够较真实地反映试验结果，表明采用本书所建立的方钢管玄武岩纤维再生混凝土短柱有限元模型能够有效地对其偏压力学性能进行全过程分析。

② 圆形试件

本书采用 ABAQUS 软件，建立了圆钢管 BFRAC 偏压短柱有限元模型，所得到的模拟结果与试验结果对比如图 6-23 所示。通过对比发现所有试件的模拟曲线比较圆滑，吻合度较高，变化趋势基本相同，但是大多数试件模拟曲线的斜率大于试验曲线的斜率，其主要原因：使用有限元软件模拟的试验条件较为理想，钢管和再生混凝土模型的单元为均匀且各向同性的材料，且单元内部的接触均为同一形式，但实际钢管与 BFRAC 材料的性能均不相同，这些因素是无法全部考虑的。

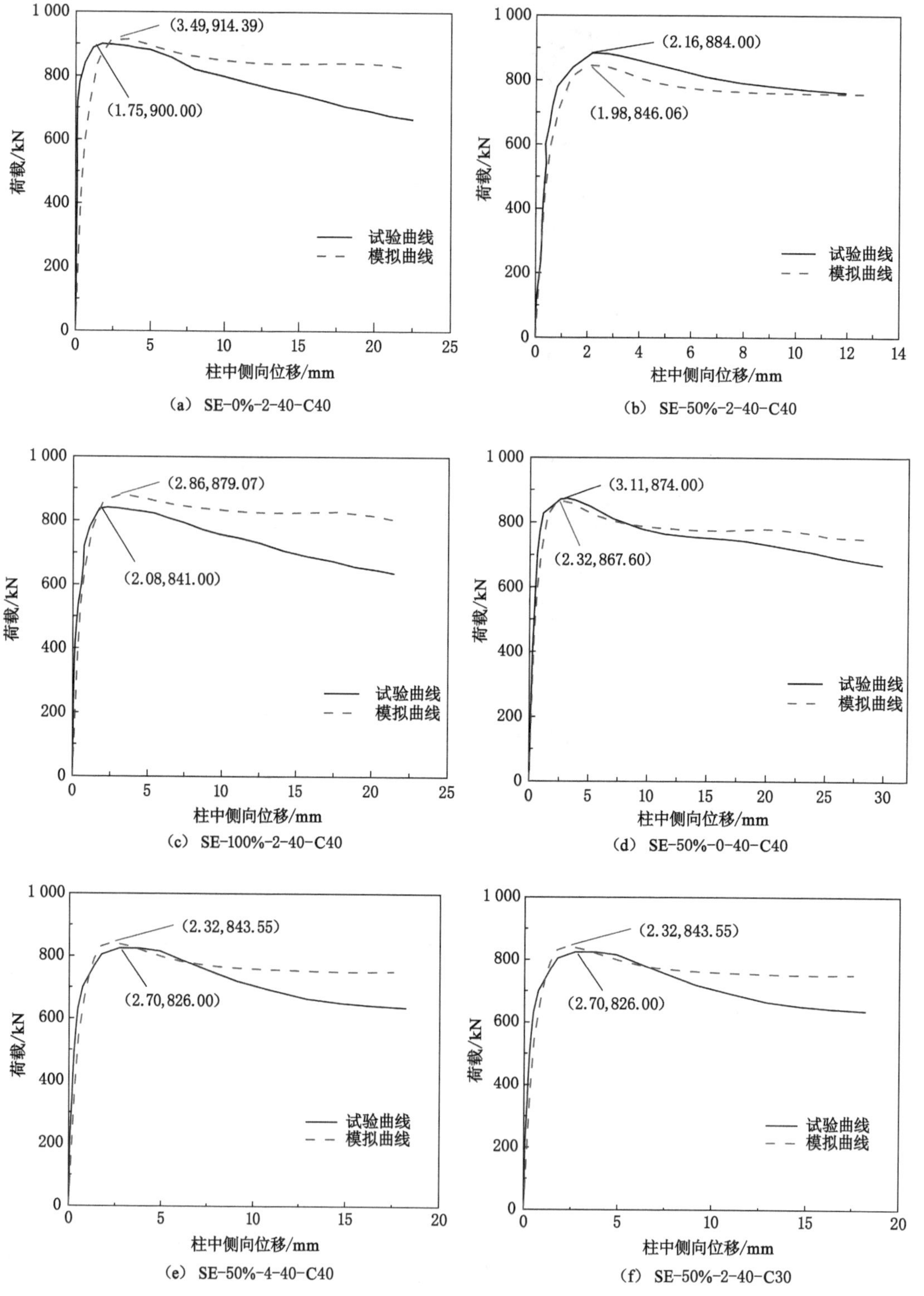

图 6-22　方形试件荷载-柱中侧向挠度关系曲线试验结果与模拟结果对比

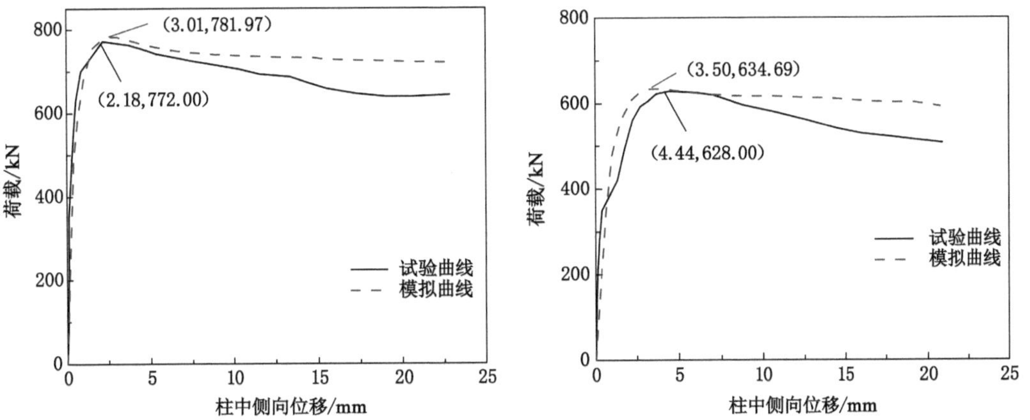

(g) SE-50%-2-40-C50　　(h) SE-50%-2-80-C40

图 6-22 (续)

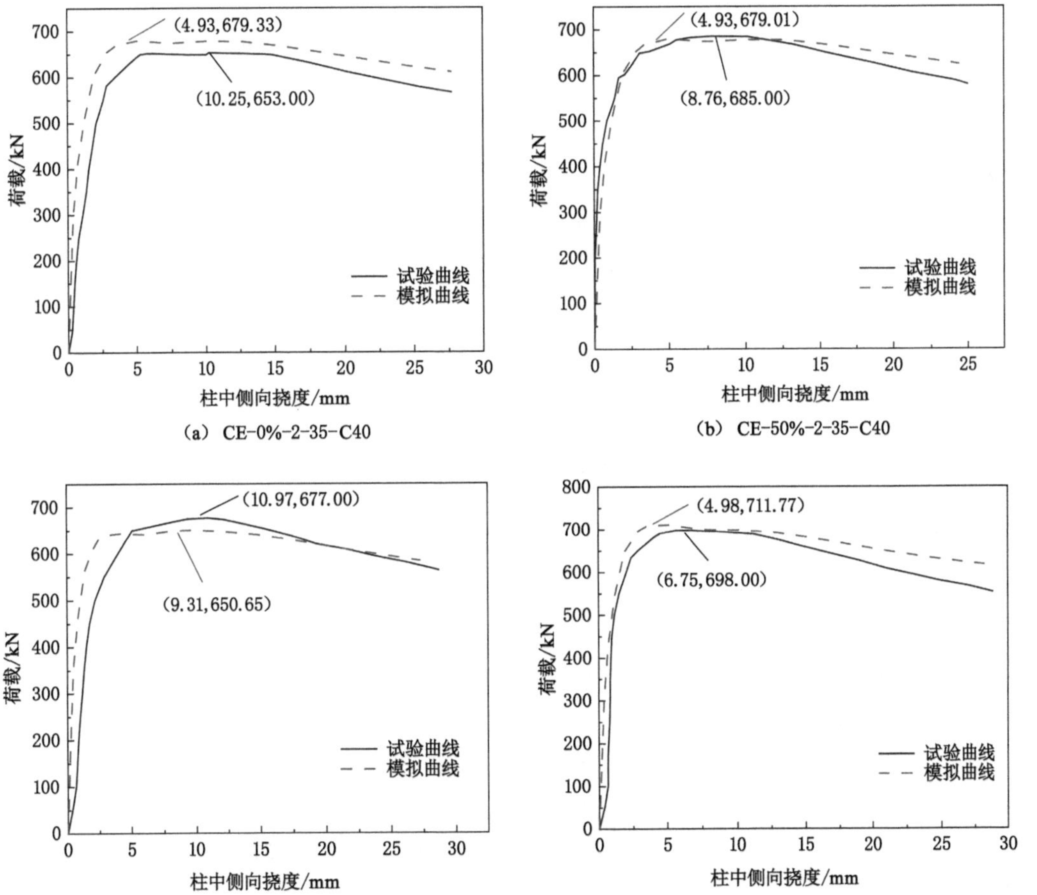

(a) CE-0%-2-35-C40　　(b) CE-50%-2-35-C40

(c) CE-100%-2-35-C40　　(d) CE-50%-0-35-C40

图 6-23 荷载-柱中侧向挠度关系曲线试验结果与模拟结果对比

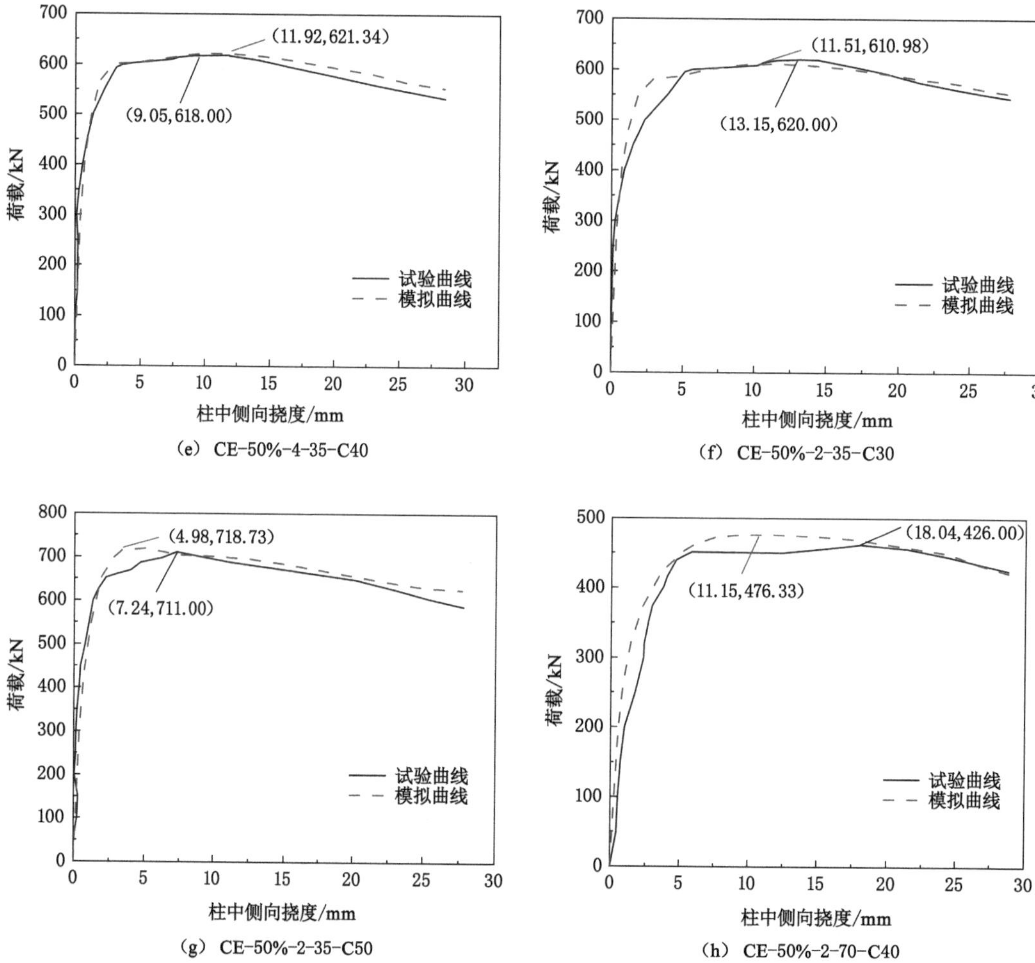

(e) CE-50%-4-35-C40

(f) CE-50%-2-35-C30

(g) CE-50%-2-35-C50

(h) CE-50%-2-70-C40

图 6-23 (续)

6.4 本章结论

本章对不同的变化参数下 16 根钢管玄武岩纤维再生混凝土短柱进行了偏压性能试验研究和有限元分析,主要得到以下结论:

(1) 钢管玄武岩纤维再生混凝土短柱的偏压受载过程包括弹性、弹塑性和塑性下降三个阶段。方钢管玄武岩纤维再生混凝土偏压短柱试件外部方钢管多处出现鼓曲破坏,属于材料强度破坏范畴。圆钢管玄武岩纤维再生混凝土偏压短柱试件破坏时钢管出现局部鼓曲现象,发生强度破坏。

(2) 所有试件荷载-轴向位移关系曲线/柱中侧向挠度关系曲线形状较相似,在弹性阶段,试件变形以轴向位移为主,达到峰值荷载后,柱中侧向挠度增大速度高于轴向变形的;在不同加载阶段试件沿柱高侧向挠度分布曲线基本符合正弦半波曲线。

(3) 所有试件破坏时，柱中截面受压区轴向应变和受拉区轴向应变已远超钢管屈服应变；柱中截面轴向受拉侧钢管环向受压已达到屈服状态，轴向受压侧圆钢管环向受拉应变远超钢管屈服应变。

(4) 所建立的有限元模型可以较好地模拟钢管玄武岩纤维再生混凝土偏压短柱荷载-侧向位移变形关系曲线。

第 7 章　钢管玄武岩纤维再生混凝土中长柱轴压性能研究

7.1　试验概况

7.1.1　试验原材料

试验选用原材料见 2.1.1 节。玄武岩纤维采用短切玄武岩纤维，其性能指标见表 2-2。

试验按照再生粗骨料占全部粗骨料的质量百分比进行取代，玄武岩纤维掺量按照每立方米再生混凝土中加入的纤维的质量进行选取，设计 0%、50%、100%共 3 种取代率(δ)以及 0 kg/m³、2 kg/m³、4 kg/m³ 共 3 种玄武岩纤维掺量的再生混凝土。RAC 的配合比见表 7-1，其中附加用水是考虑再生粗骨料吸水率后需要额外增加的用水。根据《混凝土物理力学性能试验方法标准》(GB/T 50081—2019)，测得玄武岩纤维再生混凝土的力学性能指标，见表 7-2。

表 7-1　玄武岩纤维再生混凝土的配合比

γ/%	m_W/m_B	S_s/%	m_{nw} /(kg/m³)	m_{aw} /(kg/m³)	m_c /(kg/m³)	m_{FA} /(kg/m³)	m_r /(kg/m³)	m_n /(kg/m³)	m_s /(kg/m³)	m_{wra} /(kg/m³)	m_{BF} /(kg/m³)
0	0.40	31	205	0.0	427.1	85.4	0.0	1 115.2	501	2.56	2
50	0.40	31	205	31.2	427.1	85.4	557.6	557.6	501	2.56	0
	0.40	31	205	31.2	427.1	85.4	557.6	557.6	501	2.56	2
	0.40	31	205	31.2	427.1	85.4	557.6	557.6	501	2.56	4
100	0.40	31	205	62.5	427.1	85.4	1 115.2	0.0	501	2.56	2

注：m_W/m_B 为水胶比；S_s 为砂率；m_{nw} 为净用水量；m_{aw} 为附加水量；m_c 为胶凝材料中水泥用量；m_{FA} 为胶凝材料中粉煤灰用量；m_r 为再生粗骨料用量；m_n 为天然粗骨料用量；m_s 为砂子用量；m_{wra} 为减水剂用量；m_{BF} 为玄武岩纤维掺量。

表 7-2　BFRAC 力学性能指标

γ/%	m_{BF}/(kg/m³)	f_{cu}/MPa	f_c/MPa	E_c/GPa	ν_c
0	2	52.8	41.5	33.5	0.22
50	0	48.5	34.9	29.2	0.23
	2	50.7	36.1	31.4	0.20
	4	51.9	38.5	34.6	0.18
100	2	46.1	32.2	28.3	0.23

注：m_{BF} 为 BF 掺量；f_{cu} 为立方体抗压强度，且立方体尺寸为 150 mm×150 mm×150 mm；f_c 为棱柱体抗压强度，且棱柱体尺寸为 150 mm×150 mm×300 mm；E_c 为弹性模量，其值取 BFRAC 应力-应变关系曲线上 $0.5f_c$ 处的应力与对应应变的比值；ν_c 为泊松比。

7.1.2　试件的设计及制作

试验采用 Q235 级钢材，厚度 t 为 3.5 mm，按设计尺寸冷弯成型并采用直焊缝焊接的方式加工成方钢管。实测钢管性能指标见表 5-1。

将方形钢管切割好后两端刨平并打磨光滑，在钢管底部焊接 150 mm×150 mm×10 mm 的盖板，然后将玄武岩纤维再生混凝土从钢管顶部灌入，并采用插入式振捣棒分层振捣直至密实。浇筑完毕，将试件置于室温条件下敞口自然养护 3 d，之后采用同强度水泥砂浆在钢管顶部找平，养护 14 d 后采用相同的盖板对钢管顶部进行焊接。焊接完成后进行应变片的粘贴，养护 28 d 后准备进行加载。正式试验前，先将盖板外端面打磨平整，以确保试件端面与承压板上下面接触均匀，随后进行试件与承压板的几何对中，确保试件在承载过程中与加载端在竖直方向上保持垂直。试件设计参数见表 7-3。

表 7-3　试件设计参数

试件编号	L/mm	B/mm	t/mm	L/B	B/t	α	f_{cu}/MPa	f_c/MPa	f_y/MPa	ξ
SA-0-2-8	960	120	3.5	8	34.29	0.128	52.8	41.5	417.52	1.29
SA-50-0-8	960	120	3.5	8	34.29	0.128	48.5	34.9	417.52	1.53
SA-50-2-8	960	120	3.5	8	34.29	0.128	50.7	36.1	417.52	1.48
SA-50-4-8	960	120	3.5	8	34.29	0.128	51.9	38.5	417.52	1.39
SA-50-2-5	600	120	3.5	5	34.29	0.128	50.7	36.1	417.52	1.48
SA-50-2-11	1 320	120	3.5	11	34.29	0.128	50.7	36.1	417.52	1.48
SA-100-2-8	960	120	3.5	8	34.29	0.128	46.1	32.2	417.52	1.66

注：L 为试件高度；B 为方钢管边长；α 为含钢率，$\alpha=A_s/A_c$，A_s、A_c 分别为钢管和核心混凝土的横截面面积；ξ 为约束效应系数，$\xi=\alpha f_y/f_c$。试件命名方法：以 SA-0-2-8 为例，SA 表示轴压试件，0 表示再生粗骨料取代率为 0%，2 表示玄武岩纤维掺量为 2 kg/m^3，8 表示试件的长径比为 8，其他试件以此类推。

7.1.3　加载制度及试验装置

采用最大量程为 5 000 kN 的电液伺服压力机进行方钢管玄武岩纤维再生混凝土柱的加载试验。位移数据和荷载分别由电子百分表、计算机获取，试验加载与测试装置如图 7-1 所示。试验前半段采用荷载控制，每级加载取 $P_u'/15$，并持荷 2 min；加载至 $0.90P_u'$ 之后转为位移控制，控制位移级差约为 2 mm，当荷载下降至峰值荷载 80%以下或轴向位移达到 30 mm 左右时，为保护设备和人员安全，停止试验。每次正式加载前需进行预加载，预加载的荷载为 $0.2P_u'$。其中，预估极限荷载 P_u' 根据《钢管混凝土结构技术规程》(CECS 28—2012)计算得到。

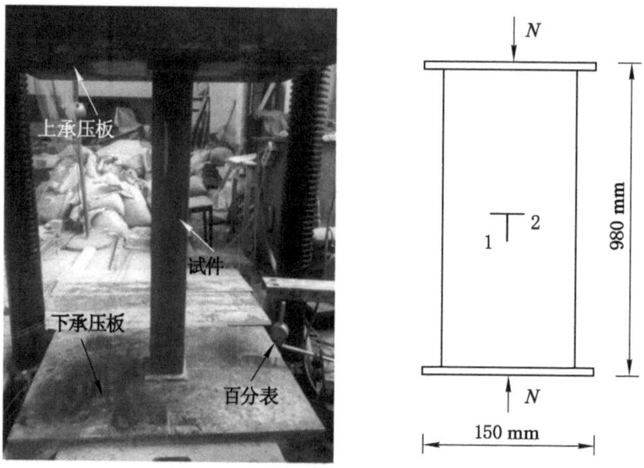

(a) 加载装置实图　　(b) 加载装置示意图

图 7-1　试件加载装置

7.2　试验结果及分析

7.2.1　加载过程及破坏形态

加载初期方钢管玄武岩纤维再生混凝土柱处于弹性阶段，试件无明显变形；当荷载加至峰值荷载的 50%～60%时，钢管表面的铁锈逐渐脱落。随着荷载的继续增大，试件开始产生微弱变形；当荷载达到极限荷载的 85%～95%时，试件上端开始向外鼓曲，钢管开始屈服，并伴有微弱的劈裂声音。当荷载继续增大时，钢管鼓曲逐渐加快，且表面掉锈现象严重，逐渐形成斜鼓曲环，方钢管上部突起严重。当加载至极限荷载后，部分试件的钢管壁出现第二道鼓曲环。试件最终的破坏形态如图 7-2 所示。

当长径比为 5 和 8 时，试件破坏形态相似，试件上部均存在一道或多道鼓曲环，试件整体无明显侧向变形；当长径比为 11 时，钢管在整体屈曲和局部屈曲的相互作用下，破坏形态近似压弯破坏，试件中部出现较大的侧向变形，这与文献(Ayough，2022)和文献(Ekmekyapar，2016)的研究结果相同。

将破坏后的试件外包钢管切开，内部的核心玄武岩纤维再生混凝土破坏形态如图 7-3 所示。试件上部鼓曲处玄武岩纤维再生混凝土被压碎严重且存在明显的滑移线，中下部核心玄武岩纤维再生混凝土总体完好。

7.2.2　试件实测荷载-轴向位移关系曲线分析

不同变化参数时方钢管玄武岩纤维再生混凝土柱的荷载-轴向位移关系曲线如图 7-4 所示。所有试件的荷载-轴向位移关系曲线都经历了线性增长、缓慢增长、缓降-平稳发展阶段，这反映了方钢管玄武岩纤维再生混凝土轴压柱存在弹性、弹塑性和塑性三个受力阶段。在弹性阶段，所有试件的割线刚度基本保持不变，荷载与位移呈线性关系，不同参数时试件

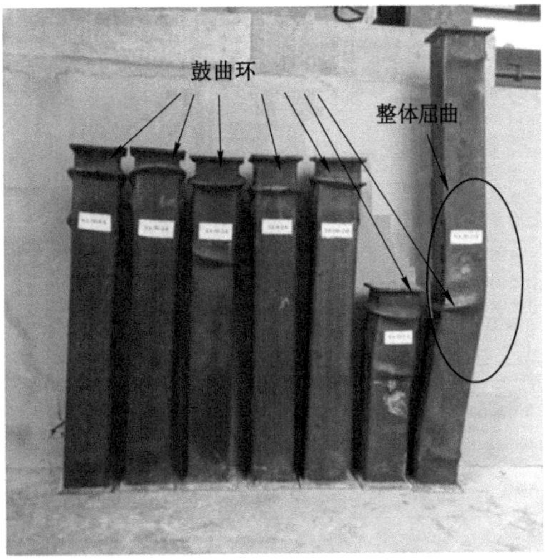

图 7-2　试件最终的破坏形态

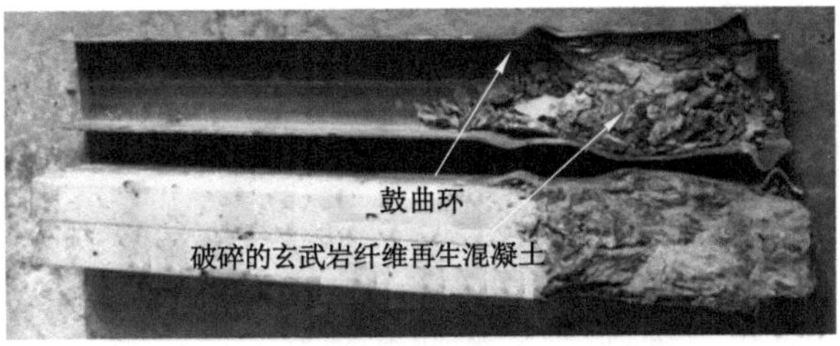

图 7-3　核心玄武岩纤维再生混凝土的破坏形态

荷载-轴向位移关系曲线基本相同。进入弹塑性阶段后，不同参数时试件的荷载-轴向位移关系曲线开始出现较多的偏离。试件达到峰值荷载后逐步进入塑性阶段，所有试件下降段曲线变化较为平缓，曲线饱满且出现了较长的变形流幅，试件延性较好，其中试件 SA-0-2-8 与试件 SA-50-4-8 的荷载-轴向位移关系曲线在到达波谷后承载力缓慢回升。然而，试件 SA-50-2-11 在局部屈曲和整体屈曲的共同作用下弯曲破坏，达到峰值荷载后轴向位移显著下降。

7.2.3　受压性能影响因素分析

（1）峰值荷载

不同变化参数时轴压试件的峰值荷载见表 7-4。随着再生粗骨料取代率的增大，轴压试件的峰值荷载逐渐降低，取代率为 100%时的试件比取代率为 0%时的试件的承载力低 4.9%。随着纤维掺量增加，试件的峰值荷载提高幅度并不明显，当纤维掺量由 0 kg/m^3 提高到 4 kg/m^3 时，轴压承载力仅提高 3.3%。随着长径比的增大，轴压试件的峰值荷载逐渐降低，长径比为 11 的试件比长径比为 5 的试件的承载力低 3.0%。

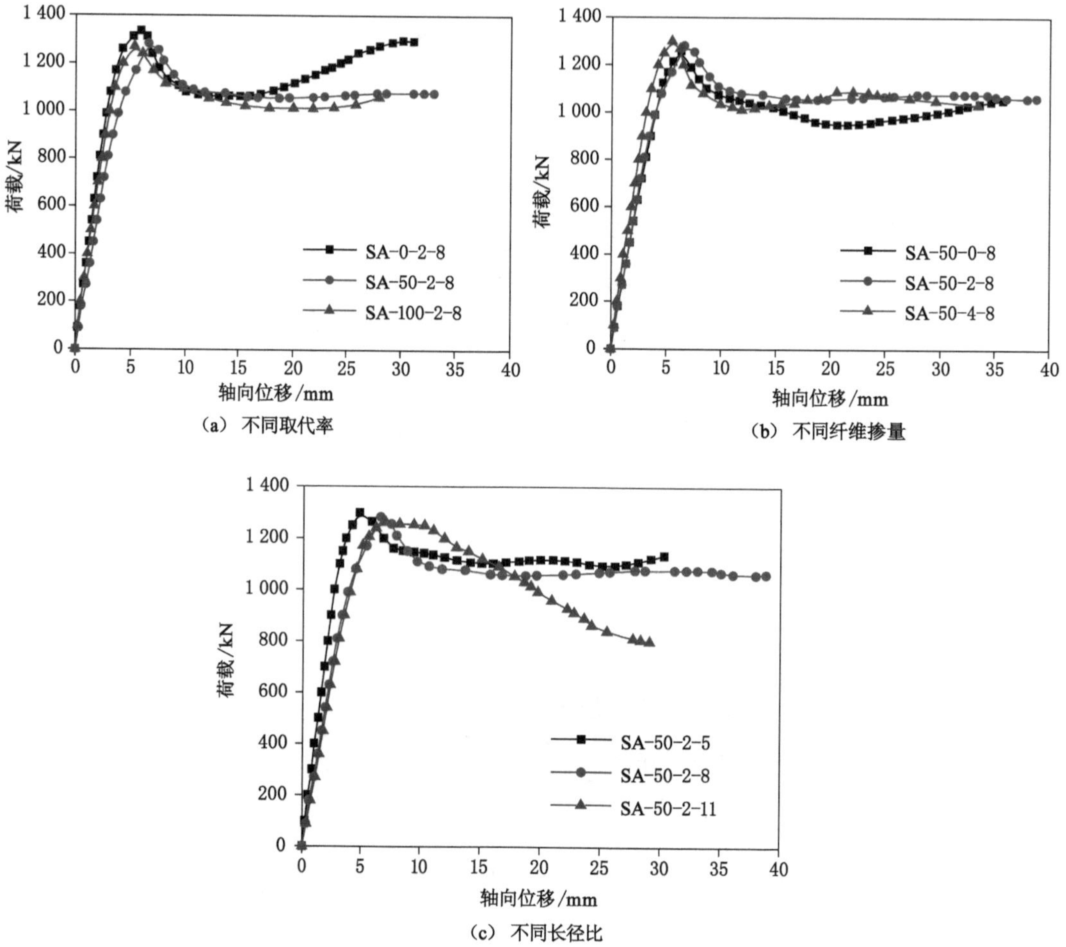

图 7-4 不同影响因素时的轴压试件的荷载-位移关系曲线

此外，一些学者对钢管钢纤维再生混凝土轴向承载力进行研究。Zong(2022)研究发现：钢管壁厚为 4 mm 时，再生粗骨料取代率为 100%的钢管再生混凝土，当钢纤维掺量由 0%增至 1.8%时，试件峰值荷载增大了 14.9%。Liu(2019)研究发现：钢管壁厚为 3 mm 时，再生粗骨料取代率为 75%的钢管再生混凝土，当钢纤维掺量由 0%增加至 1.8%时，峰值荷载增大了 14.4%。可见，钢纤维对钢管再生混凝土峰值承载力有较大影响，但是由于钢纤维易锈蚀，成本较高，且在钢管混凝土中更容易出现纤维结团，因此，本书将玄武岩纤维加入钢管再生混凝土以改善再生混凝土的力学性能。

表 7-4 不同变化参数时轴压试件的承载力对比

变化参数	试件编号	取代率/%	纤维掺量/(kg/m^3)	长径比	峰值荷载/kN	最大相差幅度/%
取代率	SA-0-2-8	0	2	8	1335	4.9
	SA-50-2-8	50	2	8	1 282	
	SA-100-2-8	100	2	8	1269	

表 7-4(续)

变化参数	试件编号	取代率/%	纤维掺量/(kg/m^3)	长径比	峰值荷载/kN	最大相差幅度/%
纤维掺量	SA-50-0-8	50	0	8	1258	3.3
	SA-50-2-8	50	2	8	1282	
	SA-50-4-8	50	4	8	1301	
长径比	SA-50-2-5	50	2	5	1299	3.0
	SA-50-2-8	50	2	8	1282	
	SA-50-2-11	50	2	11	1260	

(2) 耗能性能

耗能计算公式见式(5-5),计算模型如图 5-12 所示。不同影响因素时试件的耗能因子如图 7-5 所示。由图 7-5(a)和图 7-5(c)可知:随着取代率的增大或随着长径比的增大,试件的稳定性越来越差,耗能因子逐渐降低。当试件取代率为 100%时,其耗能因子比取代率为 50%和 0%时的试件分别低 1.24%、4.22%,表明再生粗骨料取代率较高时,试件的耗能能力受到削弱,这可能是由于再生粗骨料中存在微裂缝,使得试件提前破坏。不过,随取代率的提高,试件耗能因子的变化幅度小于 5%,可见再生粗骨料取代率对试件耗能因子的影响并不明显。长径比为 11 的轴压试件耗能因子比长径比为 8 和 5 的轴压试件分别降低了 3.4%和 6.4%,试件的耗能因子的降幅随着长径比的增大逐渐增大,这可能是因为随着长径比的增大,试件更早进入破坏阶段。

由图 7-5(b)可知:试件的耗能因子随着纤维掺量的增加逐渐增大。纤维掺量为 4 kg/m^3 的轴压试件的耗能因子比纤维掺量为 2 kg/m^3 和 0 kg/m^3 的轴压试件的分别大 5.8%、10.2%,试件的耗能能力在纤维的影响下有显著提高。

(3) 延性系数

延性系数反映了试件的变形能力,许多研究者(Ayough,2020;Ayough,2023)对钢管混凝土的延性计算方法进行了研究。基于此,本书提出了 BFRAC 方钢管轴压构件延性系数

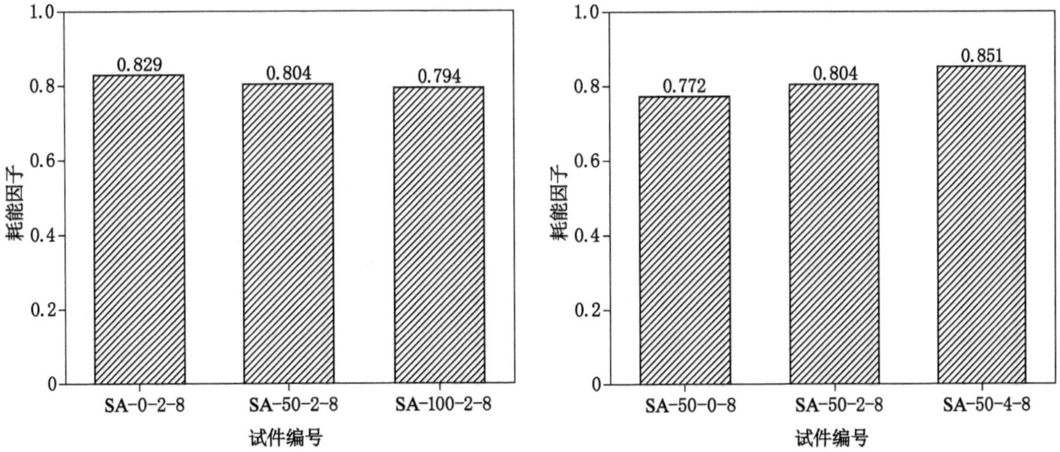

(a) 不同取代率　　(b) 不同纤维掺量

图 7-5　不同影响因素时的试件的耗能因子

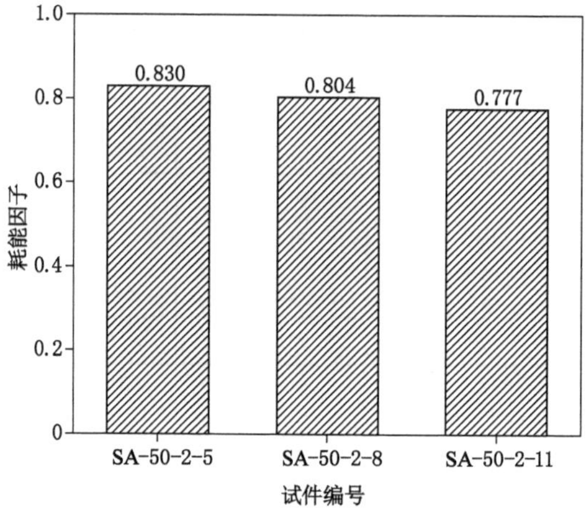

(c) 不同长径比

图 7-5 (续)

的计算方法，方钢管玄武岩再生混凝土轴压试件的延性系数如式(7-1)所示。

$$\mu_A = \frac{\Delta_v}{\Delta_p} \tag{7-1}$$

式中，μ_A 为试件的延性系数；Δ_v 为轴压试件的荷载-轴向位移关系曲线下降段 85%峰值荷载对应的位移；Δ_p 为轴压试件峰值荷载对应的轴向位移。

不同影响因素作用下试件的延性系数如图 7-6 所示。由图 7-6(a)可知：随着再生粗骨料取代率的增大，轴压试件的延性系数逐渐增大。这表明在钢管混凝土柱中使用一定比例的再生粗骨料有助于提高试件的延性系数，这可能是由于再生混凝土相比普通混凝土具有相对较多初始损伤的再生骨料，核心混凝土的塑性变形能力相对较强。由图 7-6(b)可知：纤维掺量增加使试件延性系数有一定的提高，当纤维掺量由 0 kg/m^3 提高到 2 kg/m^3 和 4 kg/m^3 时，延性系数分别提高了 2.9%和 5.6%。

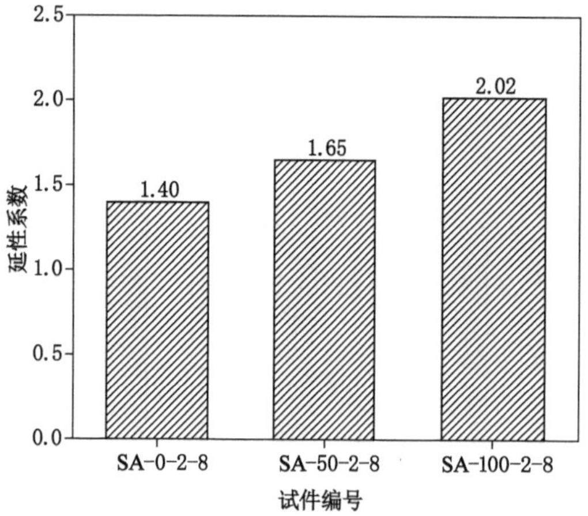

(a) 不同取代率

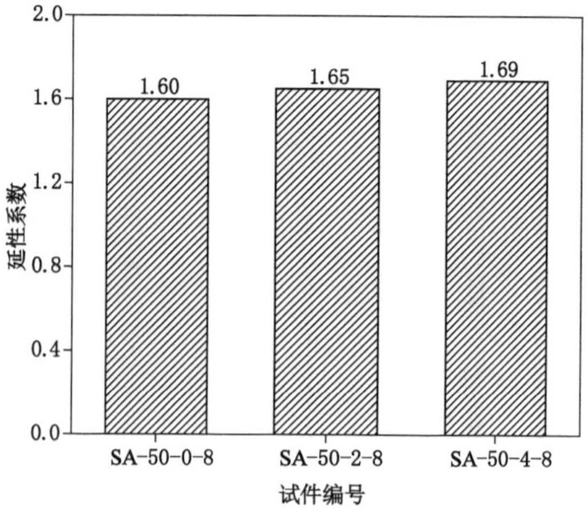

(b) 不同纤维掺量

图 7-6 不同影响因素作用下的试件的延性系数

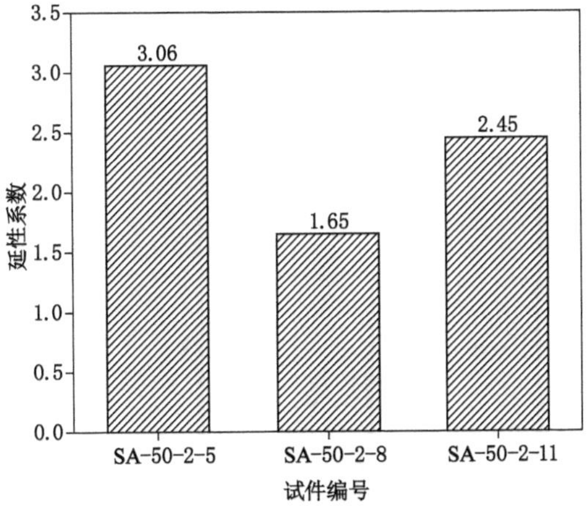

(b) 不同长径比

图 7-6 （续）

由图 7-6(c)可知：随着长径比的增大，轴压试件的延性系数先减小后增大，这是由于当长径比为 5 时，试件受压作用时后期承载力相比位移下降缓慢，导致延性系数较高。相比长径比为 8 的试件，长径比为 11 的试件在达到峰值荷载后发生弯曲破坏，在同样的荷载作用下，试件在柱高一半处会产生附加弯矩，增强了试件的弯曲效应，导致试件的竖向变形量加大，延性系数增大。

7.3　方钢管玄武岩纤维再生混凝土柱有限元分析

7.3.1　材料的本构关系

根据核心混凝土的受力特点，韩林海(2016)提出了核心混凝土本构模型的表达式，已有研究(Yang，2022；Lyu，2021)表明该模型也适用于钢管再生混凝土中的再生混凝土。其中上升段采用抛物线函数模型，下降段着重考虑钢管对核心混凝土的约束效应，引入套箍系数 ξ，具体表达式如式(7-2)所示。本书再生粗骨料取代率和纤维掺量以核心玄武岩纤维再生混凝土强度来反映。

$$y=\begin{cases}2x-x^2 & (x\leqslant 1)\\ \dfrac{x}{\beta_0(x-1)^\eta+x} & (x>1)\end{cases} \tag{7-2}$$

式中，$x=\dfrac{\varepsilon}{\varepsilon_0}$，$y=\dfrac{\sigma}{\sigma_0}$，$\varepsilon$、$\sigma$ 分别表示约束混凝土的纵向应变和应力；$\beta_0=\dfrac{f_c^{0.1}}{1.2\sqrt{1+\xi}}$；$\varepsilon_0=\varepsilon_c+800\xi^{0.2}10^{-6}$；$\varepsilon_c=(1\ 300+12.5\sigma_0)\times10^{-6}$；$\sigma_0$ 为混凝土圆柱体抗压强度，取 $\sigma_0=0.79f_{cu}$；$\eta=1.6+\dfrac{1.5}{x}$。

本书采用 Han(2003)提出的考虑钢材强化作用的双线性模型，应力-应变关系曲线如图 7-7 所示。可见，OA' 段为弹性阶段，$A'B'$ 段为塑性强化阶段，且塑性强化阶段弹性模量

取 $0.01E_s$，其中 E_s 为钢材弹性阶段的弹性模量。

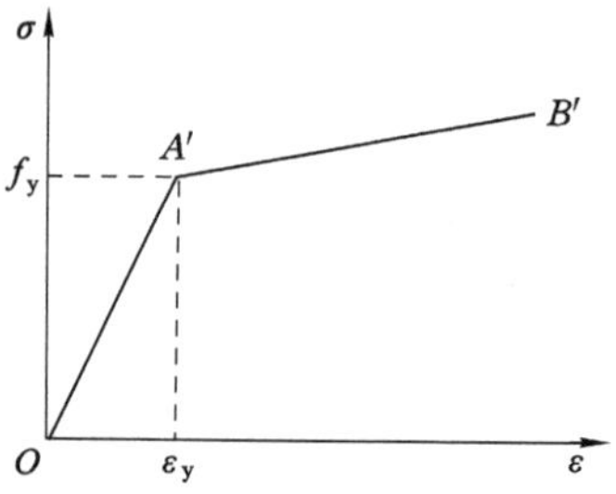

图 7-7　钢材的应力-应变关系曲线

7.3.2　有限元模型的建立

采用 ABAQUS 6.10 有限元软件对方钢管玄武岩纤维再生混凝土受压柱进行模拟。建模时，核心混凝土采用三维实体单元，钢管采用三维壳单元，端板采用三维壳单元。材料属性方面，对于核心混凝土的参数设定，定义弹性和损伤塑性，其中膨胀角、偏心率、黏性参数分别设定为 30°、0.1、0.000 5；钢材选用理想弹塑性两段式模型，定义弹性和塑性；盖板假设为刚度非常大的弹性材料，只定义弹性，不定义塑性。对于接触的设定，定义钢管与核心混凝土法向为硬接触，切向摩擦为罚函数，摩擦系数为 0.5(Han，2003)；核心混凝土与上、下盖板采用绑定约束；钢管与上、下盖板同样采用绑定约束。对于荷载施加，设定试件上、下盖板的中心为参考点。本书将刚度较大的核心玄武岩纤维再生混凝土面设置为主表面，刚度较小的钢管内表面设置为从表面。上参考点固定 x 轴、y 轴的移动，z 轴方向下移 30 mm，下参考点为铰接。此外，本研究的模拟采取位移控制的加载方式。每个构件均采用结构化网格进行网格划分，为保证仿真结果的准确性，最终确定各部件的网格尺寸为 20 mm。随后对各部件的网格进行单独划分，并控制不同部件的网格大小一致，无交错点。有限元模型如图 7-8 所示。

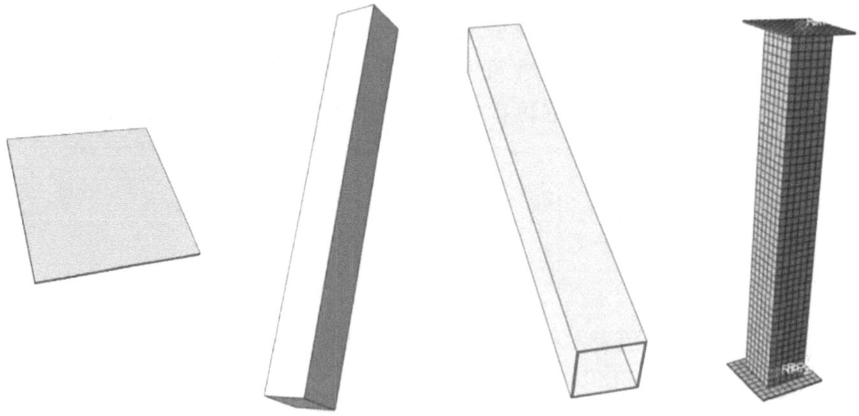

(a) 上、下盖板　(b) 核心混凝土　(c) 外部钢管　(d) 网格划分

图 7-8　模型的建立

7.3.3　有限元计算结果及验证

（1）荷载-轴向位移关系曲线

将模拟得到的轴压试件荷载-轴向位移关系曲线与实测曲线进行对比，如图 7-9 所示。可见，模拟所得到的荷载-位移关系曲线同样存在线性上升段、缓慢上升段、下降-平稳发展段。试件在上升段模拟曲线斜率略大于试验曲线的，造成这种差异的原因可能是在建模过程中钢管、混凝土等单元均为均匀材料。但是在试验过程中存在一定的试验误差，包括盖板与混凝土之间的间隙、加载装置的变形等，可能会对试验结果产生一定的影响。部分试件荷载-位移关系曲线的下降段模拟结果与试验结果存在一定的差别，但是总体趋势基本一致，这是由于对于长径比为 5 和 8 的试件，本书所选取的混凝土本构模型在下降段为一个不断下降的过程，且钢管的强化作用无法完全弥补下降段混凝土承载力的持续下降，因此，模拟曲线无法拟合出曲线在下降段到达波谷时的一个回升趋势。当长径比为 11 时，试件的破坏模式类似于压弯破坏，导致试验曲线在下降-平稳发展段中，试件材料强度无法得到充分发挥，因此，试验曲线下降段强度低于模拟曲线下降段强度。

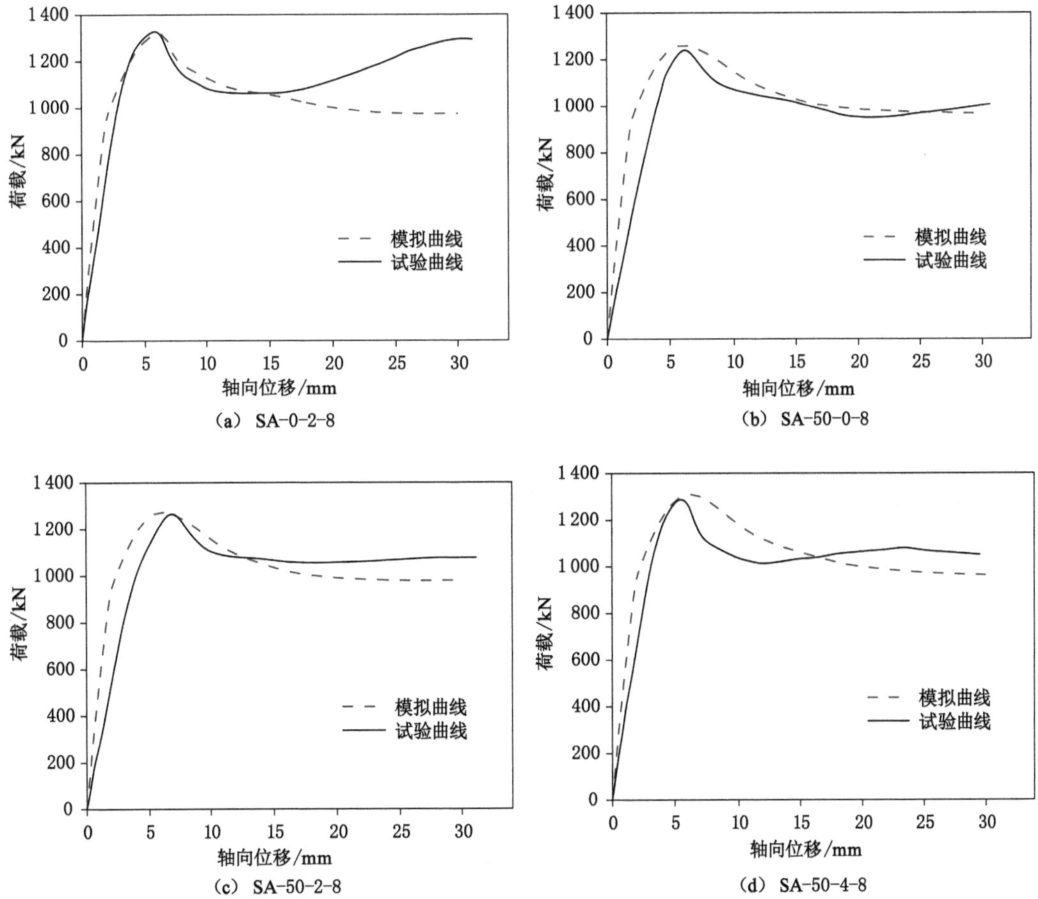

（a）SA-0-2-8　（b）SA-50-0-8

（c）SA-50-2-8　（d）SA-50-4-8

图 7-9　试件荷载-轴向位移关系曲线对比

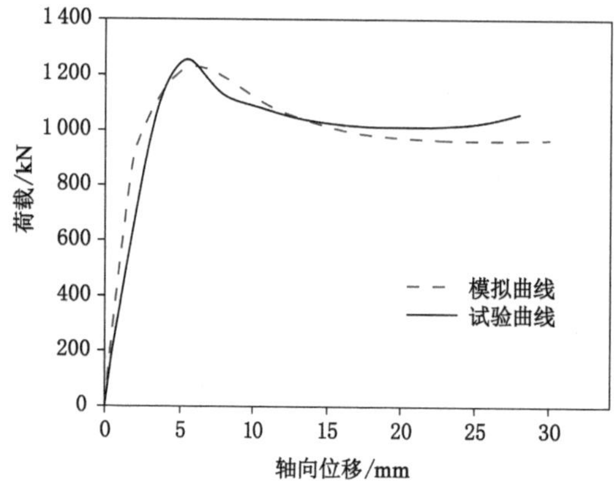

(e) SA-100-2-8

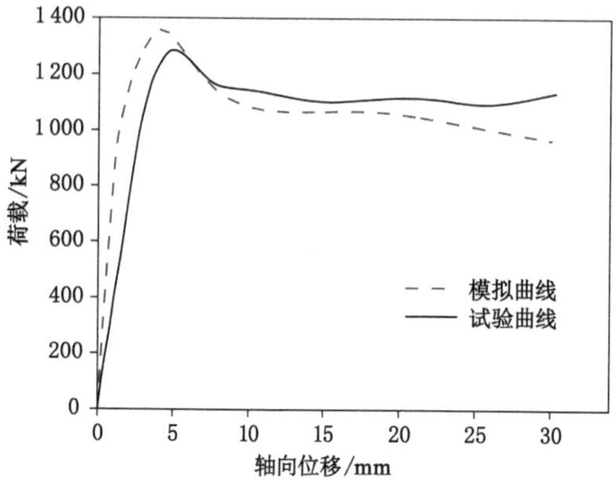

(f) SA-50-2-5

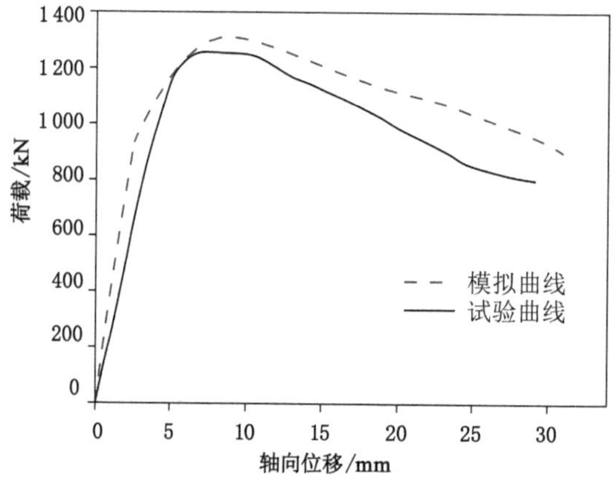

(g) SA-50-2-11

图 7-9 (续)

(2) 峰值荷载

方钢管玄武岩纤维再生混凝土轴压试件实测和模拟所得的峰值荷载见表 7-5。模拟所得的峰值荷载与实测值比较接近,误差在 0.2%～5.4%之间,绝对误差率平均值为 1.6%。随着再生粗骨料取代率的增大,轴压试件峰值荷载模拟值线性降低,当再生粗骨料取代率较小时,模拟结果与实测结果相差不大;随着玄武岩纤维掺量的增加,轴压试件峰值荷载模拟值逐渐增大,不同纤维掺量时,轴压试件峰值荷载模拟值大于实测值,当纤维掺量为 2 kg/m^3 时,峰值荷载模拟值与实测值最为接近,二者相差 0.3%。随着长径比的增大,轴压试件峰值荷载模拟值的降幅明显大于实测值的降幅,当轴压试件的长径比从 5 增大到 11 时,峰值荷载模拟值降低了 8.1%,而实测值降低了 3.0%。

表 7-5 试件峰值荷载对比

试件编号	实测承载力/kN	模拟承载力/kN	绝对误差/%
SA-0-2-8	1 335	1 332	0.2

表 7-5(续)

试件编号	实测承载力/kN	模拟承载力/kN	绝对误差/%
SA-50-0-8	1 258	1 273	1.9
SA-50-2-8	1 282	1 286	0.3
SA-50-4-8	1 301	1 324	1.8
SA-50-2-5	1 299	1 359	4.6
SA-50-2-11	1 260	1 328	5.4
SA-100-2-8	1 269	1 245	1.2

综上所述，模拟得到的荷载-位移关系曲线与试验曲线基本吻合，峰值荷载模拟值与实测值比较接近，表明本书所建立的有限元模型能够应用于对试件影响参数的拓展分析。

7.4　方钢管玄武岩纤维再生混凝土受压柱影响因素扩展分析

7.4.1　核心混凝土强度

在保持钢材强度(f_y=345 MPa)、长径比(L/D=8)、钢材壁厚(t=3.5 mm)等参数不变的情况下，研究轴压作用下核心玄武岩纤维再生混凝土强度(C30、C40、C50、C60)对钢管玄武岩纤维再生混凝土柱受力性能的影响。不同核心混凝土强度时，试件的荷载-轴向位移关系曲线如图 7-10 所示。

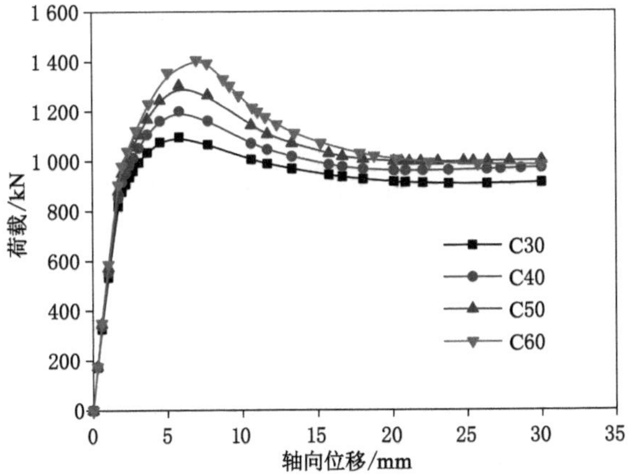

图 7-10　试件的荷载-轴向位移关系曲线

可见，不同强度等级时曲线的线性上升段几乎重合，不同核心混凝土强度对方钢管柱试件的初始组合弹性模量的影响较小。其原因是加载初期核心混凝土的横向变形小于钢管的横向变形，此时钢管对混凝土尚无约束作用，因此，试件抵抗变形的能力基本相同。当荷载升至 800 kN 之后，不同强度等级试件的荷载-轴向位移关系曲线开始出现明显不同，此时，核心混凝土强度等级越大，荷载-轴向位移关系曲线的斜率越大，即试件达到相同位移所需荷载越大。随着核心玄武岩纤维再生混凝土强度等级的增大，荷载-轴向位移关系曲线的下降段越来越陡。取试件下降段85%峰值荷载点的切线斜率，可以得到：随着核心混凝土强度等级从C30提高到C60，切线斜率的绝对值分别为7.01、23.92、32.57、44.29，分别提高了236.81%、36.20%、35.97%。其原因是核心玄武岩纤维再生混凝土的强度越大，钢管对核心混凝土的约束效应越弱，且核心混凝土的强度等级越高，材料脆性越大，因此，试件在峰值点后的承载力就会急剧下降。

此外，由图7-11可知：方钢管玄武岩纤维再生混凝土柱的峰值荷载随着核心混凝土强度等级的提高而增大。当核心混凝土强度等级由C30逐渐提高至C60时，试件的峰值荷载分别提高9.54%、8.53%、7.91%。因此在工程实践中，对于核心混凝土强度等级介于C30～C60的钢管再生混凝土构件，建议采用提高核心混凝土强度等级的方法提高构件的承载力。

7.4.2 钢管壁厚

在保持钢材强度(f_y=345 MPa)、长径比(L/D=8)等参数不变的情况下，研究在轴压作用下不同钢管壁厚(t=3 mm、4 mm、5 mm、6 mm)对方钢管玄武岩纤维再生混凝土柱受压性能的影响规律。不同钢管壁厚时，试件的荷载-轴向位移关系曲线如图7-11所示。

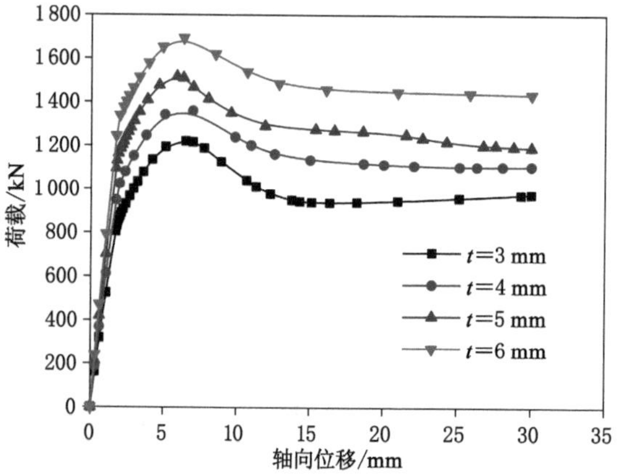

图7-11 轴压试件的荷载-轴向位移关系曲线

可见，不同壁厚时的曲线的线性上升段斜率十分接近。当荷载升至400 kN之后，不同壁厚的方钢管柱曲线开始出现明显不同，钢管壁厚越大，荷载-轴向位移关系曲线的斜率越大。不同壁厚的轴压试件荷载-轴向位移关系曲线的下降段无明显差别，只是在下降段后期发展阶段，试件的壁厚越大，钢管对混凝土的约束作用越强，后期的承载力越高，试件的下降段越趋于平缓。

此外，由图7-11可知：不同壁厚的方钢管玄武岩纤维再生混凝土柱的峰值荷载随着壁厚的增大而线性增大，当壁厚由3 mm逐渐增大至6 mm时，轴压试件的峰值荷载分别提高了11.34%、11.47%、11.66%。由此可知：增大钢管壁厚对提高试件承载力效果明显。因此，在工程实践中，对于钢管壁厚处于3～6 mm变化范围内的方钢管玄武岩再生混凝土构件，建议通过增大钢管壁厚提高构件的承载力。

7.4.3　再生粗骨料取代率

在保持钢材强度(f_y=345 MPa)、长径比(L/D=8)、钢材壁厚(t=3.5 mm)、纤维掺量(m_{BF}=2 kg/m^3)等参数不变的情况下，研究在轴压作用下再生粗骨料取代率(δ=0%、δ=30%、δ=70%、δ=100%)对钢管玄武岩纤维再生混凝土柱受力性能的影响规律。不同再生粗骨料取代率时，试件的荷载-轴向位移关系曲线如图 7-12 所示。

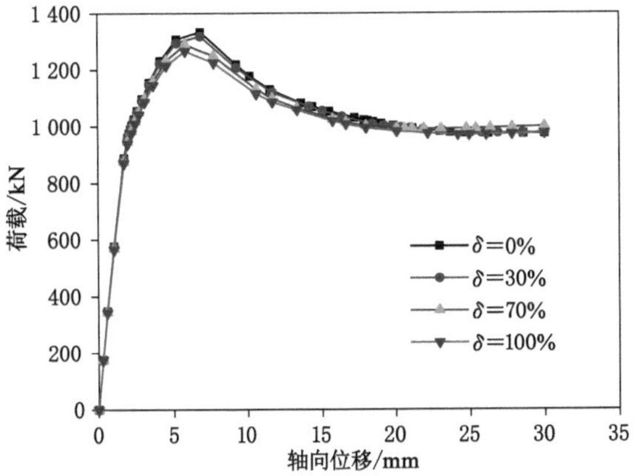

图 7-12　轴压试件的荷载-轴向位移关系曲线

可见，不同取代率时曲线的线性上升段几乎重合。当荷载升至 900 kN 之后，不同取代率时的方钢管轴压柱荷载-轴向位移关系曲线开始出现分化，取代率越大，荷载-轴向位移关系曲线的斜率越小，峰值荷载越小，但总体上再生粗骨料取代率对轴压试件的峰值荷载的影响较小。不同取代率时试件的荷载-轴向位移关系曲线下降段无明显差别。结合章节 7.2.3 试验研究结果表明：不同再生粗骨料取代率对峰值荷载的影响并不明显。因此，建议将 100%取代率时的方钢管玄武岩纤维再生混凝土应用于工程实践，这对建筑垃圾循环利用具有十分良好的促进作用。

7.4.4　纤维掺量

在保持钢材强度(f_y=345 MPa)、长径比(L/D=8)、钢材壁厚(t=3.5 mm)、再生粗骨料取代率(δ=50%)等参数不变的情况下，研究在轴压作用下纤维掺量(0 kg/m^3、2 kg/m^3、4 kg/m^3、6 kg/m^3)对钢管玄武岩纤维再生混凝土柱受力性能的影响规律。不同玄武岩纤维掺量时，试件的荷载-轴向位移关系曲线如图 7-13 所示。

可见，不同纤维掺量时曲线的轮廓大致相同。各条曲线上升段几乎重合。当荷载达到 900 kN 之后，曲线的走向开始稍有不同，随着纤维掺量的增加，荷载-位移关系曲线的斜率逐渐增大，峰值荷载逐渐提高，但是峰值荷载的提升幅度并不明显。在曲线下降段，试件的变形能力随着纤维掺量的增加有明显提升，且在后期发展阶段，高纤维掺量的试件承载力也高于低纤维掺量的试件。结合 7.2.3 节试验研究结果表明：不同纤维掺量对试件峰值荷载的影响并不明显，但是对试件的耗能能力和延性有较大的影响。因此，在工程实践中，对于纤维掺量在 0～6 kg/m^3 变化范围内的方钢管玄武岩纤维再生混凝土构件，建议通过提高

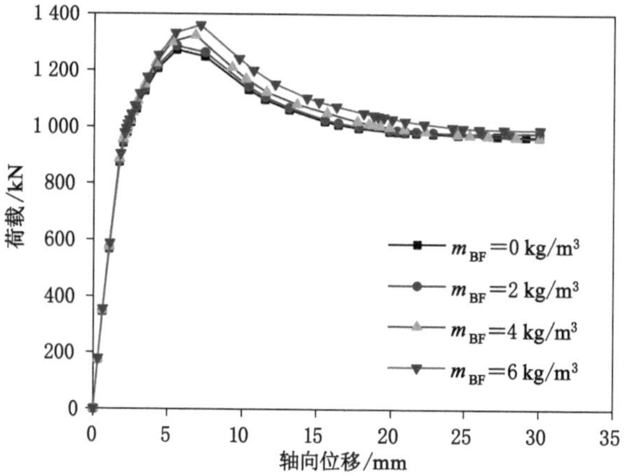

图 7-13　轴压试件的荷载-轴向位移关系曲线

玄武岩纤维掺量以实现构件良好的变形能力。

7.5　本章结论

本章通过对不同变化参数时的方钢管玄武岩纤维再生混凝土试件进行轴压试验和有限元分析，主要得到以下结论：

（1）长径比为 5 和 8 的试件破坏形态为试件上部存在一道或多道鼓曲环，长径比为 11 的轴压试件在破坏时中部出现较大的侧向变形。试件上部鼓曲处混凝土被压碎严重。

（2）不同参数时试件的荷载-轴向位移关系曲线均呈现 3 个应力阶段。所有试件曲线较饱满且存在较长的变形流幅，个别试件曲线在到达波谷后承载力出现了缓慢回升。

（3）当取代率由 0%增至 100%时，试件的峰值荷载从 1 335 kN 降低到 1 269 kN，耗能系数从 0.829 降低到 0.794，分别降低了 4.9%和 4.22%，降低幅度并不明显。

（4）随着玄武岩纤维掺量的增加，试件峰值荷载提升幅度最高可达 3.3%，提升幅度并不明显。随着玄武岩纤维掺量的增加，试件耗能系数从 0.772 增大到 0.851，延性系数从 1.60 增大到 1.69，增幅分别为 10.2%和 5.6%。

（5）当试件长径比由 5 增大到 11 时，峰值荷载由 1 299 kN 减小到 1 260 kN，耗能系数由 0.830 减小到 0.777，分别减小了 3.0%和 6.4%。

（6）模拟得到的荷载-位移关系曲线与试验曲线基本吻合。本书所建立的有限元模型，能够应用于方钢管玄武岩纤维再生混凝土试件影响参数的有限元拓展分析。

（7）通过有限元参数扩展分析，研究了玄武岩纤维再生混凝土强度、钢管壁厚、取代率、纤维掺量对方钢管玄武岩纤维再生混凝土柱试件受压性能的影响规律，并提供了相关的设计方法。

第 8 章　钢管玄武岩纤维再生混凝土中长柱偏压性能研究

8.1　试验概况

8.1.1　试验原材料

试验所选用原材料见 2.1.1 节。BFRAC 的配合比见表 7-1，BFRAC 的力学性能指标见表 7-2。

8.1.2　试件的设计及制作

试验采用 Q235 级钢材，方钢管按设计尺寸冷弯成型，并采用直焊缝焊接的方式加工而成。根据《金属材料拉伸试验 第 1 部分：室温试验方法》(GB/T 228.1—2021)，实测的钢管屈服强度、极限强度、弹性模量、泊松比及屈服应变见表 8-1。

试件制作方法与轴压试件的制作方法一致。试件编号及设计参数见表 8-1，其中，SA-50-2-8 为轴心受压对比试件，其余为偏心受压试件。此外，对于偏心受压试件，在上、下盖板处焊接 2 根长度为 150 mm、直径为 10 mm 的光滑圆钢筋，使直径为 40 mm 的滚轮恰好支撑在盖板上的 2 根钢筋之间。保证滚轮与端板完全接触，可以自由旋转，但是不能产生水平滚动，以保证滚轮在试验过程中不会脱落。试件的端部如图 8-1(c)所示。

表 8-1　试件设计参数

试件编号	L/mm	e/mm	e_r/%	L/B	B/t	α	f_{cu}/MPa	f_c/MPa	f_y/MPa	ξ
SA-50-2-8	960	0	0	8	34.29	0.128	50.7	36.1	417.52	1.48
SE-0-2-40%-8	960	24	40	8	34.29	0.128	52.8	41.5	417.52	1.29
SE-50-0-40%-8	960	24	40	8	34.29	0.128	48.5	34.9	417.52	1.53
SE-50-2-40%-8	960	24	40	8	34.29	0.128	50.7	36.1	417.52	1.48
SE-50-4-40%-8	960	24	40	8	34.29	0.128	51.9	38.5	417.52	1.39
SE-50-2-40%-5	600	24	40	5	34.29	0.128	50.7	36.1	417.52	1.48
SE-50-2-80%-8	960	32	80	8	34.29	0.128	50.7	36.1	417.52	1.48
SE-50-2-40%-11	1 320	24	40	11	34.29	0.128	50.7	36.1	417.52	1.48
SE-100-2-40%-8	960	24	40	8	34.29	0.128	46.1	32.2	417.52	1.66

注：L 为试件高度；e 为偏心距；e_r 为偏心率，$e_r = e/r$，$r=B/2$；α 为含钢率，$\alpha=A_s/A_c$，A_s、A_c 分别为钢管和核心混凝土的横截面面积；f_{cu} 为立方体抗压强度；f_c 为棱柱体抗压强度；ξ 为约束效应系数，$\xi=\alpha f_y/f\alpha_c$。试件命名方法以 SE-0-2-40%-8 为例，SE 为偏压试件，0 表示再生粗骨料取代率为 0%，2 表示玄武岩纤维掺量为 2 kg/m^3，8 为试件的长径比为 8，40%表示偏心试件的受压偏心率为 40%，其他试件以此类推。

8.1.3 加载制度及试验装置

试验采用最大量程为 5 000 kN 的电液伺服压力机。位移数据和荷载分别由电子百分表、联体计算机获取，试验加载装置如图 8-1 所示。偏压试件加载制度与轴压加载制度一样。

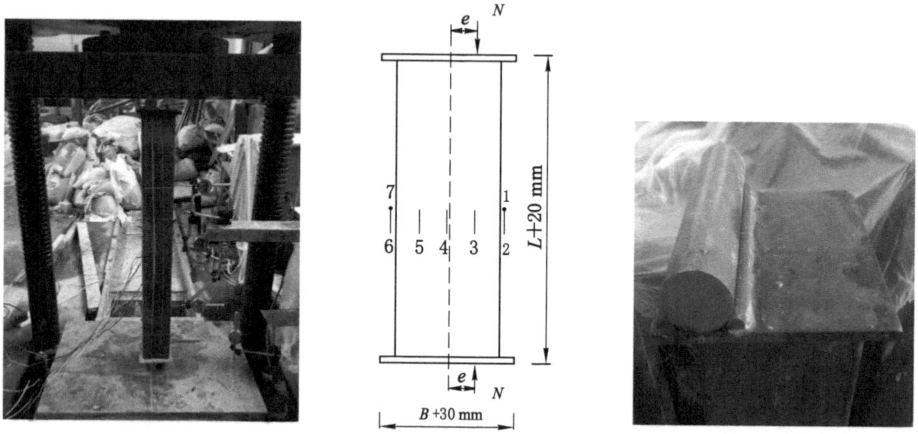

(a) 加载装置实图　(b) 加载装置示意图　(c) 试件端部详情

图 8-1 试件加载装置

8.2 试验结果及分析

8.2.1 加载过程及破坏形态

加载初期，方钢管玄武岩纤维再生混凝土柱处于弹性阶段，试件无明显变形；当荷载增加至极限承载力的 40%～50%时，试件表面开始有铁锈脱落，并偶然伴有内部混凝土开裂的噼啪声，试件的侧向弯曲和轴向变形随荷载的增大逐渐增加；当荷载达到峰值荷载的 90%左右时，试件产生明显侧向弯曲和轴向变形，方钢管受压侧出现一到两处明显的鼓曲；随着加载的继续进行，试件的侧向变形和轴向变形逐渐加快；当荷载降至极限承载力的 80%左右时，停止加载。

试件最终的破坏形态如图 8-2 所示。长径比为 8、11 的试件的侧向变形较大，且多数试件的最大侧向变形集中在试件中部，试件的破坏形态为压弯破坏。当长径比为 5 时，试件的整体侧向变形较小，试件的破坏形态类似轴压破坏。

将破坏后的试件外包钢管切开，内部的核心玄武岩纤维再生混凝土破坏形态如图 8-3 所示。可见，试件上部核心混凝土破坏严重，上部受拉区核心玄武岩纤维再生混凝土存在多条裂缝，且裂缝宽度较大；上部受压区核心玄武岩纤维再生混凝土被严重压碎。

8.2.2 试件荷载-轴向位移关系曲线分析

不同变化参数时方钢管玄武岩纤维再生混凝土柱的荷载-轴向位移关系曲线如图 8-4

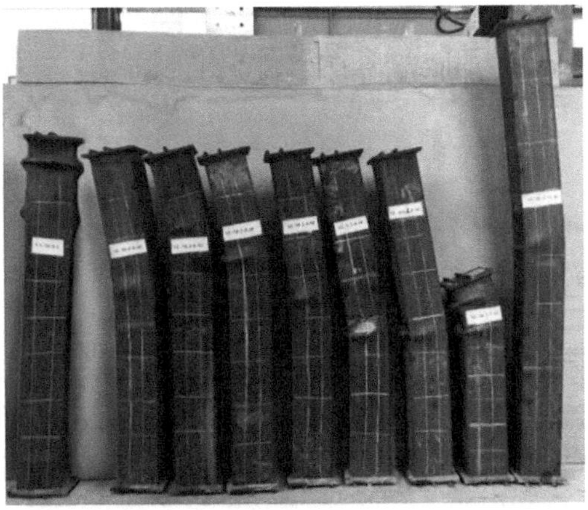

图 8-2　试件的破坏形态

图 8-3　核心玄武岩纤维再生混凝土的破坏形态

所示。可见，轴压试件的荷载-轴向位移关系曲线分为弹性、弹塑性、下降段和塑性四个受力阶段。试件在塑性阶段曲线较为平缓，试件的曲线饱满且出现了较长的变形流幅。所有偏压试件曲线都分为弹性、弹塑性和下降段三个受力阶段。在弹性阶段，荷载与位移呈线性关系，不同纤维掺量和偏心率时试件上升段有较大区别，曲线斜率随纤维掺量的增加不断增大，随偏心率的增大不断减小。在弹塑性阶段，不同参数时试件荷载-轴向位移关系曲线的偏离较为明显。当加载至峰值荷载时，试件逐渐进入下降段，不同偏心率和长径比对曲线下降段有显著影响，随着偏心率的减小或长径比的增大，试件下降段曲线的斜率逐渐增大，稳定性越差。

8.2.3　试件荷载-柱中挠度关系曲线分析

不同影响因素时偏压试件的荷载-柱中挠度关系曲线如图 8-5 所示。可见，不同影响因素时试件的荷载-柱中挠度关系曲线的形状大致相同，分为弹性阶段、弹塑性阶段、下降段。在弹性阶段，不同取代率和纤维掺量时曲线上升段几乎重合，不同偏心率与长径比对曲线上升段有较大影响，随着偏心率或长径比的增大，曲线的斜率逐渐减小。随着荷载继续增大，试件进入弹塑性阶段，当接近峰值荷载时，试件的侧向位移增速逐渐增大。试件达到峰值荷载后，逐渐进入下降段，不同影响因素时曲线的下降段近似线性下降，试件的承载力随着位移的增大线性降低。

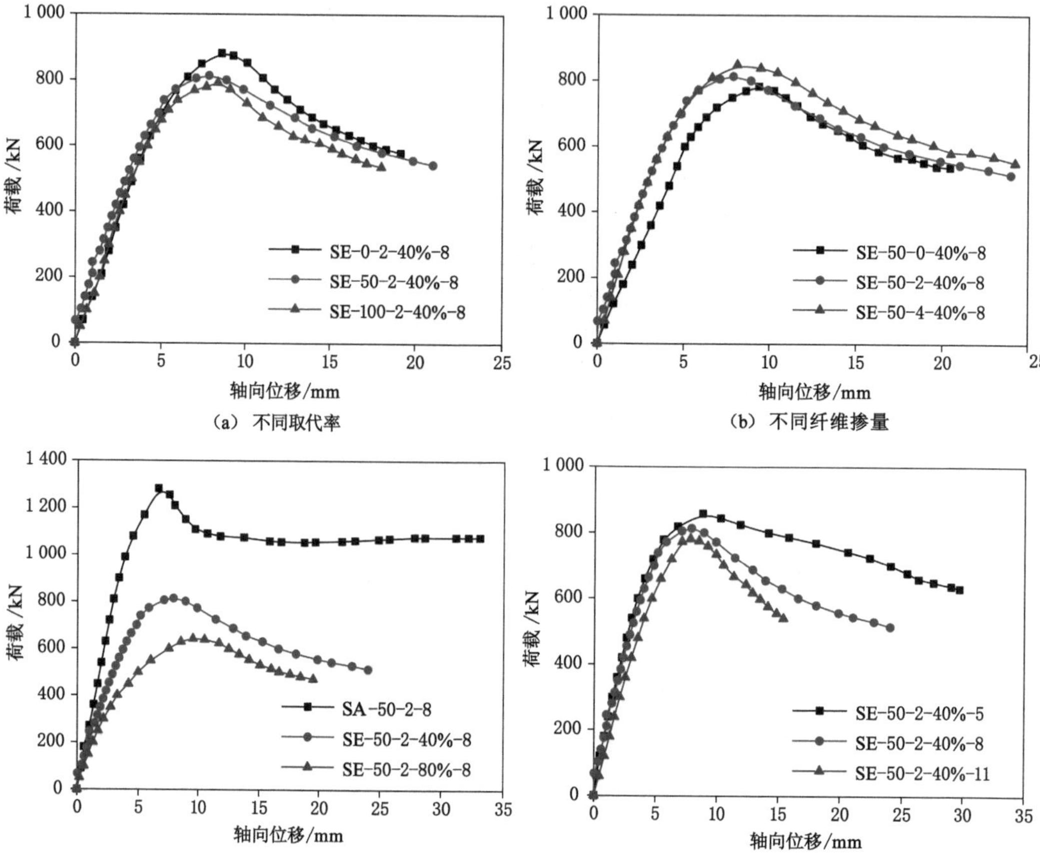

(a) 不同取代率　(b) 不同纤维掺量

(c) 不同偏心率　(d) 不同长径比

图 8-4　不同影响因素时偏压试件的荷载-轴向位移关系曲线

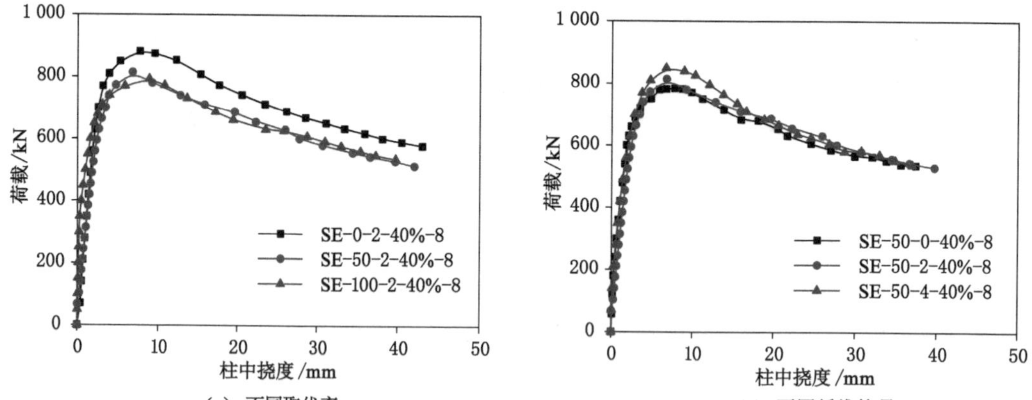

(a) 不同取代率　(b) 不同纤维掺量

图 8-5　不同影响因素时偏压试件的荷载-柱中挠度关系曲线

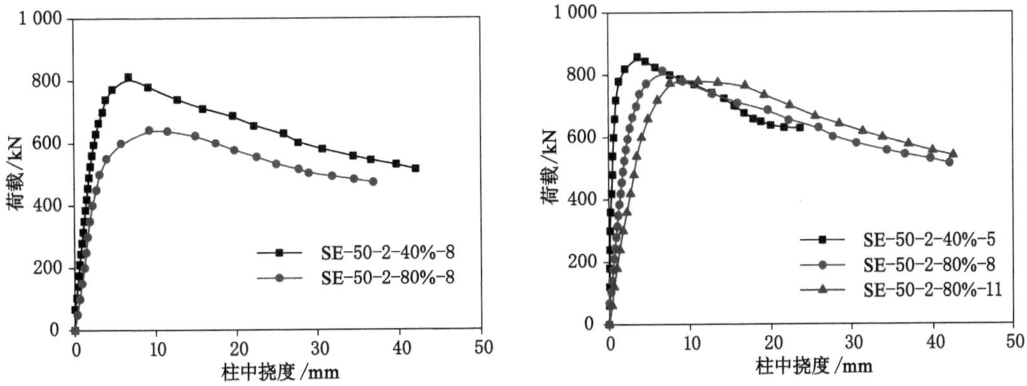

(c) 不同偏心率　　(d) 不同长径比

图 8-5 （续）

8.2.4　试件柱高-侧向挠度关系曲线分析

取试件 1/2 和上、下 1/4 高度处的水平位移，绘制试件的柱高-侧向挠度关系曲线，如图 8-6 所示。其中，荷载正值取加载上升段的荷载值，荷载负值取承载力下降时的荷载值。

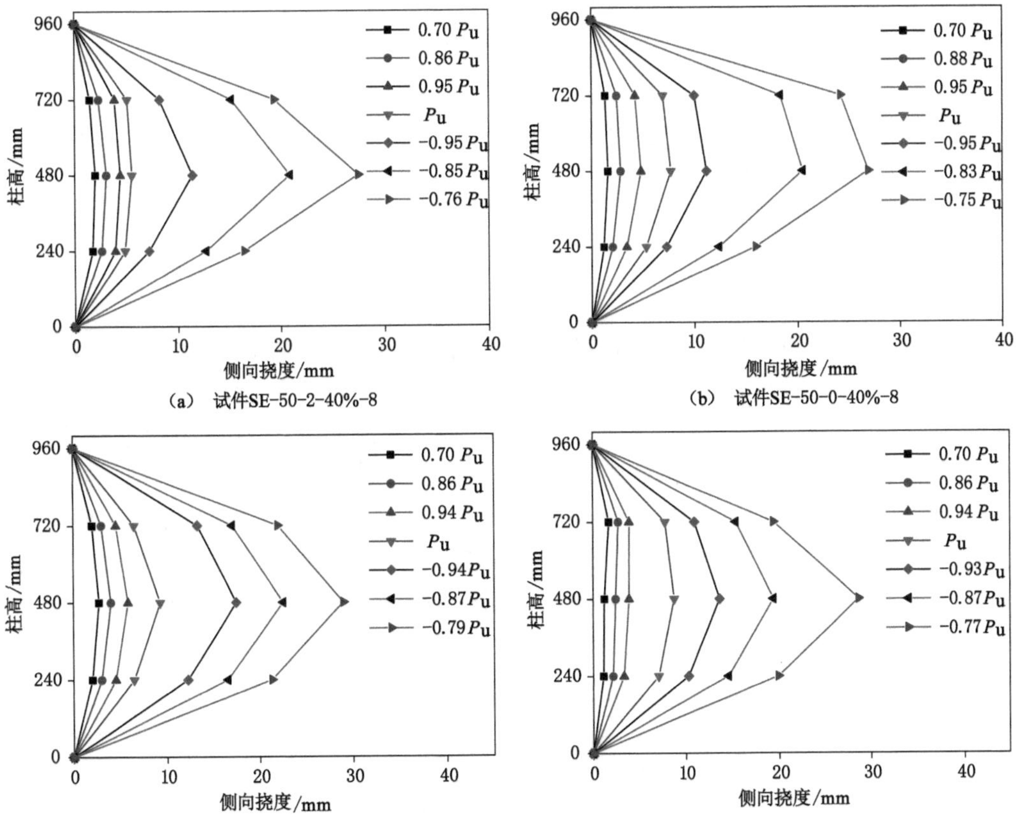

(a) 试件SE-50-2-40%-8　　(b) 试件SE-50-0-40%-8

(c) 试件SE-50-2-80%-8　　(d) 试件SE-100-2-40%-8

图 8-6　方钢管玄武岩纤维混凝土柱偏心受压下的柱高-侧向挠度关系曲线

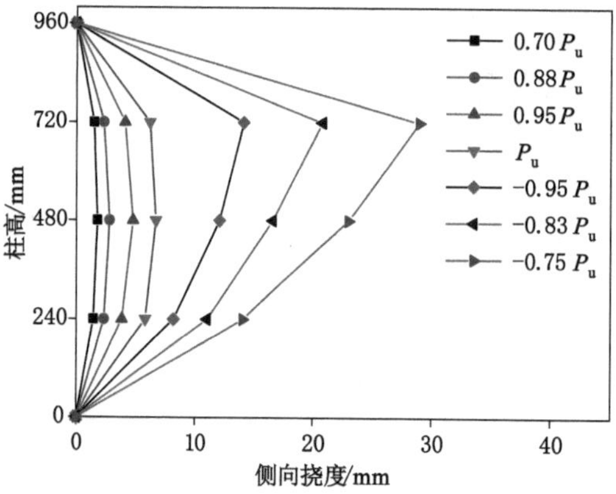

(e) 试件SE-50-4-40%-8

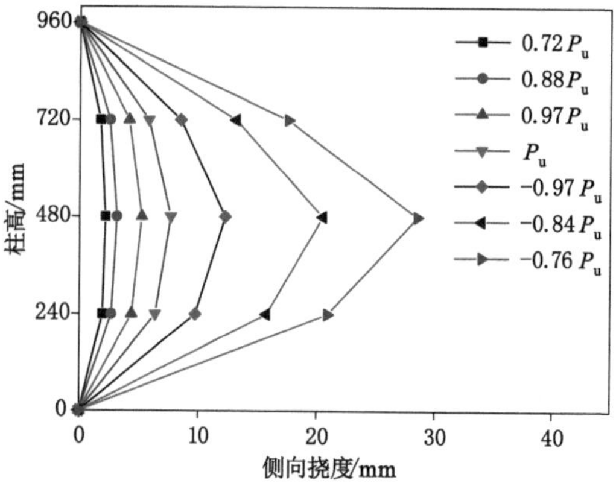

(f) 试件SE-0-2-40%-8

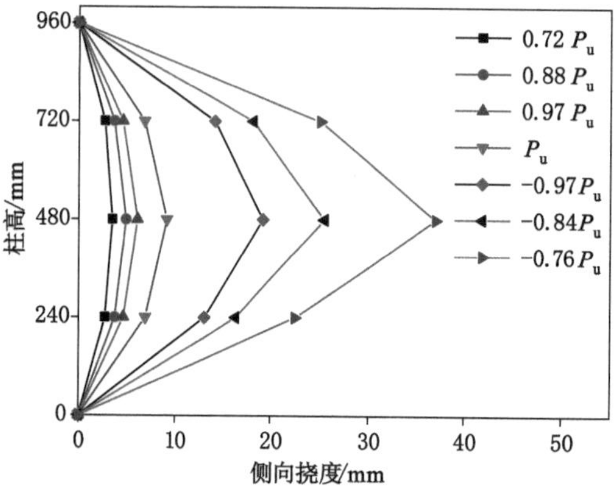

(g) 试件SE-50-2-40%-11

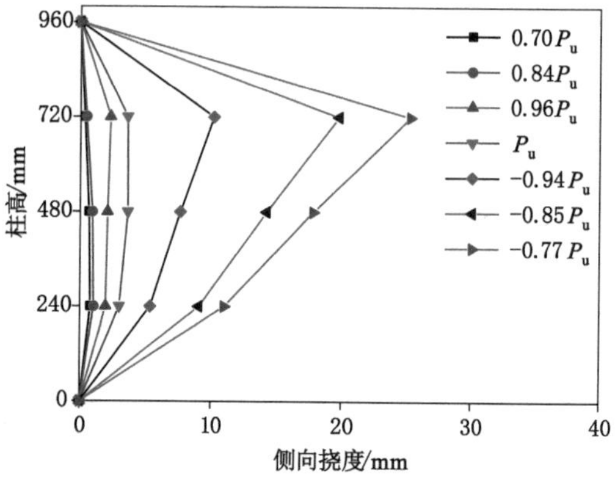

(h) 试件SE-50-2-40%-5

图 8-6 (续)

所有偏压试件的侧向挠度曲线随加载进行的变化规律基本相同。在弹性阶段,不同变化参数时试件的侧向挠度较小,曲线基本上下对称。随着荷载继续增大,试件逐渐进入弹塑性阶段,侧向挠度增长较快,其中,试件 1/2 高度处挠度变化最快。当荷载达到峰值荷载后,试件的侧向挠度大幅度增大,侧向挠度分布曲线形状越来越接近正弦波形,大部分试件最大侧向挠度出现在中部位置。试件 SE-50-4-40%-8 和试件 SE-50-2-40%-5 的最大侧向挠度出现在试件的中上部,这可能是由于方钢管内核心玄武岩纤维再生混凝土在浇筑过程中振捣不密实,中上部产生了空隙,个别试件在偏心受压过程中侧向最大挠度沿着核心混凝土中的空隙或裂缝发展,导致试件中上部发生较大挠度变形。

8.2.5 截面应变沿截面高度分布曲线

选取试件 SE-50-0-40%-8 和 SE-50-2-40%-5 为代表,分析纵向应变沿柱中截面高度分布情况,如图 8-7 所示。可见,在加载过程中,跨中截面应变与截面高度呈现良好的线性关系,基本符合平截面假定。且加载初期应变与截面高度的线性关系优于加载后期,表明加载初期方钢管与玄武岩纤维再生混凝土具有更好的协同工作性能;加载后期由于受偏压试件破坏形态的影响，应变沿截面高度分布呈现非线性发展趋势。

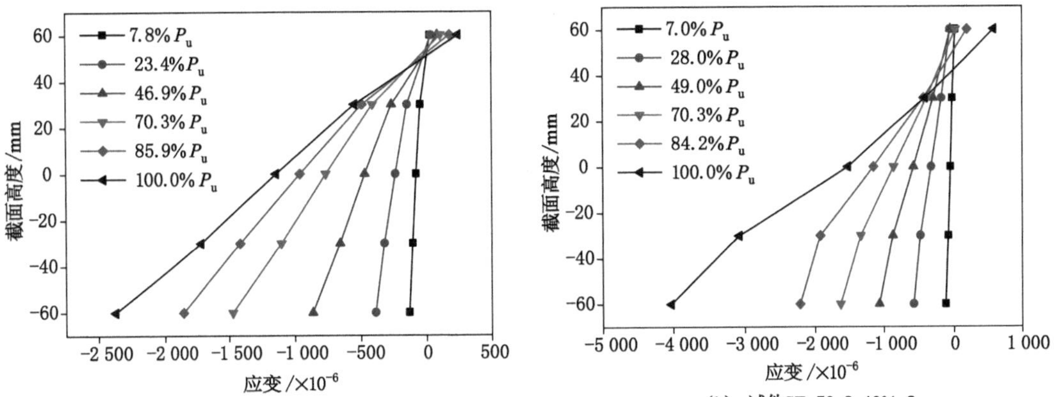

(a) 试件SE-50-0-40%-8　　(b) 试件SE-50-2-40%-8

图 8-7　应变沿截面高度的分布曲线

8.2.6　受压性能影响因素分析

(1) 峰值荷载

不同变化参数时偏压试件的峰值荷载见表 8-2。随着再生粗骨料取代率的增大，偏压试件的峰值荷载逐渐降低，当再生粗骨料取代率由 0%增大至 100%时，试件承载力降低了 10.1%，取代率对试件峰值荷载无显著影响。随着纤维掺量增加，试件的峰值荷载逐渐增大，且峰值荷载最大增幅为 7.8%。试件的峰值荷载随试件长径比的增大逐渐降低，长径比为 11 的试件的承载力比长径比为 5 的试件的承载力低 9%。偏心率对试件偏心受压承载力有较大影响。随着偏心率的增大，试件的承载力逐渐降低且降幅较大，偏心率为 80%的试件的承载力比偏心率为 0%的试件的承载力低 49.8%。

表 8-2　不同变化参数时偏压试件承载力对比

试件编号	取代率/%	纤维掺量/(kg/m³)	偏心率/%	长径比	峰值荷载/kN	最大相差幅度/%
SE-0-2-40%-8	0	2	40	8	882	10.1
SE-50-2-40%-8	50	2	40	8	814	
SE-100-2-40%-8	100	2	40	8	793	
SE-50-0-40%-8	50	0	40	8	784	7.8
SE-50-2-40%-8	50	2	40	8	814	
SE-50-4-40%-8	50	4	40	8	850	
SE-50-2-40%-5	50	2	40	5	859	9.0
SE-50-2-40%-8	50	2	40	8	814	
SE-50-2-40%-11	50	2	40	11	782	
SA-50-2-8	50	2	0	8	1 282	49.8
SE-50-2-40%-8	50	2	40	8	814	
SE-50-2-80%-8	50	2	80	8	643	

(2) 耗能性能

耗能计算公式见式(5-5),计算模型如图 5-12 所示。不同影响因素时试件的耗能因子如图 8-8 所示,由于轴压试件 SA-50-2-8 的荷载轴向位移曲线下降段未下降至 80%峰值荷载,因此,本节不对轴压试件的耗能因子进行分析。由图 8-8(a)与图 8-8(b)可知:随着取代率的增大或纤维掺量的增加,试件的耗能因子均先增大后减小。取代率为 50%的试件耗能因子比天然混凝土的提高了 7.27%,取代率为 100%的试件耗能因子比取代率为 50%的试件降低了 5.24%,这是由于再生混凝土相比普通混凝土具有相对较多初始损伤的再生骨料,核心混凝土的塑性变形能力相对较强,而较多的再生骨料又使得混凝土承载力降低,因此试件耗能因子先增大后减小。纤维掺量为 2 kg/m^3 的试件耗能因子比纤维掺量为 0 kg/m^3 的试件提高了 7.42%,纤维掺量为 4 kg/m^3 的试件耗能因子比纤维掺量为 2 kg/m^3 的试件降低了 0.38%。

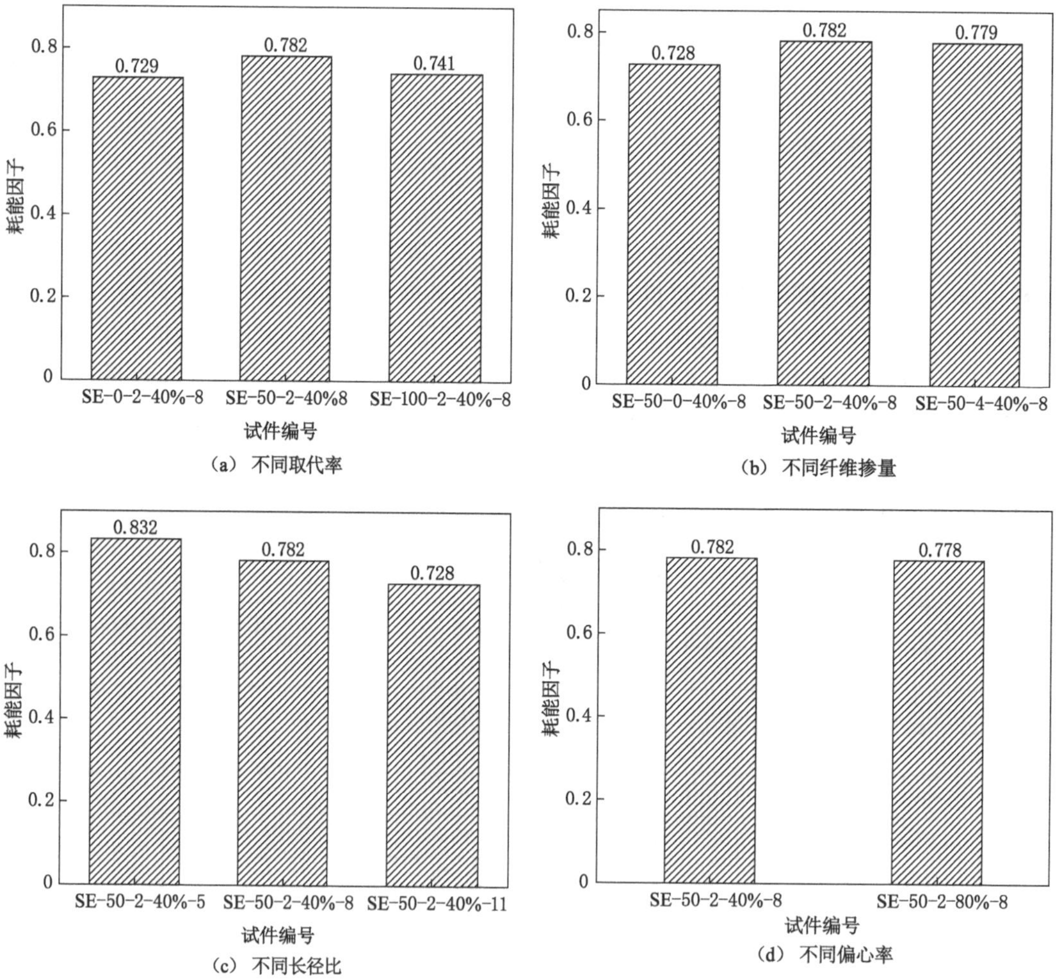

图 8-8 不同影响因素下试件的耗能因子

由图 8-8(c)与图 8-8(d)可知:随着长径比或偏心率的增大,试件的稳定性越来越差,耗能因子逐渐降低。长径比为 11 的偏压试件的耗能因子比长径比为 8 和 5 的偏压试件的分别降低了 6.91%和 12.5%。偏心率为 80%的偏压试件耗能因子比偏心率为 40%的试件降低了 0.51%。

8.3　方钢管玄武岩纤维再生混凝土柱有限元分析

8.3.1　材料的本构关系

材料本构关系见 7.3.1 节。

8.3.2　有限元模型的建立

采用 ABAQUS 6.10 有限元软件对方钢管玄武岩纤维再生混凝土偏压柱进行模拟。建模方法与轴压试件的一致，见 7.3.2 节。

8.3.3　有限元计算结果及验证分析

（1）破坏形态

以试件 SE-50-2-40%-8 为例，将模拟得到的破坏形态与试验破坏形态进行对比，如图 8-9 所示。可见，模拟破坏形态与试验破坏形态较接近，均呈现压弯破坏。在模拟与试验实测的破坏形态中，方钢管受压侧中部均存在两处明显鼓曲，且侧向位移最大处均位于试件中部。

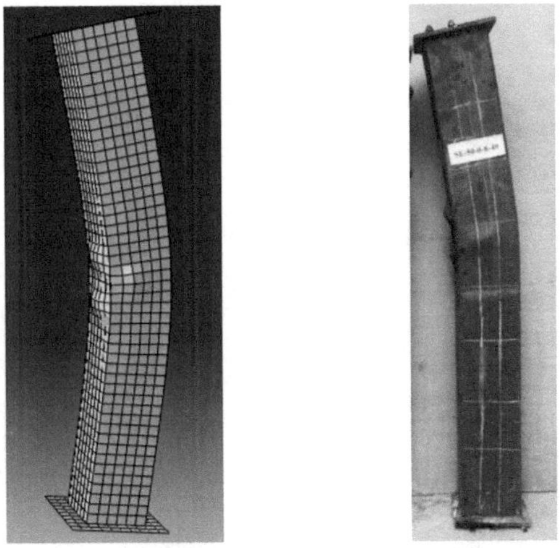

(a)　模拟变形　　　　(b)　试验变形

图 8-9　试件 SE-50-2-40%-8 的破坏形态

（2）荷载-柱中挠度关系曲线

将模拟得到的偏压试件荷载-柱中挠度曲线与实测曲线进行对比，如图 8-10 所示。可见，模拟所得到的荷载-柱中挠度关系曲线分为弹性阶段、弹塑性阶段和下降段。在弹性阶段，所有试件的模拟曲线与试验曲线几乎重合；随后试件进入弹塑性阶段，试件除了峰值点存在一定的差别外，偏压试件荷载-柱中挠度关系曲线模拟结果与试验结果在弹塑性阶段基本吻合；试件的模拟曲线与试验曲线在下降段整体上趋于一致，个别试件下降段模拟结果与试验结果存在一定差别。之所以出现上述差别，这可能是由于方钢管混凝土柱与盖板间、试件和加载装置间存在一定的间隙，且由于方钢管混凝土试件在浇筑时无法保证核心玄武岩纤维再生混凝土均质和绝对密实，而有限元模型中的核心混凝土为均质和密实的。因此，试验结果与模拟结果存在一定偏差。

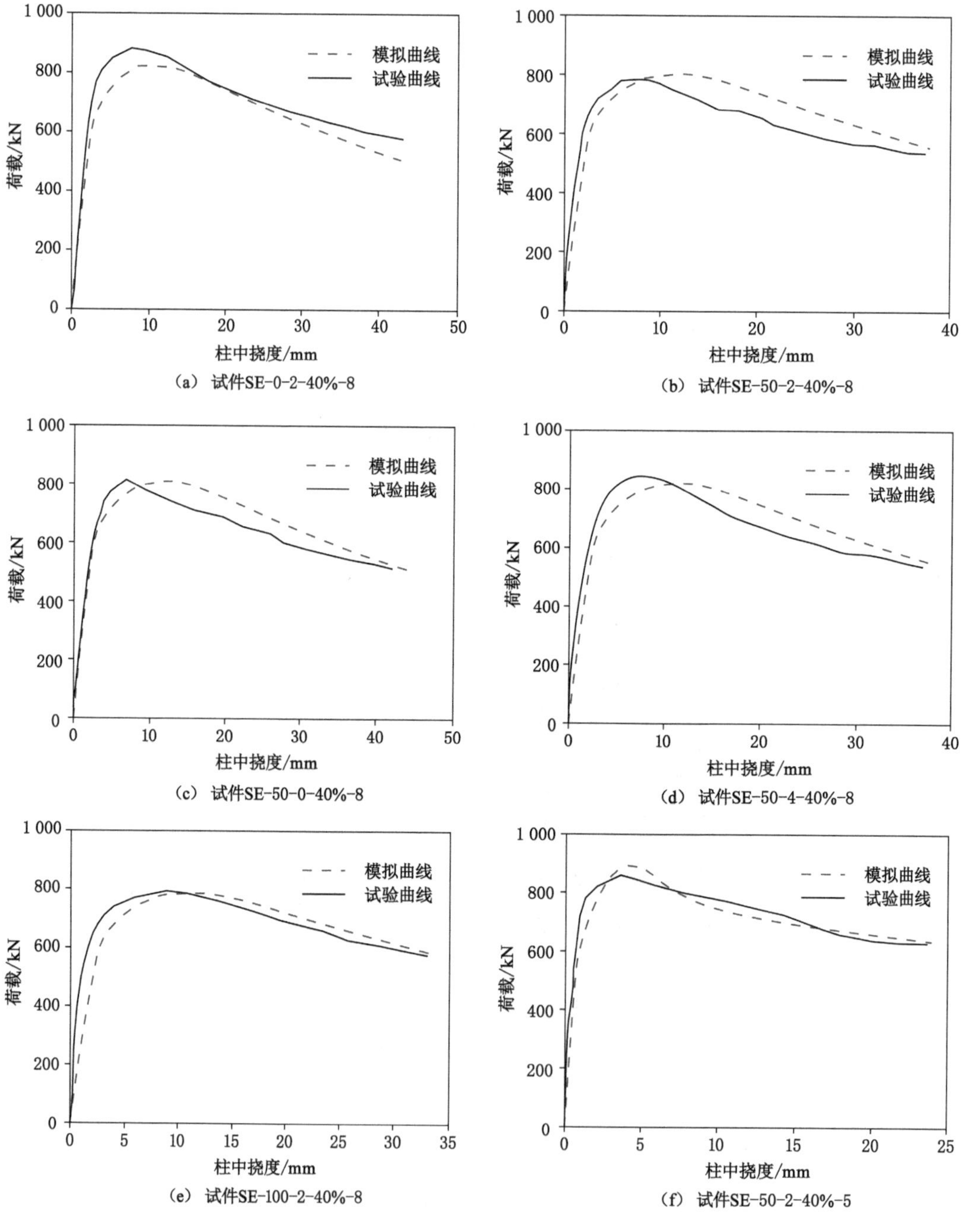

(a) 试件SE-0-2-40%-8

(b) 试件SE-50-2-40%-8

(c) 试件SE-50-0-40%-8

(d) 试件SE-50-4-40%-8

(e) 试件SE-100-2-40%-8

(f) 试件SE-50-2-40%-5

图 8-10 偏压试件荷载-柱中挠度关系曲线对比图

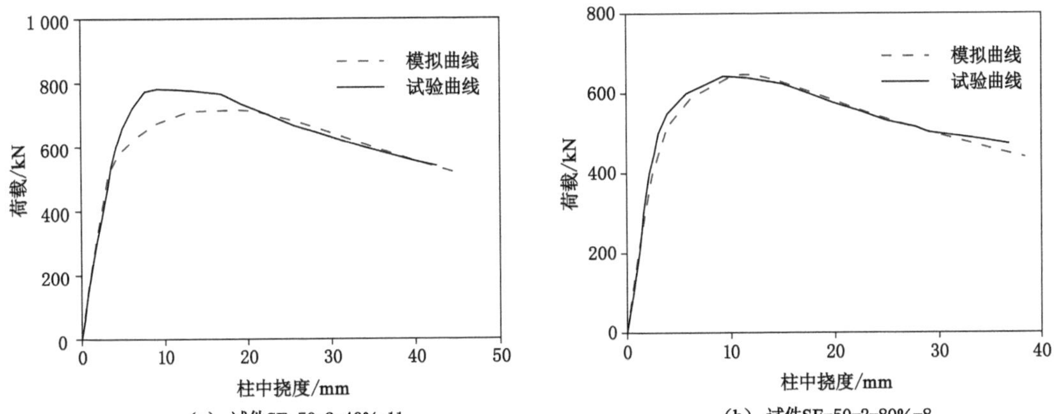

(g) 试件SE-50-2-40%-11

(h) 试件SE-50-2-80%-8

图 8-10 （续）

(3) 峰值荷载

方钢管玄武岩纤维再生混凝土柱偏压试件实测和模拟所得的峰值荷载见表 8-3,可见,模拟得到的偏压试件峰值荷载与实测值比较接近,绝对误差范围在 0.3%～8.4%之间,偏差量在工程允许的误差范围之内。

表 8-3　方钢管玄武岩纤维再生混凝土偏压试件峰值荷载对比

试件编号	实测承载力/kN	模拟承载力/kN	绝对误差/%
SA-50-2-8	1 282	1 286	0.3
SE-0-2-40%-8	882	827	6.2
SE-50-0-40%-8	784	804	2.6
SE-50-2-40%-8	814	810	0.5
SE-50-4-40%-8	850	823	3.2
SE-50-2-40%-5	859	893	4.3
SE-50-2-40%-11	782	716	8.4
SE-100-2-40%-8	793	786	0.9
SE-50-2-80%-8	643	648	0.8

注:绝对误差=|实测承载力－模拟承载力|/实测承载力。

综上所述,模拟得到的试件破坏形态与试验破坏形态较接近,荷载-柱中挠度关系曲线与试验曲线基本吻合,峰值荷载模拟值与实测值比较接近,且变化趋势相似,表明本书所建立的有限元模型能够应用于方钢管玄武岩纤维再生混凝土偏压柱影响参数的拓展分析。

8.4　方钢管玄武岩纤维再生混凝土偏压柱影响因素分析

为了深入了解方钢管玄武岩纤维再生混凝土柱在偏心荷载作用下的力学行为,采用本书所建立的有限元模型对方钢管玄武岩纤维再生混凝土偏压柱影响参数进行分析。试件的初始参数为：钢材强度(f_y=345 MPa)、长径比(L/D=8)、钢材壁厚(t=3.5 mm)、偏心率(e_r=50%)、纤维掺量(m_{BF}=2 kg/m^3)、再生粗骨料取代率(r=50%)、核心玄武岩纤维再生混凝土强度等级(C50)。当对某一变化参数下的试件进行拓展分析时，保持其他参数不变。

8.4.1 核心混凝土强度等级

在其他参数不变的情况下，研究在偏压作用下核心玄武岩纤维再生混凝土强度等级(C30、C40、C50、C60)对方钢管玄武岩纤维再生混凝土柱受力性能的影响。不同核心混凝土强度等级时，试件的荷载-柱中挠度关系曲线如图 8-11 所示。

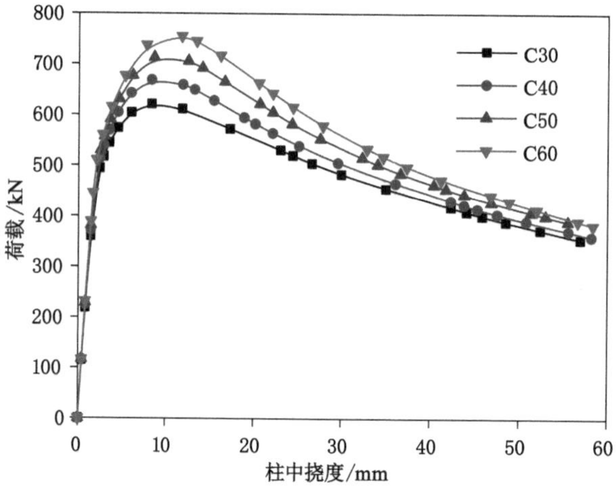

图 8-11 不同核心混凝土强度等级试件的荷载-柱中挠度关系曲线

可见，不同核心混凝土强度等级时曲线都分为弹性阶段、弹塑性阶段和下降段。在弹性阶段，不同核心混凝土强度等级时曲线呈直线上升，且不同强度等级时曲线近乎重合。此时，不同强度等级时试件抵抗变形的能力基本相同。当荷载升至 500 kN 左右，试件进入弹塑性阶段，不同核心混凝土等级时曲线出现明显不同，随着核心混凝土强度等级的提高，试件的峰值荷载几乎呈线性增大。当核心混凝土强度等级由 C30 逐渐提高至 C60 时，试件的峰值荷载分别提高了 7.65%、6.59%、6.00%。随后，试件进入下降段，不同核心混凝土强度等级时试件的荷载-柱中挠度关系曲线下降段变化规律相似，试件在峰值点后的承载力平缓下降，且核心混凝土强度等级越高，试件后期承载力越高。因此，在工程实践中，为了提高方钢管玄武岩纤维再生混凝土构件的承载力，对于核心混凝土强度等级介于 C30～C60 的钢管玄武岩纤维再生混凝土构件，建议采用较高的核心混凝土强度等级。

8.4.2 偏心率

在保持其他参数不变的情况下，研究不同偏心率(e_r= 0.2，e_r= 0.4，e_r= 0.8，e_r= 1.6)对方钢管玄武岩纤维再生混凝土柱偏压性能的影响。不同偏心率时，试件的荷载-柱中挠度关系曲线如图 8-12 所示。

可见，不同受压偏心率时，试件的荷载-柱中挠度关系曲线形状和发展规律相似。随着

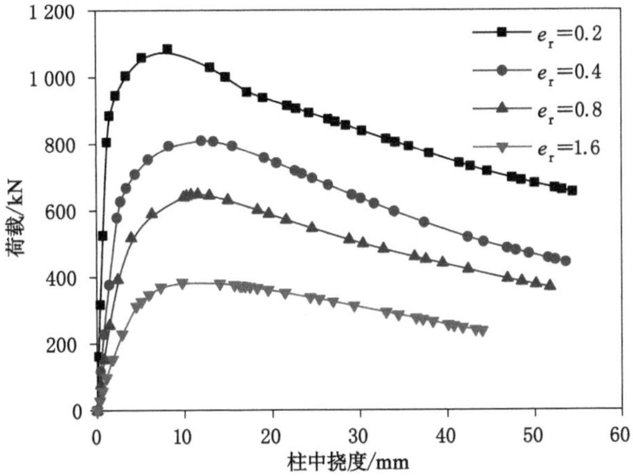

图 8-12　不同偏心率时试件的荷载-柱中挠度关系曲线

试件受压偏心率的不断提高，试件荷载-柱中挠度关系曲线的上升段斜率逐渐降低。不同偏心率时荷载-柱中挠度关系曲线的下降段斜率近似相同，试件在峰值点后的承载力平缓下降，且随着试件偏心率的提高，试件后期承载力逐渐降低。此外，由图 8-12 可知：试件的峰值荷载随偏心率的增大逐渐降低。当偏心率由 0.2 逐渐增大至 1.6 时，试件的峰值荷载分别降低了 25.35%、20.00%、40.74%。可见，偏心率对方钢管玄武岩纤维再生混凝土试件峰值荷载有显著影响。

8.4.3　钢管壁厚

在保持其他参数不变的情况下，研究偏压作用下不同钢管壁厚(3 mm、4 mm、5 mm、6 mm)对方钢管玄武岩纤维再生混凝土柱受力性能的影响规律。不同钢管壁厚时，试件的荷载-柱中挠度关系曲线如图 8-13 所示。

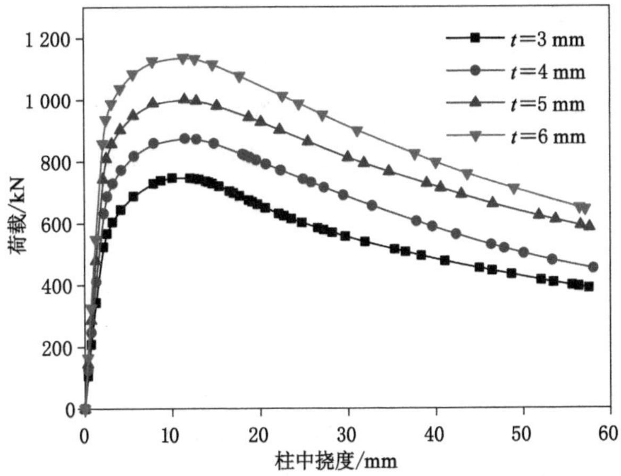

图 8-13　不同钢管壁厚时试件的荷载-柱中挠度关系曲线

可见，不同钢管壁厚时偏压试件的荷载-柱中挠度关系曲线具有相同的变化规律，曲线均分为弹性阶段、弹塑性阶段和下降段。在弹塑性阶段，偏压试件的峰值荷载随着壁厚的增大线性增大，当壁厚由 3 mm 增大到 6 mm 时，偏压试件的峰值荷载分别提升了 17.14%、14.40%、13.59%。由此可见，增大钢管壁厚提升试件承载力效果明显。不同壁厚时偏压试件的荷载-柱中挠度关系曲线的下降段变化规律相似，钢管壁厚越大，钢管对混凝土的约束作用越强，试件后期承载力越高。因此，在工程实践中，为了提高方钢管玄武岩纤维再生混凝土构件的承载力，对于钢管壁厚处于 3～6 mm 变化范围内的方钢管玄武岩纤维再生混凝土构件，建议采用较厚的钢管。

8.4.4 再生粗骨料取代率

在保持其他参数不变的情况下，研究在偏压作用下再生粗骨料取代率（$\delta=0\%$、$\delta=30\%$、$\delta=70\%$、$\delta=100\%$）对方钢管玄武岩纤维再生混凝土柱受力性能的影响规律。不同取代率时，试件的荷载-柱中挠度关系曲线如图 8-14 所示。

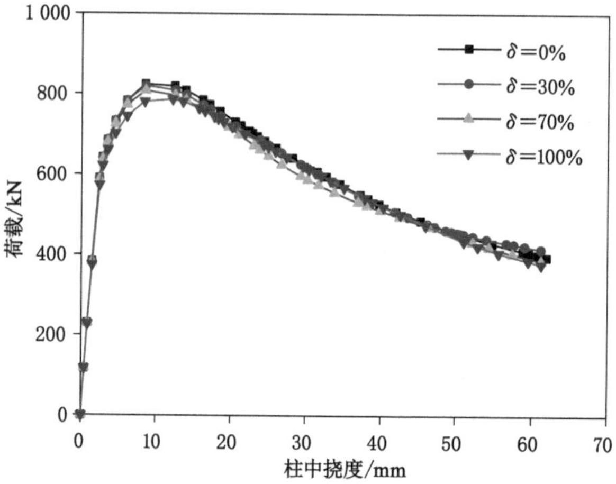

图 8-14 不同取代率时试件的荷载-柱中挠度关系曲线

可见，不同取代率时偏压试件荷载-柱中挠度关系曲线形状大致相同。取代率为 100% 的试件的承载力比取代率为 0% 的试件的承载力低 4.82%。结合 8.2.6 节试验研究结果，再生粗骨料取代率对钢管玄武岩纤维再生混凝土偏压柱峰值荷载的影响不大。因此，从建筑垃圾高效循环利用的角度出发，建议在工程设计中，方钢管玄武岩纤维再生混凝土采用 100% 再生粗骨料取代率。

8.4.5 纤维掺量

在保持其他参数不变的情况下，研究不同纤维掺量（0 kg/m^3、2 kg/m^3、4 kg/m^3、6 kg/m^3）对方钢管玄武岩纤维再生混凝土柱偏压性能的影响规律。不同纤维掺量时，试件的荷载-柱中挠度关系曲线如图 8-15 所示。

可见，不同纤维掺量时偏压试件荷载-柱中挠度关系曲线的初始上升段和下降段几乎重合。当荷载超过 600 kN 后，荷载-柱中挠度关系曲线开始出现较明显的不同。纤维掺量为 6 kg/m^3 的试件的承载力比纤维掺量为 0 kg/m^3 的试件的承载力高 4.4%。结合 8.2.6 节

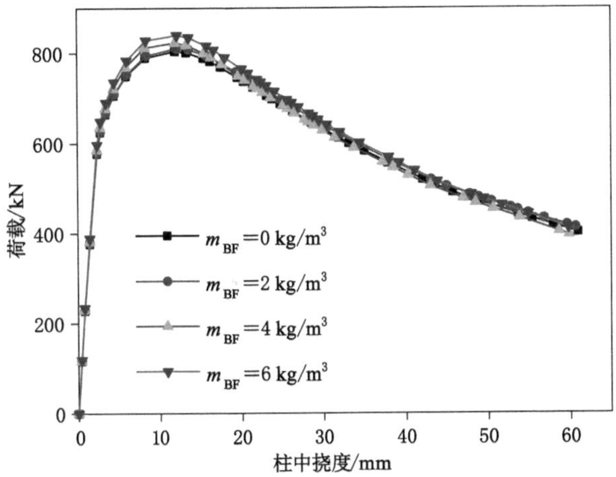

图 8-15　不同纤维掺量时试件的荷载-柱中挠度关系曲线

试验研究结果，玄武岩纤维不仅可以提高偏压试件的极限承载力，还对试件的耗能性能有一定的提高。因此，为实现构件具有良好承载力与耗能能力，在工程实践中，对于玄武岩纤维掺量在 0～6 kg/m^3 范围内的方钢管玄武岩纤维再生混凝土构件，建议采用掺量较高的玄武岩纤维。

8.5　*N*-*M* 关系曲线及方程

8.5.1　弯矩-转角关系曲线

当方钢管玄武岩纤维再生混凝土柱的受压偏心距 e 无限大时，试件两端只有弯矩作用而无轴力作用。通过有限元模型改变试件两端的约束状态，得到纯弯作用下试件的最大抗弯承载力与不同转角状态下的弯矩值。

不同影响因素作用下方钢管玄武岩纤维再生混凝土柱的弯矩-转角(M-φ)关系曲线如图 8-16 所示。可见，试件的 M-φ 关系曲线均由线性上升段、缓慢上升段和平稳发展段三部分组成，大部分纯弯试件的受弯承载力在加载后期无明显下降。不同影响因素对纯弯试件的最大抗弯承载力的影响不大，这是由于纯弯试件主要承受拉应力而破坏，而混凝土的抗拉强度较低，试件拉应力主要由外部钢管承担，内部混凝土强度等级等因素对承载力的影响较弱。

8.5.2　*N*-*M* 关系曲线

为了研究方钢管玄武岩纤维再生混凝土中长柱在偏心受压过程中承载力(N)与弯矩(M)的关系，通过建立有限元模型，不断增大试件的受压偏心率，得到不同影响因素作用下试件的 N 和 M，并将 N 和 M 分别按式(8-1)、式(8-2)进行无量纲化处理，得到不同影响因素作用下方钢管玄武岩纤维再生混凝土柱的无量纲化 N-M 关系曲线，如图 8-17 所示。

$$\eta = N/N_u \tag{8-1}$$

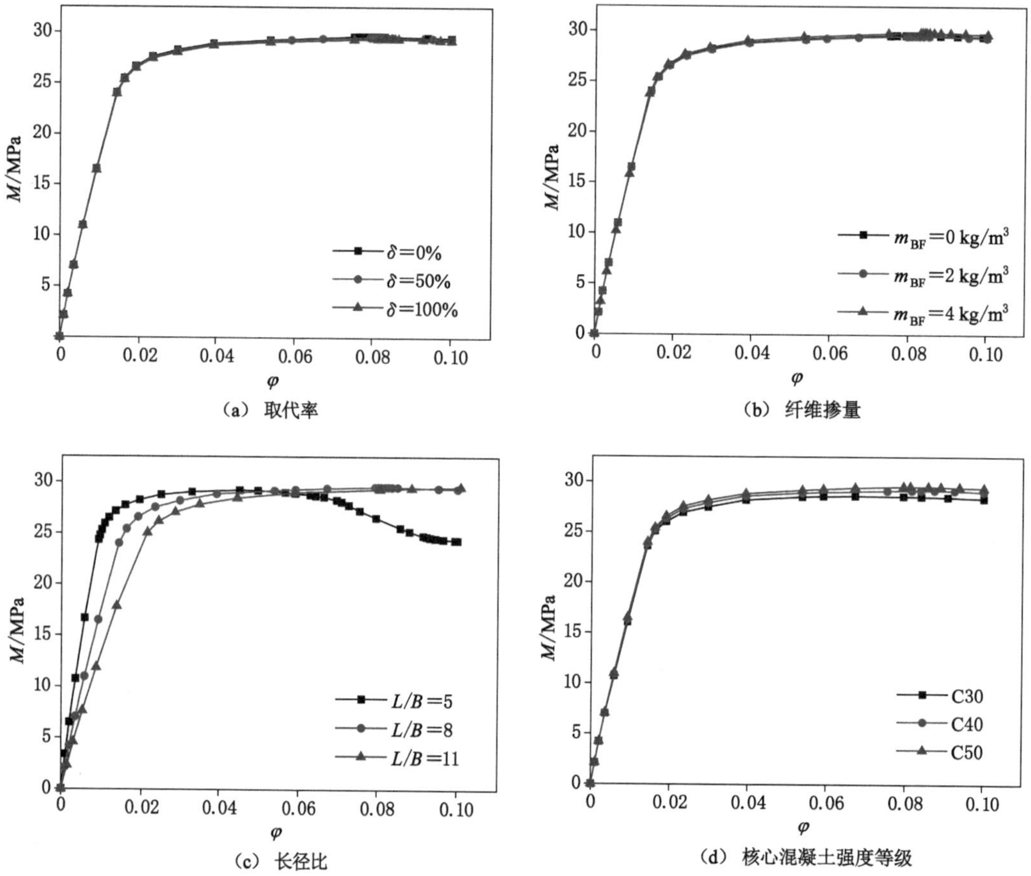

图 8-16 不同影响因素作用下纯弯试件的 M-φ 关系曲线

$$\zeta = M/M_u \tag{8-2}$$

可见，在 N-M 关系曲线的初始阶段，随着受压偏心距 e 由 0 逐渐增大，试件承载力 N 由轴压状态下峰值荷载 N_u 逐渐降低，而截面弯矩 M 逐渐增大，直至大、小偏压临界点。随着偏心率的继续增大，承载力 N、弯矩 M 逐渐降低，直至试件横截面只承受弯矩作用，此时试件弯矩为 M_u、轴向承载力 $N=0$。

由图 8-17(a)可知：不同再生粗骨料取代率时试件的 N-M 关系曲线形状相似。随着取代率增大，曲线 M/M_u 的最大值逐渐降低，即试件的抗弯承载力随着取代率的增大而降低。由图 8-17(b)可知：随着纤维掺量的增加，曲线的峰值 M/M_u 略微增大，试件的抗弯承载力随着纤维掺量的增大而小幅增大。由图 8-17(c)可知：不同长径比对试件 N-M 关系曲线有较大影响，随着长径比的增大，试件 N-M 关系曲线的拐点逐渐趋于平滑，在轴向承载力 N 相同的条件下，试件柱端弯矩 M 随着长径比的增大逐渐减小。由图 8-17(d)可知：当偏心距 e 较小时，不同核心玄武岩纤维再生混凝土强度等级时，各 N-M 关系曲线的初始下降段几乎重合，当偏心距 e 继续增大后，各 N-M 关系曲线开始出现明显不同。随着核心玄武岩纤维再生混凝土强度等级的提高，曲线的峰值 M/M_u 逐渐增大。

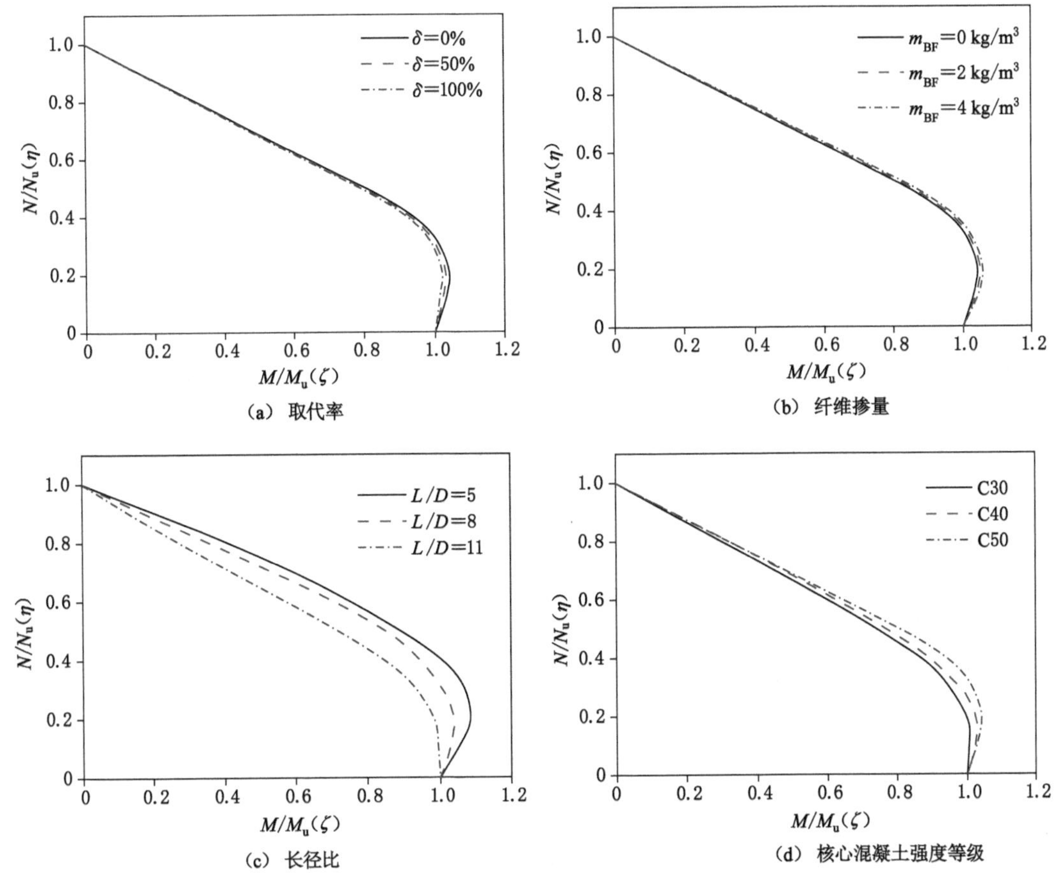

图 8-17　无量纲化 N-M 关系曲线

8.5.3　N-M 关系方程

典型方钢管混凝土试件无量纲化 N-M 关系曲线如图 8-18 所示。该曲线可以分为 ABC 段和 CD 段，其中 ABC 段近似抛物线，CD 段近似直线。相关文献(韩林海，2016)建议了如式(8-3)所示 N-M 关系曲线数学表达式。

$$\begin{cases} \dfrac{N}{N_u}+a\dfrac{M}{M_u}=1 & (N/N_u \geqslant 2\eta_0,CD\ 段) \\ -b\left(\dfrac{N}{N_u}\right)^2-c\dfrac{N}{N_u}+\dfrac{M}{M_u}=1 & (N/N_u < 2\eta_0,ABC\ 段) \end{cases} \tag{8-3}$$

式中，$a=1-2\eta_0$；$b=(1-\zeta_0)/\eta_0^2$；$c=2(\zeta_0-1)/\eta_0$。

在考虑取代率(δ)、纤维掺量(λ)、长径比(L/D)的影响下，基于有限元数据回归分析，本书建立了方钢管玄武岩纤维再生混凝土柱 N-M 关系曲线特征点 B 坐标表达式，如式(8-4)和式(8-5)所示。

$$\zeta_0=1+(0.047+0.004\lambda)\times(1-0.07\delta)+0.016(8-L/D) \tag{8-4}$$

$$\eta_0=(0.198+0.001\lambda)\times(1-0.05\delta)+0.008(8-L/D) \tag{8-5}$$

根据课题组前期研究(Zhang，2020；张向冈，2023)中关于钢管玄武岩纤维再生混凝土

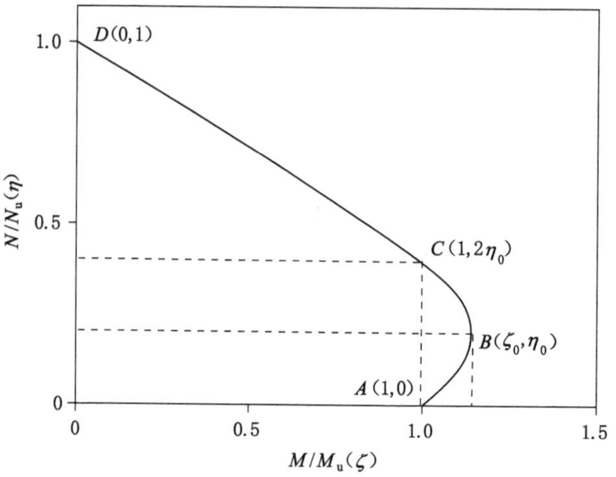

图 8-18　典型方钢管混凝土无量纲化 N-M 关系曲线

柱轴压承载力计算方法，并考虑长径比对方钢管玄武岩纤维再生混凝土柱轴压承载力的影响系数 φ_L，同时考虑再生粗骨料取代率和玄武岩纤维掺量影响系数 φ，建立 N_u 的计算式，如式(8-6)至式(8-11)所示。

$$N_u = f_{sc}A_{sc} \tag{8-6}$$

$$f_{sc} = \varphi_L\varphi(1.212 + B\xi + C\xi^2)f_c \tag{8-7}$$

$$B = 0.131f_y/235 + 0.723 \tag{8-8}$$

$$C = -0.07f_c/20 + 0.0262 \tag{8-9}$$

$$\varphi = (0.02\lambda + 0.098)\delta + 0.012\lambda^2 - 0.072\lambda + 1.113 \tag{8-10}$$

$$\varphi_L = 1 - 0.012\sqrt{L/D - 4} \tag{8-11}$$

式中，N_u 为轴压试件峰值荷载；f_{sc} 为试件组合抗压强度；B 为考虑钢材强度的影响系数；C 为考虑核心玄武岩纤维再生混凝土强度的影响系数。

参考张素梅(2004)关于方钢管混凝土抗弯承载力计算公式，引入考虑取代率、纤维掺量、长径比影响系数 β，得到方钢管玄武岩纤维再生混凝土柱 M_u 的计算式，如式(8-12)至式(8-15)所示。

$$M_u = \beta m_z M_0 \tag{8-12}$$

$$m_z = 1.287\alpha^2 - 0.585\alpha + 1.175 \tag{8-13}$$

$$M_0 = f_y\left[Bt(B-t) + \frac{(B-2t)^2t}{2} + \frac{(B-2t)^3t}{2(4f_yt/f_{ck} + B - 2t)}\right] \tag{8-14}$$

$$\beta = (1.04 + 0.017\delta - 0.008\delta^2 + 0.0027\lambda)[1 + 0.01L/D - 0.0006(L/D)^2] \tag{8-15}$$

式中，M_u 为纯弯试件的抗弯承载力；m_z 为考虑约束效应时抗弯承载力提高系数；α 为含钢率；M_0 为简单叠加时钢管混凝土试件的抗弯承载力；β 为考虑再生粗骨料取代率、纤维掺量、长径比影响的系数。

为了验证方钢管玄武岩纤维再生混凝土柱受压承载力设计方法的适用性，根据式(8-3)，计算得到不同影响因素作用下试件 N-M 关系曲线，并将其与模拟曲线进行对比，部分试件对比结果如图 8-19 所示。可见，计算曲线与模拟曲线吻合良好，表明本书所建立的 N-M 方程具有良好的适用性，建议应用于相关工程设计中。

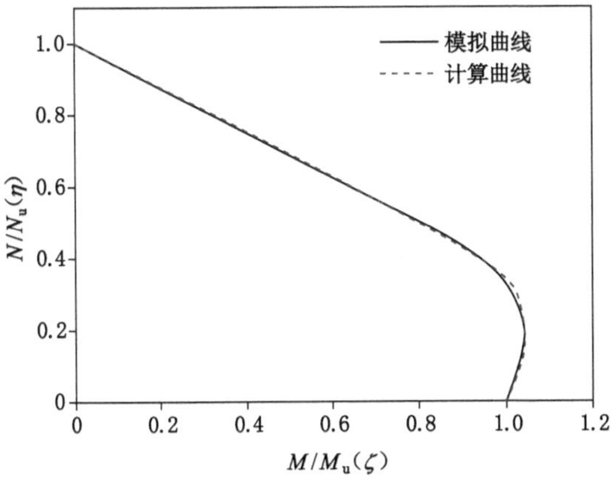

(a) $r=50\%$, $\lambda=0$ kg/m, $L/D=8$

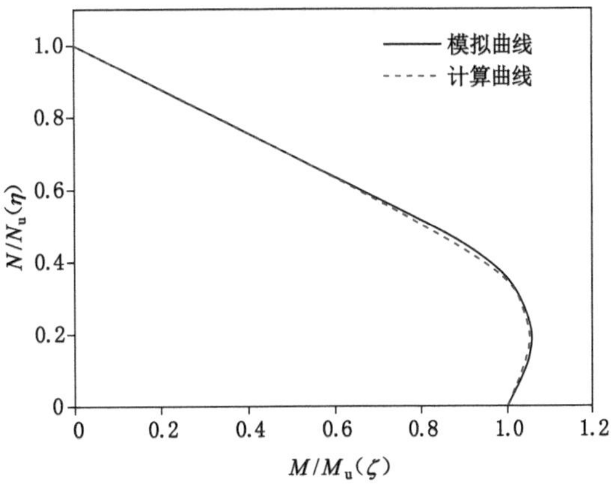

(b) $r=50\%$, $\lambda=4$ kg/m, $L/D=8$

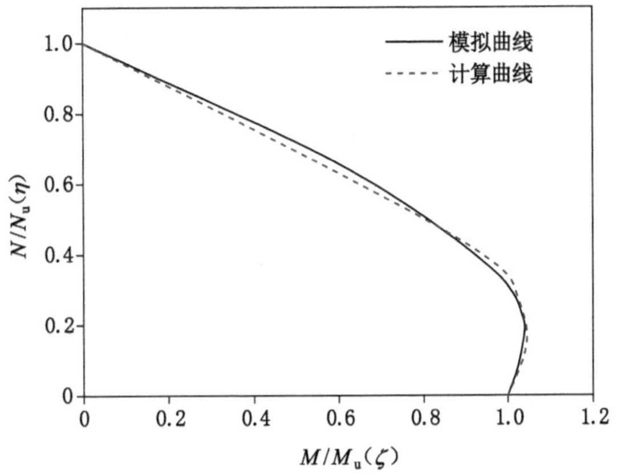

(c) $r=50\%$, $\lambda=2$ kg/m, $L/D=8$

图 8-19　模拟与计算 N-M 关系曲线对比

8.6　本章结论

本章研究了方钢管玄武岩纤维再生混凝土试件在偏心荷载作用下的力学性能，并利用 ABAQUS 进行有限元分析，主要得到以下结论：

(1) 长径比为 5 的试件整体侧向变形较小，试件的破坏形态类似轴压破坏，长径比为 8 和 11 的试件破坏形态为压弯破坏，大多数试件的最大侧向变形集中在试件中部。试件上部核心混凝土破坏严重。

(2) 不同变化参数时偏压试件的荷载-轴向位移关系曲线、荷载-柱中挠度关系曲线的形状大致相同，均分为弹性、弹塑性和下降段三个受力阶段。各偏压试件的柱高-侧向挠度曲线变化规律基本相同，大部分试件最大侧向挠度出现在试件中部，侧向挠度分布曲线形状接近正弦波形。

(3) 由试验研究结果可知:随着再生粗骨料取代率和偏心率的增大,试件峰值荷载最大降幅分别为10.1%和49.8%,偏心率对试件峰值荷载具有显著的影响。随着玄武岩纤维掺量的增加,试件峰值荷载的最大增幅为7.8%。提高试件长径比能明显降低试件峰值荷载与耗能因子,且最大降幅分别为9.0%和12.5%。

(4) 模拟得到的试件荷载-柱中挠度关系曲线与试验曲线基本吻合。本书所建立的有限元模型能够应用于方钢管玄武岩纤维再生混凝土试件影响参数的有限元拓展分析。

(5) 通过有限元参数扩展分析,研究了玄武岩纤维再生混凝土强度等级、偏心率、钢管壁厚、取代率、纤维掺量对试件偏压性能的影响规律,给出了相关设计方法,并提出了方钢管玄武岩纤维再生混凝土柱 N-M 关系方程。

参考文献

蔡绍怀，邸小坛，1985.钢管混凝土偏压柱的性能和强度计算[J].建筑结构学报，4:32-42.

陈爱玖，陈萌，胡凤启，等，2015.玄武岩纤维对橡胶再生混凝土力学性能的影响[J].混凝土，(2):59-62.

陈梦成，方苇，黄宏，等，2019.锈蚀圆钢管再生混凝土轴压短柱受力性能研究[J].建筑结构学报，40(12):138-146.

郭皓隆，2022.晶须增韧混杂纤维混凝土力学性能及耐久性能试验研究[D].呼和浩特:内蒙古农业大学.

过镇海，2013.钢筋混凝土原理[M].北京:清华大学出版社.

韩林海，2016.钢管混凝土结构—理论与实践[M].第三版.北京:科学出版社:250-251.

柯晓军，但宇，龙虹任，等，2021.冷却方式对高温后方钢管再生混凝土短柱轴压性能的影响[J].应用基础与工程科学学报，29(1):182-192.

李福海，高浩，唐慧琪，等，2022.短切玄武岩纤维混凝土基本性能试验研究[J].铁道科学与工程学报，19(2):419-427.

李素娟，2016.玄武岩纤维再生混凝土抗压强度试验研究[J].世界地震工程，32(2):89-92.

李为民，许金余，2008.玄武岩纤维对混凝土的增强和增韧效应[J].硅酸盐学报，36(4):476-481.

刘坚，张鹏程，江进，等，2020.圆钢管 H 型钢再生混凝土短柱的轴压承载力分析[J].西南交通大学学报，55(6):1280-1286.

马辉，郭婷婷，李哲，等，2018.圆钢管型钢再生混凝土组合柱轴压性能及承载力计算[J].建筑结构学报，39(2):97-105.

马淑芳，赵均海，魏雪英，2006.钢管混凝土偏心受压承载力的试验及理论研究[J].工业建筑，10:79-80，85.

孙跃东，肖建庄，周德源，等，2006.再生混凝土框架抗震性能的试验研究[J].土木工程学报，(5):9-15.

屠永清，刘林林，叶英华，2012.多室式钢管混凝土 T 形柱轴压性能研究[J].土木工程学报，42(9):27-35.

肖建庄，2007.再生混凝土单轴受压应力-应变全曲线试验研究[J].同济大学学报(自然科学版)，35(11):1445-1449.

徐明，王韬，陈忠范，2015.高温后再生混凝土单轴受压应力-应变关系试验研究[J].建筑结构学报，36(2):158-164.

杨有福，2007.钢管再生混凝土构件荷载-变形关系的理论分析[J].工业建筑，12:1-6，124.

杨有福，黄翔宇，2021.矩形钢管再生混凝土短柱的轴压性能[J].华南理工大学学报(自然科学版),45(12):121-127.

尹海鹏,曹万林,张亚齐,等,2010.不同再生骨料取代率再生混凝土柱抗震试验研究[J].世界地震工程,26(1):57-63.

张兰芳,尹玉龙,岳瑜,2016.玄武岩纤维掺量对混凝土力学性能的影响[J].硅酸盐通报,9:2724-2728.

张素梅,郭兰慧,王玉银,等,2004.方钢管高强混凝土偏压构件的试验研究与理论分析[J].建筑结构学报,25(1):17-24.

张向冈,周高强,范玉辉,等,2023.圆钢管玄武岩纤维再生混凝土短柱轴压力学性能[J].复合材料学报,40(1):369-382.

ALEXANDRIDOU C, ANGELOPOULOS G N, COUTELIERIS F A, 2018. Mechanical and durability performance of concrete produced with recycled aggregates from Greek construction and demolition waste plants[J]. Journal of cleaner production, 176:745-757.

AYOUGH P, SULONG N H R, IBRAHIM Z, et al, 2020. Nonlinear analysis of square concrete-filled double-skin steel tubular columns under axial compression [J]. Engineering Structures, 216:110678.

AYOUGH P, WANG Y , BRAHIM Z, 2023. Analytical study of concrete-filled steel tubular stub columns with double inner steel tubes[J]. Steel and composite structures, 47:645-661.

AYOUGH, P, SULONG N H R, IBRAHIM Z, et al, 2022. Nonlinear analysis of square concrete-filled double-skin steel tubular columns under axial compression [J]. Engineering structures, 216, 110678.

CHANG Y F, CHEN Y H, SHEU M S, et al, 2006. Residual stress-strain relationship for concrete after exposure to high temperatures [J]. Cement and Concrete Research, 36(10):1999-2005.

CHEN A J, HAN X Y, CHEN M, et al, 2020. Mechanical and stress-strain behavior of basalt fiber reinforced rubberized recycled coarse aggregate concrete[J]. Construction and building materials, 260, 119888.

CHEN A J, HAN X Y, CHEN M, et al, 2020. Mechanical and stress-strain behavior of basalt fiber reinforced rubberized recycled coarse aggregate concrete[J]. Construction and building materials, 260, 119888.

DIMITRIOU G, SAVVA P, PETROU M, 2018. Enhancing mechanical and durability properties of recycled aggregate concrete[J]. Construction and building materials, 158:228-235.

DONG J F, WANG Q Y, GUAN Z W, 2017. Material properties of basalt fibre reinforced concrete made with recycled earthquake waste[J]. Construction and building materials, 130:241-251.

DONG S, ZHAO Q H, ZHU H, 2022. Mechanical properties and constitutive model of steel fiber-reinforced rubberized concrete [J]. Construction and building materials, 327, 126720.

EKMEKYAPAR T,AL-ELIWI B J M,2016. Experimental behaviour of circular concrete filled steel tube columns and design specifications[J]. Thin-Walled Structures, 105: 220-230.

ETXEBERRIA M, VÁZQUEZ E, MARÍA, et al, 2007. Influence of amount of recycled coarse aggregates and production process on properties of recycled aggregate concrete [J]. Cement and concrete research,37(5):735-742.

GARCIA T N,LI L F,CHENG Q,et al,2021. Comparative study on the properties and high temperature resistance of self-compacting concrete with various types of recycled aggregates[J]. Case studies in construction materials,15:e00678.

HAN L H,HUO J S,2003. Concrete-filled hollow structural steel columns after exposure to ISO-834 fire standard[J]. Journal of structural engineering,129(1):68-78.

HERTZ K D,SORENSEN L S,2005. Test method for spalling of fire exposed concrete [J]. Fire safety journal,40(5):466-476.

KOU S C,POON C S,2012. Enhancing the durability properties of concrete prepared with coarse recycled aggregate[J]. Construction and building materials,35:69-76.

LI W G,LUO Z Y,TAO Z,et al,2017. Mechanical behavior of recycled aggregate concrete-filled steel tube stub columns after exposure to elevated temperatures[J]. Construction and building materials,146:571-581.

LI W G,LUO Z Y,TAO Z,et al,2017. Mechanical behavior of recycled aggregate concrete-filled steel tube stub columns after exposure to elevated temperatures[J]. Construction and building materials,146:571-581.

LIU H X,YANG J W,KONG X Q,et al,2017. Basic mechanical properties of basalt fiber reinforced recycled aggregate concrete[J]. The open civil engineering journal, 11(1): 43-53.

LIU Y Z, WANG W J, CHEN Y F, et al, 2016. Residual stress-strain relationship for thermal insulation concrete with recycled aggregate after high temperature exposure[J]. Construction and building materials,129:37-47.

LIU Z Z,LU Y Y,LI S,et al,2019. Axial behavior of slender steel tube filled with steel-fiber-reinforced recycled aggregate concrete[J]. Journal of constructional steel research, 162,105748.

LIU Z,CAI C S,PENG H,et al,2016. Experimental study of the geopolymeric recycled aggregate concrete[J]. Journal of materials in civil engineering,28(9),04016077.

LYU,W Q,HAN L H,HOU C,2021. Axial compressive behaviour and design calculations on recycled aggregate concrete-filled steel tubular (RAC-FST) stub columns[J]. Engineering structures,241,112452.

MENG E C,YU Y L,ZHANG X G,et al,2020. Experimental and theoretical research on the mechanical performance of totally recycled concrete under triaxial compression after high temperatures[J]. Construction and building materials,261:120012.

SHATARAT N,KATKHUDA H,AYYOUB M,et al,2022. Improving bond strength of recycled coarse aggregate concrete using chopped basalt fibers [J]. Case studies in construction materials, 17: e01449.

SHI C J, LI Y K, ZHANG J K, et al, 2016. Performance enhancement of recycled concrete aggregate -A review[J]. Journal of cleaner production, 112(1): 466-472.

SUN L, WEI M, ZHANG N, 2017. Experimental study on the behavior of GFRP reinforced concrete columns under eccentric axial load[J]. Construction and building materials, 152, 214-225.

WANG C Q, XIAO J Z, 2018. Evaluation of the stress-strain behavior of confined recycled aggregate concrete under monotonic dynamic loadings [J]. Cement and concrete composites 87: 149-163.

WANG S R, XIAO H G, CAO C, et al, 2016. Simulation verification analysis of anchoring characteristics of transverse rib steel bar during pull-out test[J]. Dyna, 91(5): 548-553.

XIAO J, LI J, ZHANG C, 2005. Mechanical properties of recycled aggregate concrete under uniaxial loading[J]. Cement and concrete research, 35(6): 1187-1194.

XIAO J, LI W, SUN Z, et al, 2013. Properties of interfacial transition zones in recycled aggregate concrete tested by nanoindentation[J]. Cement & concrete composites, 37: 276-292.

YANG Z C, HAN L H, HOU C, 2022. Performance of recycled aggregate concrete-filled steel tubular columns under combined compression and shear load [J]. Engineering structures, 253, 113771.

ZHANG C S, WANG Y Z, ZHANG X G, et al, 2021. Mechanical properties and microstructure of basalt fiber-reinforced recycled concrete [J]. Journal of cleaner production, 278, 123252

ZHANG X G, GAO X, WANG X G, et al, 2020. Axial compression performance of basalt-fiber-reinforced recycled-concrete-filled square steel tubular stub column[J]. Advances in concrete construction, 10(6): 559-571.

ZHANG X G, KUANG X M, WANG F, et al, 2019. Strength indices and conversion relations for basalt fiber-reinforced recycled aggregate concrete [J]. Dyna, 94(1): 82-87.

ZONG S, LU Y Y, MA W T, YAN YH, et al, 2022. Behaviour of steel-fibre-reinforced recycled concrete-filled square steel tubular short columns under axial compressive load [J]. Engineering structures, 271: 114894.